GAOZHIGAOZHUANANQUANJISHUGUANLIZHUANYEGUIHUAJIAOCAI

高职高专安全技术管理专业规划教材

机械安全技术

人力资源和社会保障部教材办公室　组织编写

主　编　崔丽琴　代素梅

中国劳动社会保障出版社

图书在版编目(CIP)数据

机械安全技术/崔丽琴，代素梅主编. -- 北京：中国劳动社会保障出版社，2017
高职高专安全技术管理专业规划教材
ISBN 978 - 7 - 5167 - 3344 - 8

Ⅰ. ①机… Ⅱ. ①崔… ②代… Ⅲ. ①机械设备-安全技术-高等职业教育-教材
Ⅳ. ①TH

中国版本图书馆 CIP 数据核字(2018)第 017274 号

中国劳动社会保障出版社出版发行
(北京市惠新东街 1 号 邮政编码：100029)
*
三河市华骏印务包装有限公司印刷装订 新华书店经销
787 毫米 ×1092 毫米 16 开本 13.75 印张 253 千字
2018 年 2 月第 1 版 2024 年 5 月第 6 次印刷
定价：32.00 元

营销中心电话：400-606-6496
出版社网址：http://www.class.com.cn

“高职高专安全技术管理专业规划教材”

编委会

内容简介

本书为国家级职业教育规划教材，是“高职高专安全技术管理专业规划教材”之一，属于专业核心课程，由国家人力资源和社会保障部教材办公室组织，根据“高等职业学校安全技术管理专业教学标准”编写。教材附有教学用电子课件（PPT）供免费下载，下载网址为中国人力资源和社会保障出版集团网站 http://www.class.com.cn。

本书主要对通用类加工机械设备和机电类特种设备的安全技术进行了重点介绍，从机械安全的基础知识入手，结合典型设备的机械危险、有害因素和易发生的机械安全事故，重点从机械设备的结构设计，特别是在使用过程中的安全要求、安全管理以及防止机械事故的一般原则和基本措施等进行阐述。本书增加了实训环节，便于学生更好地掌握相关设备的安全技术问题。本教材可作为高等职业院校安全技术管理和相关专业的教学用书，也可用于工程设计、施工、监理等工程技术及管理人员的参考用书。

本书由华北科技学院崔丽琴教授负责统稿，由崔丽琴、代素梅担任主编。其中：第一章、第五章、第六章、第八章由崔丽琴教授负责编写；第二章、第三章由徐州工程学院代素梅老师负责编写；第四章由防灾科技学院高强老师负责编写；第七章由华北科技学院丁军老师负责编写。

前　言

安全生产事关人民群众生命财产安全，事关改革发展稳定大局，事关党和政府形象和声誉。党中央、国务院高度重视安全生产，确立了安全发展理念和“安全第一、预防为主、综合治理”的方针，采取一系列重大举措加强安全生产工作。近年来，随着我国经济建设的快速发展，社会和企业对安全生产应用型人才的需求量日益增多，这给高职高专安全技术管理专业建设带来了新的机遇和挑战。中国劳动社会保障出版社具有安全生产图书出版的传统优势，先后出版发行了高校安全工程专业研究生教材、全国高校安全工程专业本科规划教材和中等职业教育相关教材等。为了发挥专业教材出版优势，更有力地推动安全技术管理专业职业教育的发展和人才的培养，加强教材建设这一专业建设的重要基础工作，国家人力资源和社会保障部教材办公室组织全国高职高专相关院校的知名教师，系统地编写了“高职高专安全技术管理专业规划教材”，并由中国劳动社会保障出版社出版发行。

本套教材分为专业核心课程和专业方向核心课程两大类，其中，专业核心课程教材包括《安全生产法律法规》《安全管理》《安全心理学》《安全人机工程》《安全系统工程》《职业健康技术与管理》《安全评价实务》《事故预防与分析》《事故应急救援》《电气安全技术》《防火防爆技术》《安全监测与监控技术》《锅炉压力容器安全技术》《机械安全技术》《安全生产管理文书写作》，专业方向核心课程包括消防、矿山、建设、石油化工、交通运输、工贸等行业领域安全技术管理教材。

本套规划教材的编写注重满足高职高专安全技术管理专业教学课程体系的新发展和教学现状，力求创新，在吸收已有教材成果的基础上，将本学科的最新理论、技术和规范纳入教学内容，并与国家最新的相关政策法规、技术标准保持一致。为满足培养应用型人才的需求目标，整套教材加强了职业教育特色，避免纯理论阐述，强调以实际技能和职业需求带动教学。每种教材的技能实训内容丰富，提倡工学结合，增加了可操作性和工作实践性，为学生今后的职业生涯打下坚实的基础。

本套教材的每一种都附有教学用电子课件（PPT）供参考使用，可登录中国人力

资源和社会保障出版集团网站 http://www.class.com.cn 免费下载。

在本套教材开发过程中，全国近 20 所高等院校、科研院所的近百名专家和教师积极参与了编写和审定工作，在此向他们表示衷心感谢！同时，由于时间和各因素制约，教材中难免有不足之处，期望专业领域专家和广大师生提出宝贵的意见和建议。

人力资源和社会保障部教材办公室

高职高专安全技术管理专业规划教材编委会

2015 年 7 月

目录

第一章　机械安全技术基础

第二章　金属切削机械安全技术

第三章　木工机械安全技术

第四章　压力加工机械安全技术

第五章　电梯安全技术

第六章　起重机械安全技术

第七章　索道安全技术

第八章　场（厂）内专用机动车辆安全技术

第一章
机械安全技术基础

本章学习目标

1. 通过本章学习，熟知机械安全的基本概念，掌握机械使用的各个环节和机械在不同状态下的危险、有害因素，理解机械危险的产生、机理和伤害形式，能够从机械事故中分析其产生原因。

2. 掌握机械安全的基本要求，了解机械安全防护装置形式和实现机械安全的途径。

3. 学会从机械危险、有害因素识别入手，对机械系统进行分析、评价，掌握机械安全评价的程序和方法。

第一节　机械的基本概念及机械安全的重要性

一、机械的组成

1. 机械的概念

机械是指由若干个零部件组合而成的，能够完成特定功能的设备。一般机械由原动机、执行机构、传动机构、控制机构、支承机构以及附属装置组成。机械是机器、机构的总称。机器是指具有某一功能的机械产品，如起重机、数控机床等。机构是指构成机器的组成部分，可传递、转换运动或实现某些特定运动，如四连杆机构、齿轮传动机构等。此外，机械也是某一行业使用设备的泛称，如加工机械、工程机械、矿山机械等。

从安全角度，可以不对机械、机器和机构三者进行严格区分。生产设备是更广义的概念，指生产过程中，为生产、加工、制造、检验、运输、安装、储存、维修产品而使用的各种机器、设施、工机具、仪器仪表、装置和器具的总称。

2．机械的分类

根据我国对机械设备安全管理的规定，借用欧盟机械指令中危险机械的概念，从机械使用安全的角度，可以将机械设备分为三类：

（1）一般机械。事故发生概率很小、危险性不大的机械设备，如数控机床、加工中心等。

（2）危险机械。危险性较大的、人工上下料的机械设备，如木工机械、冲压剪切机械、塑料（橡胶）射出或压缩成形机械等。

（3）特种机械。涉及生命安全、危险性较大的设备设施，包括承压类特种设备（锅炉、压力容器和压力管道）、机电类特种设备（电梯、起重机械、客运索道和大型游乐设施）和厂内运输车辆等。

二、安全与机械安全的概念

1．安全

安全是一个经过抽象思维确定的概念，目前所见的文献对安全的定义有很多种。《新华大辞典》将安全解释为，人或物在一个环境中不发生危险和不受到损害的状态。实际环境下没有绝对的安全可言，所谓安全，只表明人或物在一个环境中对危险和损伤所能承受的最大能力。

美国安全工程师学会（ASSE）编写的《安全专业术语词典》认为，安全是“导致损伤的危险度是能够容许的，较为不受伤害的威胁和损害概率低的通用术语”。

从职业安全与安全工程学角度，安全是消除能导致人员伤害、疾病、死亡或引起设备破坏、财产损失及环境危害的条件。

2．机械安全

机械安全是指机械在规定的使用条件下和全生命周期内完成预定功能的能力。即在正确的操作下完成其预定的使用功能，并且在机械的运输、安装、使用、维修、拆卸以及报废处理过程中，对操作人员不产生损伤且不危害健康的能力。

三、机械安全的重要性及分析方法

1．机械安全的重要性

机械作为人类生产和生活中不可或缺的助手，不仅提高了人类改造世界的能力，也促进了人类社会的飞速发展。20 世纪以来，科学极大地促进了高新技术的进步，机械的现代化程度越来越高。现代机械的特点是科技含量高，机械成为集光、机、电、液于一体的智能化装备。机械的应用领域、适用范围不断扩大，从传统的生产运输到人们的住、行、娱乐、健身等各个领域，机械设备无处不在、无时不用。以机械制造为主的装备制造业是国家的基础性、战略性产业，体现了国家的综合实力、科技实力和国际竞争力。《中国制造 2025》是我国政府实施制造强国战略第一个十年的行动纲领。《中国制造 2025》提出，坚持“创新驱动、质量为先、绿色发展、结构优化、人才为本”的基本方针，坚持“市场主导、政府引导，立足当前、着眼长远，整体推进、重点突破，自主发展、开放合作”的基本原则，通过“三步走”实现制造强国的战略目标：第一步，到 2025 年迈入制造强国的行列；第二步，到 2035 年我国制造业整体达到世界制造强国阵营中等水平；第三步，到新中国成立一百年时，综合实力进入世界制造强国前列。

利用机械在进行生产或服务活动时都伴随着安全风险。新技术、新工艺和新材料的使用，使复杂机械系统本身和机械使用过程中的危险因素表现形式复杂化，机械在减轻劳动强度，给人们带来高效、方便的同时，也带来了不安全因素。我国机械事故发生率高、涉及面广，特别是机电类特种设备事故多、后果严重、死伤比例大，不仅给受害人及其家庭带来巨大痛苦，使国家蒙受经济损失，破坏正常的生产、生活秩序，而且对国家的国际形象造成负面影响。随着人们生活水平的提高，安全意识逐渐增强，“关注安全，珍惜生命”的安全氛围日渐浓厚，人们对机械设备的安全期望值也越来越高。在经济全球化的今天，安全性成为机械产品竞争力的重要表现，直接影响国家的进出口贸易额，机械安全问题理所当然地越来越受到人们的重视。因此，全方位提高机械装备的科技创新和安全技术水平，加强检测方法、设备研发和监管工作的技术支持能力，完善机械安全标准体系，在安全风险评估、检验检测与预警等方面取得突破，从根本上提高抵御机械伤害的能力，具有十分重要的作用。

2. *机械安全的发展与分析方法*

随着机械设备的发展和使用，机械伤害越来越多，人们对机械安全的认识也从最初的不受到伤害，发展为如何保障机械安全，进而保障人身安全。人们对安全的认识经历了自发认识阶段、局部认识阶段、系统安全认识阶段、安全系统认识阶段。

人们在创造简单的工具之初，未能意识到使用工具的安全性问题。在这个阶段，人们没有专门解决工具的安全问题，而是由于生产技术需要，不自觉地附带解决了工具使用安全的问题，具有一定的盲目性。因此，人们对于机械安全的认识，仅仅停留在使操作人员不受伤害的自发认识阶段。

第一次工业革命时期，机器代替手用工具，原动力变成蒸汽机，人被动地适应机器的节拍进行操作，大量暴露的传动部件使人受到伤害的可能性大大增加。针对个别的安全问题，采用局部专门技术方法去解决，从而形成了机械安全的局部专门技术。

电动机的发明及应用使机械技术又一次进入飞跃发展阶段，工业生产从蒸汽机时代进入电气、电子时代。以制造业为主的工业出现标准化、社会化以及跨地区的生产

特点，生产分工细化使专业化程度提高，生产系统高效率、高质量和低成本的目标，对机械生产设备的专用性、可靠性提出了更高的要求，从而形成了从属于生产系统并为其服务的机械系统安全。机械系统安全围绕防止和解决生产系统发生的安全事故问题，为企业的主要生产目标服务。

信息技术将人类带进知识经济时代。机械设备发展成为集光、机、电、液于一体的智能化装备，机械设备的复杂程度增加，机械安全问题需要在更大范围内、更高层次上，从“被动防御”转向“主动保障”，将安全工作前移。为了保证机械系统的安全，必须从机械全生命周期的角度去考虑，利用安全系统工程的方法，对机械系统进行预先安全分析，使机械从预先功能设计开始就把安全放在第一位，以达到机械的设计、生产、加工、组装、调试、运输、安装、使用、维修、保养、拆卸以及报废全生命周期安全的目标。

根据安全系统理论，安全系统由人、物、环境和管理四个要素组成。对机械系统来说，安全系统可归纳为人的行为、物（机械、作业对象或物料和作业场所环境）的状态、安全管理水平三要素。人、物是安全系统过程中的直接要素；关系（以安全管理为外在表现形式）是安全的本质和核心，协调人与人、物与物、人与物之间的关系，是机械系统正常运转的必要条件，同时又是实现安全的手段。机械系统安全是指从人的需要出发，在使用机械全过程的各种状态下，达到使人的身心免受外界因素危害的存在状态和保障条件。机械系统安全是由组成机械的各部分及整机的安全状态、使用机械的人的安全行为、机械和人的和谐关系来保证的。简而言之，机械系统安全就是要用安全系统的理论和方法，从人、物以及人与物的关系三方面来解决机械系统的安全问题。

机械安全的分析方法就是利用安全系统工程的方法，依据安全学理论，对构成系统的基本要素进行分析、辨识，找出各要素本身及要素之间的危险性，找出系统的危险源及导致事故发生的触发危险因素。通过对危险因素进行安全评价，确定危险因素的危险程度，查找出系统中的薄弱环节及可能导致的事故，采取相应的对策、措施，控制事故发生，确保机械系统在全生命周期内的安全。

第二节　机械危害与机械事故

一、机械危害及其产生的原因

机械危险与机械的有害因素简称机械危害。

1．机械危险

机械危险是指机械的构件、零件、工具、工件或飞溅的固体直接作用，对人造成伤亡，对物造成突发性损坏。机械的危险因素主要包括：

（1）挤压、剪切和冲击的危险。引起这类伤害的是做往复直线运动的零部件，如冲床和剪板机的滑块、磨床工作台等。两个物体的相对运动可能是接近型，距离越来越近，甚至最后闭合；也可能是通过型，当相对接近时，物体擦肩而过。做直线运动特别是相对运动的两部件之间、运动部件与静止部件之间，易产生对人的挤压、冲撞或剪切伤害。

（2）卷绕和缠绕的危险。引起这类伤害的是做回转运动的机械部件，包括轴类零件，如主轴、丝杠等；回转件上的突出结构，如安装在轴上的突出键、螺栓或销钉，手轮上的手柄等；旋转运动的机械部件的开口部分，如链轮、齿轮、皮带轮等圆轮形零件的轮辐及旋转凸轮的中空部位等。旋转运动的机械部件易使人的头发、手套、肥大衣袖或下摆随回转件卷绕，继而引起对人的伤害。

（3）刺伤、切割和切断的危险。锋利的工具刃口、金工车间的切屑及机械设备的尖棱、利角、锐边、粗糙的表面（如砂轮、毛坯）等，无论其状态是运动还是静止，这些由于形状产生的危险因素都会构成潜在危险。

（4）引入或卷入、碾压的危险。引起这类伤害的主要是互相配合的运动副。例如，啮合的齿轮之间以及齿轮与齿条之间，带与带轮、链与链轮进入啮合部分的夹紧点，两个相对回转运动的辊子之间的夹口易引发引入或卷入危险；轮子与轨道、车轮与路面等滚动的旋转件易引发辗轧危险等。

（5）飞出物、坠落物等打击的危险。运动飞出物件主要指高速旋转中夹持不牢的刀片、工件，连续排出的破碎而飞散的高速切屑，高速飞出的砂轮碎片等，这些飞出物件均能造成伤害事故。坠落物是指高处掉落的零件、工具以及夹紧不牢的物体坠落或者重心不稳发生倾翻、滚落。运动部件运行超行程脱轨也易导致伤害等。

当然，与机械相关的碰撞和滑倒以及跌落危险都在机械危险之列。

2．机械的有害因素

机械的有害因素是指通过人的生理或心理对人体健康间接产生危害，可能导致人员患病的外在因素，这些外在因素强调在一定时间范围内的累积作用效果，如粉尘、噪声、振动、辐射危害等。它与危险因素是不同的，危险因素是能对人造成伤害或对物造成突发性损坏的因素，往往是突然发生的。

机械的有害因素分为以下几种：

（1）电气危险。电气危险的主要形式是电击、燃烧和爆炸。电气危险产生的条件有人体与带电体直接接触或接近高压带电体，静电现象，带电体绝缘不充分而产生漏电，线路短路过载引起的熔化粒子喷射、热辐射和化学效应，由于电击而导致的惊恐使人跌倒、摔伤等。

（2）粉尘危险。机械在工作过程中引起或产生粉尘，使在该区域的工作人员受到伤害。例如，采煤机在切割煤的过程中，会产生大量的煤尘，这些煤尘可能使工作人员患尘肺病。井下局部通风机工作，可能使地面已落的粉尘飞起，造成区域内工作人员受到粉尘的侵袭。掘进工作面掘孔、放炮均会在掘进面产生粉尘，而具有爆炸性的粉尘，除对人体产生职业病的危害外，还可能发生爆炸事故。

（3）温度危险。温度危险是指人体与超高温物体、材料、火焰或爆炸物接触，或因热源辐射所产生的烧伤或烫伤；高温生理反应；低温冻伤和低温生理反应；高温引起的燃烧或爆炸产生的伤害等。

（4）噪声危险。噪声是机械在工作过程中产生的一种污染，当噪声超过人们所能承受的限度时，将会对人的生理、心理造成伤害。例如，机械传动、液压传动、电锯切割、打桩机打桩等都会产生噪声。

（5）电磁辐射危险。电磁辐射危险指机械设备产生的 X 射线、γ 射线超出国家标准允许的范围，从而对区域内工作人员造成伤害，如核子秤、透视仪器等所产生的电磁辐射危害。

（6）振动危险。振动作为机械工作的一种方式，对操作人员身体可能造成局部、全身振动危害，对操作人员生理、心理产生影响，造成损伤或疾病，严重的可使操作人员生理严重失调。

 二、产生机械危害的各种因素

产生机械危害的因素较多，但究竟是哪种机械设备在生产操作中危险性最大？何种作业事故率最高？机械设备最易发生事故的危险部位在哪里？下面将对这些问题进行讨论。

1. 危险性大的机械设备

根据事故统计，我国事故率较高、危险性较大的机械设备有压力机、冲床、剪床、压印机、木工刨床、木工锯床、木工造型机、起重设备、锅炉、压力容器、电气设备等。

我国的《特种设备安全法》规定：特种设备是指对人身和财产安全有较大危险性的锅炉、压力容器（含气瓶）、压力管道、电梯、起重机械、客运索道、大型游乐设施、场（厂）内专用机动车辆，以及法律、行政法规规定适用本法的其他特种设备。国家对特种设备的生产、经营、使用，实施分类的、全过程的安全监督管理。

除特种设备之外，危险性大的机械设备还有机械压力机、液压机、锯床、磨床、金属切屑机床、木工机床、运输机械、锻压机械等。

2. 事故率高的特种作业

根据《特种作业人员安全技术培训考核管理规定》，特种作业是指容易发生事故，对操作人员本人、他人的安全健康及设备、设施的安全可能造成重大危害的作业。特种作业按《特种作业目录》分为电工作业、焊接与热切割作业、高处作业等共11个作业类别、51个工种。特种作业人员必须经专门的安全技术培训并考核合格，取得《中华人民共和国特种作业操作证》后，方可上岗作业。

3. 易发生事故的机械危险部位

在生产操作中，机械设备的运动部分是最危险的部位，尤其是操作人员易接触到的运动零部件。此外，机械加工设备的加工区也是危险部位。

机械最常见的危险部位有旋转轴；相对转动部件，如啮合的齿轮；不连续的旋转零件，如风机叶片、成对的带齿滚筒；带与带轮，链与链轮；旋转的砂轮；往复式冲压工具，如冲头和模具；带状切割工具，如带锯；蜗轮蜗杆；旋转的刀具；旋转运动部件上的凸出物，如键、定位螺栓；设备表面上的毛刺、尖角等；机械加工设备的加工区。

三、机械事故产生的原因

安全隐患可存在于机械的设计、制造、运输、安装、使用、拆卸、报废等全生命周期的各个环节和各个状态，用安全系统的认识观点，可以将造成伤害事故的原因归纳为人的不安全行为、设备的不安全状态、环境的不安全因素和安全管理缺陷四方面。

1. 人的不安全行为

在机械使用过程中，人的不安全行为是引发事故的一个重要原因。人的行为受到生理、心理等多种因素的影响，表现是多种多样的。人的不安全行为有缺乏安全意识，安全技能差，不了解所操作机械的结构及存在的危险，不按安全规程操作，不正确使用个人防护用品和设备的安全防护装置等。

2. 设备的不安全状态

设备的不安全状态是技术原因，构成生产中客观安全隐患和危险，是引发事故的主要原因。设备的不安全状态可能来自机械设备全生命周期的各个阶段。

（1）设计阶段。机械结构设计不合理、未满足安全人机工程学要求、数据计算错误、安全系数不够、对使用条件估计不足等导致的先天安全缺陷。

（2）制造阶段。常见的制造错误有加工方法不当、零件加工精度不够、原材料以次充好、装配不当、零件未固定或固定不牢。安装时旋转零件不同轴，轴与轴承、齿轮啮合调整不好（过松或过紧），设备安装不水平，地脚螺栓未拧紧，野蛮作业使机械及其零部件受到损伤等都会埋下隐患。

(3) 使用阶段。购买无生产许可证、有严重安全隐患或问题的机械设备，设备缺乏必要的安全保护装置，报废零部件未及时更换带病运行，机械设备润滑保养不良，超出机械的额定负荷、额定寿命运转，不良作业环境造成零部件腐蚀，机械系统功能降低甚至失效等。

3. 环境的不安全因素

环境的不安全因素是指工作场地照明不良、温度或湿度不适宜、通风不良、噪声过高、作业场所狭窄、作业场地杂乱，如工具、制品、材料堆放不合理以及设备布置不合理等。

4. 安全管理缺陷

安全管理是系统工程，涉及领导者的安全意识水平、健全的安全管理组织机构和明确的安全生产责任制、对设备（特别是对危险设备和特种设备）的监管、对员工的安全教育和培训、安全规章制度的建立、事故应急救援预案的制定以及建立完善的职业安全卫生管理体系等。

人的不安全行为、设备的不安全状态是事故发生的直接原因，安全管理缺陷是引发事故的间接原因，但却是更深层次的原因。完善的安全管理是生产经营活动正常运转的必要条件，同时又是控制事故、实现安全的极具重要的手段。每一起事故的发生，总可以从管理的漏洞中找到原因。企业只有在日常生产中重视安全管理，将安全管理放到首位，才能从本质上有效控制、减少事故的发生。

第三节　机械安全的基本要求

发生机械事故的原因是多方面的，机械安全技术就是在各个方面消除机械设备存在的危险、有害因素。到目前为止，国家标准化管理委员会制定了几百项机械安全标准，并借鉴了相应的国际标准和欧洲标准。这些标准的制定和执行，在避免和减少事故，保证操作人员的安全和健康方面起到了重要的作用。这些标准对机械设计、制造、使用和管理等方面都提出了相关要求，是机械安全最基本的要求，必须遵守执行。

除了要求机械设备符合各类标准规范的规定外，根据机械设备的特点，机械设备在结构、控制机构以及防护装置检测与维修和安全信息等方面均应满足相关的要求。

一、机械结构的要求

1. 机械的本质安全及特征

本质安全技术是指利用该技术在机器预定功能的设计和制造中，不需要采用其他安全防护措施，就可以在预定条件下执行机器的预定功能，满足机器自身安全的要求。

具有本质安全的机械产品的特征：机械设备在预定的使用条件下，除具有稳定、可靠的正常安全防护功能外，其设备自身还兼具自动保障人身安全的功能与设施，一旦发生误操作时，人身不会受到伤害，生产系统和设备仍能保证安全。具体表现为以下几点：

（1）发生非预期的失效或故障时，装置能自动切除或隔离故障部位，安全地停止运行或转换到备用部分，并同时发出声或光报警信号。

（2）任何情况下，不产生有毒害的排放物，不会造成直接污染和二次污染。

（3）符合人机工程学原理，能最大限度地减轻操作人员的体力消耗和脑力消耗，缓解精神紧张状态。

（4）有明显的警示，充分表明有可能存在的危险和遗留风险。

（5）一旦发生危险，人和物受到的损失程度应当在标准安全指标以下。

2. 结构要求

本质安全对机械结构的要求包括以下几个方面：

（1）外形方面。在不影响预定使用功能的前提下，避免锐边、利角和悬凸部分。

（2）加工区。加工区易发生事故的设备均应采用有效的安全防护措施，防止身体的任一部分进入危险区，并保证身体进入危险区后设备能自动停止运行。例如，设置密封罩、机械或电气屏障、机械或电气联锁装置、手动或自动紧急停车装置、警报装置等。

（3）运动部件。凡易造成伤害事故的运动部件均应采用避免操作人员接触的防护措施；高度以操作位置为基准，2 m 以内的所有传动件、回转件都必须设置安全防护装置；在设备运行中，应设置可靠的限位装置，防止零部件运动超限；机械设备必须对可能因超负荷发生损害的部件设置超负荷保险装置；高速旋转的运动部件应进行必要的静平衡和动平衡试验；直线运动部件之间或直线运动部件与静止物体包括墙、柱之间，必须留有符合国家标准的安全距离。

（4）工作位置。机械设备的工作位置应安全可靠，并保证有合乎操作人员心理和生理需求的足够的活动空间；机械设备的工作面高度应符合人机工程学的要求，如坐姿工作面高度应为 700 ~ 850 mm，立姿工作面高度应为 800 ~ 1 000 mm；机械设备的工作位置必须有采用安全电压的局部照明装置、防滑平台和通道，必要时设置踏板和栏杆。

（5）紧急停车装置。当机械设备有如下情况时，必须在每个操作位置和需要的地方设置紧急停车装置：当发生危险，不能迅速通过控制开关停止设备运行；不能通过一个总开关迅速中断若干个能造成危险的运动单元；切断某个单元会出现其他危险；在控制台不能检测所控制的全部单元。

二、控制装置的要求

控制装置一般由显示器、控制器和控制线路组成。机械的控制系统应与所有电子设备的电磁兼容性相关标准一致，防止潜在的危险工况发生。

1. 一般要求

（1）机械设备应设有防止意外启动而造成危险的保护装置，如脚踏开关的防护罩。

（2）控制线路应保证线路损坏后也不会发生危险。

（3）自动或半自动系统，必须在功能顺序上保证排除意外造成危险的可能性，或设有可靠的保护装置。

（4）当设备的能源偶然切断时，制动、夹紧动作不应中断，能源重新接通时，设备不得自动启动。

（5）危险性较大的设备应尽可能配备监控装置。

2. 其他要求

（1）显示器用来显示所控制机械的运行状态参数，故应准确、简单、可靠，符合信息特征和人的感知特性，显示器的排列应符合人的视觉习惯等。

（2）控制器及操纵器是用来对机械进行启动、终止运行、换向等控制动作的装置，故其排列应考虑使用频率、重要程度、功能分区，布置应符合人机工程学等。控制器及操纵器应与安全防护装置联锁。

三、防护装置的要求

机械在设计过程中无法通过自身的本质安全来满足安全要求时，必须增设安全防护装置。机械安全防护装置的功能是把机械的危险区域、危险部件或可能产生危害的位置防护起来。机械的防护装置包括安全防护装置和紧急停车开关。

1. 安全防护装置

在人和危险之间构筑安全保护屏障，是安全防护装置的基本安全功能。为此，安全防护装置必须满足与其防护功能相适应的安全技术要求。基本要求如下：

（1）防护性要求。设计的防护装置必须对机械危险、有害因素进行有效防护。同时，防护区域、强度、防护方法、防护用的材料均要达到安全防护要求。

（2）防护可靠性要求。设计的防护装置本身的可靠性应满足要求，使用的元件、器件及机械整体的可靠性应大于安全要求。对要求高的防护装置，应采用冗余技术、多项检测表决技术，以达到安全防护的目的。

（3）联锁性要求。设计的防护装置除本身能防护机械危险、有害因素外，针对操作人员身体进入危险区域内的行为，在防护的基础上，增加防护与机械运动的闭锁，当防护装置发出信号时，此信号同时控制机械停车，从而使机械安全防护更可靠。

（4）隔离式防护。根据危险区的可封闭与不可封闭要求，安全防护装置可对可封闭式危险区采用隔离式防护，把危险区域与安全区域完全隔离。隔离式防护主要分为安全防护罩、网状隔离物、防护屏三种形式。

2. 紧急停车开关

（1）紧急停车开关应保证瞬时动作时，能终止设备的一切运动。对有惯性的设备，紧急停车开关应与制动器或离合器联锁，以保证迅速终止运行。

（2）紧急停车开关的形状应区别于一般控制开关，其主要颜色应为红色。

（3）紧急停车开关的布置应保证操作人员易于触及，且不发生危险。

（4）设备由紧急停车开关停止运行后，应保证必须按启动顺序重新启动才能开始运转。

四、检验与维修要求

为了保证机械设备的正常工作，除了正确操作、使用外，还必须对设备进行日常的维护、保养。维护、保养的安全要求包括以下内容：

（1）运输、安装时维护安全要求。设备在运输、搬运、安装、拆卸时，不发生危险或伤害。搬运吊装时，应保证安全。

（2）日常检修安全要求。机械在使用过程中，应保证设备的日常检修安全。不同设备的运动副、传动装置、结构等都存在相应的危险区域，在检修时要保证其安全。

（3）在危险区域内检修、维护的安全要求。如果设备较大，人员的肢体或全身进入危险区域内检修，此时必须切断电源，增设安全检修挂牌或由专人看管、值班，确保人员进入危险区域工作时，不会因机械启动造成事故。

增加检修进入口，便于抢修工作。同时，检修空间必须便于人员工作，在需要人员的手进入孔处时，应防止碰、割伤事故的发生。

（4）保养安全要求。设备保养是每天必须做的工作，除日常保养外，还要定期对整个设备进行保养，例如，每天必须对回转支承点加油，对有相对运动的表面进行清洁、润滑。在进行这些工作时，要防止操作人员发生碰、刮伤。由于有些部件在保养时，设备处于运转状态，因而要防止操作人员的手进入危险区域导致运动件伤人事故的发生。

五、安全信息

机械的安全信息由文字、标志、信号、符号或图表组成，以单独或联合使用的形式向使用者传递信息，用于指导使用者安全、合理、正确地使用机械，警告或提醒危险和危害健康的机械状态，提醒使用者应对机械危险事件。安全信息是机械的组成部分之一，应贯穿机械使用的全过程，包括运输、安装、试验运转、使用、调整、检查维修等。

安全信息由安全标志、随机文件（主要指操作手册和说明书）、信号和警告装置、安全色等构成。根据风险的大小和危险的性质，可依次采用安全色、安全标志、警告信号和警报器等安全信息。

1．安全标志

常用的安全标志有警告标志、禁止标志和指令标志。

（1）警告标志。与机械安全有关的警告标志有注意安全、当心触电、当心机械伤人、当心车辆、当心伤手、当心跌落、当心落物、当心弧光、当心电离辐射、当心激光等。基本特征：图形是三角形，黄色衬底，边框和图像为黑色。

（2）禁止标志。与机械安全有关的禁止标志有禁止启动、禁止合闸、禁止入内、禁止靠近、禁止通行、禁止抛物等。禁止标志的基本特征：图形为圆形、黑色，白色衬底，红色边框和斜杠。

（3）指令标志。与机械安全有关的指令标志有必须戴防毒面具、必须戴防尘口罩、必须戴安全帽、必须系安全带、必须穿防护服、必须用防护装置等。指令标志的基本特征：图形为圆形，蓝色衬底，白色图案。

安全标志由安全色、图形符号和几何图形构成，有时附以剪短的文字警告说明，用于表达特定的安全信息。安全标志的基本特征见表1—1。

表1—1　　安全标志基本特征

标志含义	标志形状	图案颜色	衬底颜色	边框颜色	备注
禁止	圆形	黑色	白色	红色	红色斜杠
警告	三角形	黑色	黄色	黑色	
指令	圆形	白色	蓝色		
紧急出口或急救	矩形或正方形	白色	绿色		

2．操作手册和说明书

操作手册是操作人员了解机械工作原理，掌握机械操作规范，保证机械正常运转工作的重要资料。操作手册涉及相应设备的构成、工作原理、操作程序、注意事项等，是机械设备的使用指南，阅读操作手册是规范操作、安全使用的前提条件。

说明书是对机械的设备构成、工作原理、操作程序的说明。说明书与操作手册相比，注重对该设备的实际使用和安全、高效工作给予说明，使操作人员便于正确、安全、高效地使用设备。

3．信号和警告标志

机械设备在出现问题时，相应给出的信号报警和警告装置的报警，能提醒周围工作人员注意安全、防范事故、注意自我保护。信号和警告标志分为视觉信号、听觉信号和视听组合信号。

4．安全色

按照国家标准《安全色》（GB 2893—2008）的规定，为特别注意存在事故隐患的部位区域、场所、机构，用醒目的安全色来提醒人们。规范安全色的使用，有利于人们识别危险因素，注意存在的危险区域，对防止事故发生具有重要意义。

（1）安全色的颜色含义和适用范围。安全色有红、黄、蓝、绿四色。安全色的含义见表1—2。

表1—2　　　安全色的含义

颜色	颜色含义	
	人员安全	机械/过程状况
红	危险/禁止	紧急
黄	警告	异常
蓝	执行	强制性
绿	安全	正常

1）红色表示禁止、停止、消防和危险的意思。凡是禁止、停止和有危险的器件、设备或环境，应涂以红色。例如，刹车手柄、消防器皿、停止按钮、限位装置、限速度刻线等涂红色。红色闪光是警告操作人员情况紧急，应迅速采取行动。

2）黄色表示注意、警告的意思。凡是警告和提醒人们的器件、设备或环境，应涂以黄色。例如，吊车等危险性较大的设备外涂黄色，提醒人们使用中注意防护。

3）蓝色表示必须遵守的意思。例如，一些交通标志等用蓝色表示。

4）绿色表示通行、安全和提供信息的意思。例如，机器的启动按钮涂以绿色。

（2）安全色的对比色。安全色有时采用组合或对比色的方式，常用的安全色及其相关的对比色是红色—白色、黄色—黑色、蓝色—白色、绿色—白色。红色与白色相间的条纹，表示禁止通行、禁止跨越的意思。黄色与黑色相间的条纹，表示有相对移动，需要特别注意的意思。蓝色与白色相间的条纹，表示指示方向，主要用于交通上的指示性导向标。绿色与白色相间的条纹主要应用于固定提示标志杆上的色带等。

第四节 实现机械安全的基本途径和措施

机械安全可以概括地分为机械的产品安全和机械的使用安全两个阶段。机械的产品安全阶段主要涉及设计、制造和安装三个环节。机械的使用安全阶段涉及机械正常运行、维修、保养等多个环节。机械设备安全应考虑其全生命周期的各个阶段，其安全措施可分为由设计者采取的安全措施和由用户采取的安全措施。

一、由设计者采取的安全措施

机械的产品安全通过设计、制造和安装三个环节实现，设计是机械安全的源头，制造是保障产品质量的关键，安装是制造的延续，三者的结合是机械产品安全的重要保障。设计者在设计机械的预定功能时，必须把安全作为设计出发点，在设计中可能会遇到安全功能与预定功能相矛盾的情况，此时要把实现安全作为首要条件来设计。

1. 本质安全是保证安全的直接措施

本质安全技术是指机械本身应具有本质安全性能，是在机械的功能设计中采用的、不需要额外的安全防护措施就可以把安全问题解决的技术措施，是机械设计优先考虑的措施。实现机械本质安全性能的方法有选择最佳设计方案，并严格执行专业标准制造、检验；合理地采用机械化、自动化和计算机技术，最大限度地消除危险或限制风险；符合人机工程学原理。

2. 辅助安全保护是保证安全的间接措施

在本质安全无法实现的情况下，必须通过辅助安全保护来保证机械的安全。辅助的安全保护，应由设计者在机械设备总体设计阶段，设计出一种或多种专门用来保证人员不受伤害的安全防护措施，最大限度地预防、控制事故或危害的发生。不能把辅助的保护装置留给用户自行配备，否则用户在使用设备时，由于自身的麻痹大意，或认为保护装置可有可无，造成保护装置缺失，导致机械运行中危险区域暴露，可能使进入该区域的人员受到伤害。

辅助安全保护虽然没有本质安全可靠，但选用可靠性高的安全保护技术，通过优化实现方式，可以使辅助安全保护达到安全保护的目的。采用可靠性高的非接触式光电传感器，使辅助安全保护在危险区域范围内做到整体有效。同时利用检测手段直接控制机械的主机，当出现人员进入危险区域的信号时，主机立即停机。

在本质安全与辅助安全保护两种设计中，实现辅助安全保护比实现本质安全容易。在满足安全的条件下，可综合考虑各种因素，降低机械设备设计成本。

3. 安全信息的使用是保证安全的指导措施

安全信息是机械安全的重要保证之一，安全标识、安全信号、文字、符号和图表构成安全的指导性信息，设计者通过安全信息的使用，使操作人员或接近机械设备的人员知晓机械的危险区域。使用安全标识、信号、符号向人员传达此机械的工作区域和危险区域，对可能造成人员及肢体危害的区域，利用安全色明确危险区域界限，提醒人们注意。

安全信息具有指导性作用，它本身不能避免风险，只能对风险区域、风险程度、风险大小给出警告，引导人员注意保护自身安全。

安全信息中的随机文件包括使用说明书、操作手册，它们是了解机械性能、动作原理、使用方法、操作规范的指导性文件，有助于操作人员正确操作、使用机械。为了达到对随机文件的学习和掌握，对一些复杂机械，在使用前必须对操作人员进行技术培训，强化对机械使用、维护、保养、安全注意事项的掌握，从而发挥随机文件的最大指导作用。

4. 紧急预防保护装置是安全的附加预防措施

紧急预防是机械装备在遇到紧急状态时，对机械主动系统采取的强制保护，其目的是防止机械设备在原运动状态下，存在的动能、势能、高压等危险状态的后续释放，如急停措施、陷入危险时人员躲避和救援措施、机械的可靠性措施、断开动力源措施、能量泄放措施等。

二、由用户采取的安全措施

机械设备的设计仅仅是全生命周期中的一个阶段，而最关键的是机械设备使用阶段，此阶段的安全保护缺陷必须由使用机械设备的用户采取安全技术和管理措施加以弥补。用户的责任是考虑采用最大限度减小作业风险的安全技术措施。

1. 作业场所与工作环境的安全

机械设备在安装工作前，操作人员必须认真学习操作手册、使用说明书，使安装环境满足设计要求，保证设备正常运转。作业场地要按毛坯、成品、半成品、工位器具及废物垃圾等进行合理的功能区域划分，保证通道宽敞无阻。机械设备之间、机械设备与固定建筑物之间合理布局，避免互相影响和干扰，应采取分散、隔离或防护、减振、降噪等措施，保证足够的作业照明，作业环境应符合通风、温度、湿度要求，严格控制尘、毒、噪声、振动、辐射等危害超出规定的卫生标准等。

2. 安全管理措施

首先，明确安全生产组织和落实各级安全生产责任制，建立安全规章制度，健全安全操作规程。其次，加强对员工的安全教育和培训，包括安全法制教育、风险知识

教育和安全技能教育以及特种人员的岗位培训（要求考核取证后持证上岗）。第三，对机械设备实施监管，特别是对安全有重大影响的危险机械设备和关键机械设备及其零部件，必须进行全程安全监测，对其检查和报废实施有效的监管。最后，制定事故应急救援预案。

3．操作人员安全意识

安全意识的培养不仅要从操作人员入手，更应该从管理者开始，建立“安全为天”的理念。只有管理者开始强化安全意识，重视安全管理，才能通过安全培训、安全教育、安全考核、安全检查等方法，使操作人员把安全放在首位，彻底从心里树立起安全的理念和安全意识，从而保证机械安全。

第五节　机械安全评价

一、基本概念

1．风险

风险是危险、危害事故发生的可能性与危险、危害事故严重程度的综合度量。

2．安全评价

安全评价也被称为风险评价或危险评价，它是以实现工程、系统安全为目的，应用安全系统工程原理和方法，对工程、系统中存在的危险、有害因素进行辨识与分析，判断工程、系统发生事故和职业危害的可能性及其严重程度，从而为制定防范措施和管理决策提供科学依据。安全评价既需要理论的支撑，又需要理论与实际经验的结合，二者缺一不可。

3．机械安全评价

机械安全评价是以机械或机械系统为研究对象，用系统方式分析机械在设计阶段、试验阶段、使用阶段可能产生的各种危险、一切可能的危险状态，以及在危险状态下可能发生损伤或危害健康的事故，并对事故发生概率和严重程度进行全面分析、评价的过程。

4．风险要素

与机械的特定状态或技术过程有关的风险由以下两个要素组合得出：

（1）机械在不同状态下，发生损伤或危害健康的概率。这种概率与人员暴露于危险中的频率和面临危险的持续时间有关，与危险事件发生的概率有关。

（2）机械产生损伤或危害健康的可预见的最严重程度。这种严重程度有一定的随机性，与多种因素的综合影响和作用有关。

风险与风险要素之间的关系可以用以下公式表示：

风险 = 危险造成伤害的严重程度 × 伤害出现的概率

二、安全评价的程序

机械安全评价的程序是将机械使用的工艺过程、使用和产出的物质、操作条件等信息与有关机械的设计、使用、伤害事故的知识和经验汇集到一起，对机器全生命周期内的各种风险进行评价的过程。

机械安全评价程序包括前期准备、确定分析周期（对象）、识别危险、评价初始风险、（采取措施）减少风险、评价遗留风险等几项内容。

1. 前期准备阶段

搜集信息是评价的准备阶段，安全评价信息应包括以下内容：

（1）有关机械设备的结构、特性和限制规范的相关技术资料，有关设备操作使用的详细说明，有关机械的组成材料、加工材料等详细说明，机械的运输、安装、试验、生产、拆卸和处置说明，关于机械预定运行环境的说明，机械可能的故障数据、易损零部件、定量评价说明等。

（2）有关的法律法规、条例、标准、规范和规程等。

2. 确定机械限制范围

根据机械的设计结构、功能和使用要求，从人和机两方面界定机械的限制范围。

（1）机械的限制。机械的限制是指机械在有限范围内为一定的应用目的而服务。限制不同，存在的危险和涉及的人员不尽相同，风险也不同。机械的限制主要包括预定的使用功能、适用范围和领域、空间以及时间限制等。

（2）人员情况。所有暴露于危险中的人员，包括操作人员和可预见的与机械有关人员的体能情况限制和专业技能限制等。

3. 危险因素识别及风险要素的分析确定

危险因素识别是机械安全评价的关键信息环节。在机械系统中，机械本身存在的不安全状态、作业人员不安全行为以及环境中的不安全因素，是产生机械事故的危险、有害因素。危险识别是否全面、准确、真实，都将直接影响安全评价和安全决策的质量。应该从机械的各种状态（包括正常工作状态和非正常工作状态）、机械全生命周期的每个阶段以及可预见的误操作等，全方位分析可能产生的危险种类、产生原因、危险部位、可能发生危险事件的途径等。

风险分析是对风险要素的分析确定，主要从两个方面考虑：一是在某种危险状态下，发生损伤或危害健康的概率。二是在某种危险状态下，可能损伤或危害健康的可预见的最严重程度。

4. 风险评定

风险评定是在风险分析的基础上综合考虑各方面因素，针对评价对象给出评估结论，判断评价对象是否安全，危险是否减小，是否仍然存在风险，风险的影响程度是否可以接受，以便针对风险寻求相应的安全措施。

安全评价应考虑的因素有实现预定功能的机械结构是否将各种危险和风险消除或减小，关于机械的安全使用信息是否完整清晰，安全防护装置以及附加预防措施是否安全有效等。

风险比较是安全评价的一部分，根据类比原理，作为评价对象的机械有关风险可与类似机械的风险相比较，使评价结论有可信的参考依据。

5. 确定安全标准

各种危险、有害因素发展的程度，何时为事故、何时为可接受的状态，要依照法规、规章制度制定出可接受的风险限度，风险在风险限度内是安全，超过限度就是不安全。

6. 制定安全对策措施

对于超过风险限度的危险、有害因素，要采取可行的适当措施，保证对危险、有害因素导致事故的情况进行限制，对出现的不安全因素进行控制。

三、安全评价的方法和工具

安全评价是一个系统工程，参加评价的单位和人员应有相应资质和相关部门颁发的证书，包括从立项、信息搜集到撰写评估报告一系列的过程。安全评价的质量直接关系机械产品的安全性，关系到使用者的劳动条件和生产安全。

1. 机械安全评价的方法分类

（1）定性、定量安全评价方法如下：

1）定性安全评价方法。根据经验和直观判断，对机械系统的机构、工作状态、工作环境、人员情况进行定性的分析，评价的结论是一些定性的指标。定性安全评价方法有安全检查表、故障类型和影响分析、作业条件危险性评价法等。

2）定量安全评价方法。根据大量的实验结果和广泛的事故资料统计分析获得的指标或数学模型，对机械系统安全进行定量的计算，评价的结论是一些定量的指标。定量安全评价方法有概率风险评价法、伤害范围评价法、危险指数评价法等。

（2）逻辑推理安全评价方法如下：

1）由事故发生的原因推论结果的评价方法称为归纳推理安全评价方法。例如，事件树分析法是从最基本的危险、有害因素开始，逐渐分析导致事故发生的直接原因，最终分析出可能的事故。

2）由事故推论导致事故原因的评价方法称为演绎推理安全评价方法。即从事故开始，推论导致事故发生的直接原因，再分析与直接原因相关的间接原因，最终分析出致使事故发生的最基本的危险、有害因素，如故障树分析法。

2. 机械安全评价方法

在系统全生命周期不同阶段的危险因素辨识中，应该选择相应的系统安全分析方法。例如，在系统的开发、设计阶段（安全预评价阶段），可以应用预先危险分析法、安全检查表分析法，对系统中可能出现的安全问题进行概括分析。在系统运行阶段（安全现状评价阶段），可以应用故障类型和影响分析、事件树分析、故障树分析、鱼刺图分析等方法对系统安全进行详细分析。

（1）安全检查表法（Safety Check List，SCL）。安全检查表法是进行安全检查，发现潜在危险、有害因素，督促各项安全法规制度、标准实施的一种最简单、有效的方法。以机械设备和作业情况为分析对象，编制一个表格，表格中列出检查部位、检查项目、检查要求、各项赋分标准、安全等级分值标准等内容。对系统进行评价时，对照安全检查表逐项检查、赋分，从而评价出机械系统的安全等级。

（2）预先危险性分析法（Preliminary Hazard Analysis，PHA）。预先危险性分析法主要用于对系统存在的危险物质和装置的主要工艺、区域等进行分析，包括设计、施工和生产前对系统中存在的危险及其出现条件、导致事故的后果进行分析，尽可能评价出潜在的风险性。

预先危险性分析法的主要目的：①大体识别系统中主要的危险、有害因素。②分析危险、有害因素可能导致的事故发生的原因。③评价事故发生对人员及设备造成的损失。④确定危险、有害因素可能达到的危险等级。⑤针对所分析危险的发展程度，提出防范措施。

（3）故障假设分析法（What... If，WI）。故障假设分析法是对系统工艺过程或操作过程的创造性分析方法，主要通过提问（故障假设）的方式来发现可能的潜在的事故隐患。

（4）故障类型及影响分析法（Failure Mold Effects Analysis，FMEA）。故障类型及影响分析法由可靠性工程发展而来，主要分析系统、产品的可靠性和安全性。首先找出系统中各组成部分及元素可能产生的故障类型，查明各种故障类型对临近部分或元素的影响以及最终对系统的影响，然后提出避免或减少这些影响的防治措施，提高系统的安全性。

（5）故障树分析法（Fault Tree Analysis，FTA）。故障树分析法是对机械系统中存在危险、危害的单元体进行分析，以发生的事故为顶事件，按构成系统的各单元体的逻辑关系，查找导致事故发生的基本事件。

（6）事件树分析法（Event Tree Analysis，ETA）。事件树分析法是从一个初因事件开始，按照事故发展过程中事件出现与不出现，交替考虑成功与失败两种可能性，然后再以这两种可能性分别为新的初因事件进行分析，如此循环下去，直到分析到最后结果为止。

（7）原因—后果分析法（Cause-Effect Analysis，CEA）。原因－后果分析法又称为鱼刺图分析法，是把导致事故发生的各种原因及造成的结果，采用简明的文字和线条加以全面表示的方法，同时也是表示事故发生的原因和结果最为直接的一种方法。

（8）作业条件危险性评价法（LEC）。作业条件危险性评价法是对具有潜在危险性的作业条件进行评价，以所评价的环境与某些作为参考环境的对比为基础的评价法。

此方法将作业条件的危险性（D）作为因变量，事故发生的可能性（L）、暴露于危险环境的频率（E）及危险严重程度（C）为自变量，建立自变量与因变量之间的函数式 $D=LEC$。根据实际经验给出 3 个自变量的各种不同情况的分数值，采取对所评价对象进行打分的办法，根据其危险性分数值，划分危险程度等级，确定其危险程度。

（9）风险矩阵评价法（Risk Matrix Analysis，RMA）。风险矩阵评价法是通过选择关键工艺装置或风险区域，选择评价单元的风险规模和属性，编辑风险矩阵，提出风险措施的评价方法。

（10）安全综合评价法。安全综合评价的方法很多，包括常规评价、模糊综合评价等方法，是目前应用比较广泛的安全评价技术。在将多因素指标综合为一个或若干个指标的评价过程中，主要采用模糊综合评价法、神经网络法等。

目前开发的安全评价方法很多，各种评价方法的原理、适用对象各有特点。对于机械安全评价方法的选择，可根据所评价机械的状态、范围、要求合理选用。

复习思考题

1. 什么是机械安全？
2. 机械危险、有害因素有哪些？
3. 机械危险的伤害形式有哪几种？
4. 安全保护装置的要求有哪些？
5. 实现机械安全的途径与措施有哪几种？
6. 安全评价的程序有哪些？
7. 机械安全评价方法有哪几种，各有何特点？

技能实训一　了解机械相关安全标志

一、实训目标

了解机械安全标志的相关规定和内容，熟悉常见和重要的机械安全标志。

二、任务描述

安全标志由安全色、几何图形和形象的图形符号构成，用以表达特定的安全信息，是一种国际通用信息。机械设备易发生危险的部位都应设有安全标志或涂有安全色，目的是引起操作人员注意，防止机械危害、伤害事件的发生。

1. 了解安全标志的内容

常用的安全标志有警告标志、禁止标志和指令标志，收集与机械安全有关的警告标志、禁止标志和指令标志。

2. 了解国家标准中对安全色的相关规定

安全色包括四种颜色，即红色、黄色、蓝色、绿色。掌握国家标准中“四色”和“对比色”分别代表的含义，掌握相关常见标志的含义。

三、实训过程

1. 查阅国家标准《机械电气安全　指示、标志和操作　第1部分：关于视觉、听觉和触觉信号的要求》（GB 18209.1—2010）及《安全色》（GB 2893—2008）的有关规定内容。

2. 收集常见的安全标志，并识别其规定含义。

3. 撰写一份关于安全信息及使用的总结报告（要求不低于2 000字）。

四、总结与思考

1. 思考机械安全的重要性。

2. 总结机械的安全信息类别及使用原则。

第二章

金属切削机械安全技术

本章学习目标

1. 了解切削机床的种类、常见事故和原因。

2. 理解切削加工机械的危险、有害因素。

3. 掌握切削加工机械的基本安全要求和安全防护技术。

4. 针对具体的切削机床，理解车削加工、磨削加工及钻、刨、铣、镗削加工的安全技术措施。

第一节　金属切削加工的主要危险、有害因素

一、金属切削机床的工作特点

金属切削机床是采用切削的方法，将金属毛坯加工成机械零件的机器，切削加工是利用切削工具从工件上切除多余材料的加工方法。金属切削机床进行切削加工时需要将被加工的工件和切削工具都固定在机床上，机床的动力源通过传动系统将动力和运动传给工件和刀具，使两者产生相对运动。在两者的相对运动过程中，切削工具将工件表面多余的材料切去，将工件加工成为达到设计要求的尺寸和精度的零件。切削的对象是金属，旋转速度快、切削工具（刀具）锋利是金属切削加工的主要特点。正是由于金属切削机床是高速精密机械，其加工精度和安全性不仅影响产品质量和加工效率，而且关系到操作人员的安全。

二、切削机床的种类

金属切削机床种类繁多，可根据需要从不同的角度对机床进行分类，主要按机床加工性质和所用刀具进行分类。根据推荐性国家标准《金属切削机床　型号编制

方法》(GB/T 15375—2008)的规定，按照不同的工作原理，可将机床分为11类：车床、钻床、镗床、磨床、齿轮加工机床、螺纹加工机床、铣床、刨插床、拉床、锯床及其他机床，见表2—1。

表2—1 金属切削机床的分类和代号

类别	车床	钻床	镗床	磨床			齿轮加工机床	螺纹加工机床	铣床	刨插床	拉床	锯床	其他机床
代号	C	Z	T	M	2M	3M	Y	S	X	B	L	G	Q
读音	车	钻	镗	磨	2磨	3磨	牙	丝	铣	刨	拉	割	其

除上述基本分类方法外，机床还可以根据其他特征进行分类。

1. 按机床在使用中的通用程度分类

机床按其通用程度（应用范围）可分为以下几种：

（1）通用机床。又称万能机床、普通机床，这类机床可加工多种工件，完成多种零件的不同工序，使用范围较广，通用程度较高，但结构比较复杂。通用机床主要适用于单件、小批量生产，如万能卧式车床、万能外圆磨床、万能升降台铣床、卧式镗床及摇臂钻床等。

（2）专用机床。这类机床的工艺范围最窄，只能用于加工某一零件的某一道特定工序，如制造主轴箱的专用镗床、制造车床床身导轨的专用龙门磨床等。组合机床也属于专用机床，它是以通用部件为基础，配以少量专用部件组合而成的一种特殊专用机床。由于这类机床是根据特定工艺要求专门设计、制造与使用的，因此生产率很高，结构简单，适于大批量生产。

（3）专门化机床。又称专能机床，这类机床的工艺范围较窄，专门用于加工某一类或几类零件的某一道（或几道）特定工序，生产率较高，适于成批生产。专门化机床的特点介于通用机床与专用机床之间，既有加工尺寸的通用性，又有加工工序的专用性，如曲轴磨床、花键轴铣床、精密丝杠车床、凸轮轴车床等。

2. 按机床加工精度分类

在同类型机床中，根据其加工精度、性能等，对照有关标准规定要求，机床可分为普通机床、精密机床和高精度机床。

3. 按机床质量（习惯称重量）分类

按机床质量与尺寸不同，可分为仪表机床、中型机床（一般机床）、大型机床（质量达10 t及以上）、重型机床（质量在30 t以上）和超重型机床（质量在100 t以上）。

4. 按机床主要工作部件的数目分类

按机床主要工作部件的数目不同，机床可分为单轴、多轴、单刀或多刀机床。

5. 按机床布置方式分类

按机床布置方式不同，机床可分为卧式、立式、台式、单臂、单柱、双柱、马鞍机床。

6. 按机床自动化程度分类

按机床自动化程度的不同，机床还可分为手动、机动、半自动机床和自动机床。

7. 按机床的自动控制方式分类

按机床的自动控制方式，机床又可分为仿形机床、数字控制机床（简称数控机床）。

随着机床工业的不断发展，其分类方法也将不断发展。

 三、切削机床的基本结构

切削机床的种类繁多，在结构上也存在较大差异，但其基本结构都是一样的，主要包括机座、传动结构、动力源及润滑和冷却系统。

（1）机座（床身或机架）。机座上装有支承和传动的部件，将被加工的工件和刀具固定夹牢并带动它们做相对运动，这些部件主要有工作主轴、拖板、工作台、刀架等。由导轨、滑动轴承、滚动轴承等导向。

（2）传动机构。传动机构将机床动力源的运动和动力传给各运动执行机构，或将运动由一个执行机构传递到另一个执行机构，以保持两个运动执行机构之间的准确传动关系。传动部件有丝杠螺母、齿轮齿条、曲轴连杆机构、液压传动机构、齿轮及链传动机构、带传动机构等。为了改变工件和刀具的运动速度，机床上都设有有级或无级变速机构，一般是齿轮变速箱。

（3）动力源。一般是电动机及其操纵器为机床执行机构的运动提供动力。

（4）润滑及冷却系统。

 四、金属切削机床常见事故和原因

1. 金属切削机床的常见事故

（1）设备接地不良、漏电，照明未采用安全电压，发生触电事故。

（2）旋转部位楔子、销钉凸出，未加防护罩，造成绞缠人体事故。

（3）清除切屑未采用专用工具，操作人员未戴护目镜，发生刺割事故或崩伤事故。

（4）加工细长杆轴料时，尾部无防弯装置或托架，导致长料甩出伤人。

（5）零部件装卡不牢，飞出击伤人体。

（6）防护保险装置、防护栏、保护盖不全或维修不及时，造成绞伤、碾伤。

（7）砂轮有裂纹或装卡不合规定，发生砂轮碎片伤人事故。

（8）操作旋转机床时戴手套，手套被机床的转动部分缠绕，发生绞伤手事故，甚

至人身伤亡事故。

2．金属切削机床事故的原因

在进行金属切削机床操作过程中，操作人员与机床形成了一个运动体系。当这个体系处于协调状态时，几乎没有发生事故的可能性。当这一体系的某一方面超出正常范围时，就会发生意想不到的冲突而造成事故。发生金属切削机床事故的原因主要有以下 5 个方面：

（1）安全操作规程不健全或管理不善，对操作人员缺乏基本训练。例如，操作人员不按安全操作规程操作，没有穿戴合适的防护服，工件或刀具没有夹持牢固就开动机床，在机床运转中调整或测量工件、清除切屑等。

（2）金属切削机床在非正常状态下运转。例如，金属切削机床的设计、制造或安装存在缺陷，金属切削机床的部件、附件和安全防护装置的功能失效等。

（3）工作场所环境不良。例如，工作场所照明不良，温度不适宜，噪声过高，地面或脚踏板被切削液弄脏，设备布局不合理，零件、半成品堆放不整齐等。

（4）工艺流程和工艺装备不符合安全要求，采用新工艺时缺少必要的安全措施。

（5）对切屑或砂轮所采取的防护措施不当。

五、切削加工中的危险、有害因素

在进行切削加工时，会产生许多有可能对人造成伤害的危险、有害因素。切削加工中常见的危险、有害因素具体内容如下：

1．机床的危险部位

机床的危险部位主要是高速运动的执行部件（工件和刀具）以及传动部件，如车床主轴上的卡盘和工件、钻床和铣床上的刀具、磨床主轴上的砂轮，此外机床静止的部分也存在着危险。

（1）静止的危险部分如下：

1）切削刀具的刀刃。

2）机械加工设备凸出较长的机械部分。

3）毛坯、工具、设备边缘锋利棱边和粗糙表面。

4）引起滑跌、坠落的工作台。

（2）直线运动的危险部分如下：

1）纵向运动部分，如龙门刨床的工作台、牛头刨床的滑枕、外圆磨床的往复工作台。

2）横向运动部分，如升降台铣床的工作台。

3）单纯直线运动部分，如运动中的传动带、链条。

4）直线运动的凸起部分，如运动中的金属接头、传动带连接接头。

5）运动部分和静止部分的组合，如工作台与底座、工作台与床身。

6）直线运动的刀具，如牛头刨床的刨刀、带锯床的带锯条、拉刀等。

（3）旋转运动的危险部分如下：

1）单纯回转运动部分，如进给丝杆、卡盘轴、齿轮、正在被车削的工件。

2）回转运动的凸起部分，如凸出在卡盘外圆周上的卡爪、露在轴外圆上的键或定位螺钉的头部、凸出在轴端的打入键的头部、手轮的手柄。

3）回转运动的轮辐。

4）摆动的机械部分，如锥齿轮刨床的摇台。

5）运动部分和静止部分的组合，如手轮的轮辐与机床床身。

6）旋转运动的刀具，如各种铣刀、镗刀、磨削砂轮、圆锯片。

7）刀具与静止的机械部分或直线运动工件的组合，如双头磨床的砂轮与工件支架、铣刀与工件。

（4）具有组合运动的危险部分如下：

1）直线运动与旋转部件的组合，如链条与链轮、齿条与齿轮、传动带与带轮。

2）旋转运动与旋转运动的组合，如相互啮合的齿轮、朝相反方向旋转的两个轧辊。

（5）飞出的物件。飞出的刀具、工件或切屑有很大的动能，对眼睛造成的伤害尤为严重。

1）飞出的机械部件或刀具，如紧固不牢的接头、破碎的砂轮片、未夹紧的刀片。

2）飞出的工件或切屑，如锻造加工中飞出的工件、连续排出的或破碎而飞散的切屑。

2. 不安全行为

操作人员违反安全规程而发生的事故很多，如戴手套作业，手被切屑或旋转钻头卷入危险部位；未穿工作服，使领带或过宽松的衣袖被卷入机械转动部分；未按规定戴工作防护帽而使长发卷入工件或丝杠；刀具未夹紧就开动机器造成刀具飞出伤人等。

3. 常见的有害因素

（1）在加工时，被加工零件和刀具表面会产生400℃的高温，温度有时甚至高达600℃，灼热的切屑会灼伤人体。

（2）设备运转时产生的静电、电路绝缘不良引起的漏电。

（3）切削过程中产生的磨料粉尘和脆性材料粉尘。

（4）机床产生的噪声和振动。

（5）作业环境不良带来的影响，如工作区光线不够，存在眩光地面或脚踏板不平，地面湿滑，杂物、堆积的碎屑、废料未清理，机床布局不合理，通道狭窄，零件、半成品、成品堆放过高或不稳。

（6）切削液侵蚀皮肤。

（7）安装和拆卸大尺寸工件时，体力劳动过重。

（8）润滑液中所含的石油气溶胶可能刺激上呼吸道黏膜，降低免疫力。

（9）长时间注意力集中以及单调的工作易引起疲劳，长期注视旋转零件也易引起视觉疲劳。

（10）切削加工高分子聚合物如塑料、橡胶时，高分子聚合物在摩擦作用时形成的高温下会发生机械和物理化学变化。例如，高分子聚合物在热氧化降解作用下会变为气态，其产物有不饱和芳香烃及饱和烃，会使人麻醉，引起血液系统、中枢神经系统、造血器官、内脏的病变，并可破坏皮肤营养。

第二节　切削加工机械的基本安全要求和安全防护

一、作业环境要求

作业环境包括生产厂房、作业现场的地面、机床布局、照明、温度、噪声、振动以及通风等条件。作业环境中照明适宜、温度适中、噪声和振动小、机床布局合理、卫生条件好，就会使操作人员心情舒畅、不易疲劳、能集中精力进行操作，易于实现安全生产。如果作业环境中照度不够或过强、温度过高或过低、噪声和振动过大、机床布局不合理、过分拥挤、工具和工件堆放杂乱无章、通道狭窄、地面不平、卫生条件很差，就会使操作人员感到烦躁、易于疲劳、注意力分散，可能导致判断或操作错误而发生事故。

机械行业标准《金属切削加工安全要求》（JB 7741—1995）对金属切削加工车间的地面、通风、照明、机床布置间距以及车间通道等均提出了具体安全要求。此外，《机械工业职业安全卫生设计规范》（JBJ 18—2000）也对金属切削车间的布置和通道提出了相关要求。

1. *厂房建筑要求*

（1）进行切削加工的厂房应符合国家标准《机械工业厂房建筑设计规范》（GB 50681—2011）和指导性国家标准《工业企业设计卫生标准》（GBZ 1—2010）等标准和规范的要求，具有良好的通风及采光条件，人工照明应符合相关规定。

（2）所有厂房均应配备灭火工具。

（3）镁合金的切削加工应在专门隔离的场所内进行，该场所应装设有报警及自动灭火装置。

2．地面要求

（1）地面应平整、清洁，无障碍物。地面被工件砸坏后应及时修补。地面上不得有临时电线、水管、压缩空气管线。

（2）地面应防滑，通常用花纹钢板或多孔铸铁板制成地沟盖。

（3）工作时应防止切削液或润滑油洒在地面上。

（4）排水沟应设计合理，以便冲洗地面时排水。

（5）不得将边角料、螺钉、圆钢料头扔在地上，机床旁边应有废料桶（箱）。

（6）因生产需要，需在车间内设置地坑时，必须加设盖板、护栏或工作平台。防护栏杆和工作平台高度应符合国家标准的规定。

3．通风要求

（1）切削加工车间或工段必须通风良好，以排除加工过程中所产生的油雾、粉尘等有害物质。切削加工车间空气中所含粉尘和有害物质浓度应符合指导性国家标准《工业企业设计卫生标准》（GBZ 1—2010）的规定。

（2）磨床、砂轮机、抛光机及经常粗加工铸铁件的机床等产生粉尘较多的设备附近应设置除尘装置，以随时排除加工所产生的粉尘和其他有害物质。机床附近的油雾浓度最大值不得超过 5 mg/m^3，粉尘浓度最大值不得超过 10 mg/m^3。

（3）切削加工车间的通风和防暑降温条件应符合指导性国家标准《工业企业设计卫生标准》（GBZ 1—2010）等有关规定。

4．照明要求

（1）车间应尽量利用天然照明，采光设计和照明设计应符合国家标准《建筑采光设计标准》（GB 50033—2013）和《建筑照明设计标准》（GB 50034—2013）的规定。

（2）玻璃、窗孔及采光天窗每年至少清洗 1 次。灯泡和照明器具每年应至少清洗 4 次。

（3）切削加工车间或工段的光线必须充足，作业面上的照度值应符合国家标准《建筑照明设计标准》（GB 50034—2013）中的有关规定。

（4）人工照明光线不宜产生频闪或耀眼。

5．噪声要求

切削加工车间的噪声不应高于 90 dB（A）。对噪声超过国家标准规定的机床，应采取降噪措施。

6．机床布局要求

在机械加工车间内一般有许多机床，在布置时应考虑便于工作和确保操作安全。

（1）机床布置方式应保证不使零件或切屑甩出伤人，包括伤害操作人员本人和附近的其他操作人员。将机床斜向布置而不是平行布置，有利于防止发生上述事故。机床的两种布置方式见表 2—2。

表 2—2　　机床的布置方式

布置方式	比较	说明
	危险	后面车床卡盘直对前面车床的工作位置，容易伤人
	安全	车床卡盘躲开了前面车床的工作位置

（2）机床位置应有利于采光，操作人员应背向日光，以免操作人员受日光直射而产生目眩。机床的朝向比较如图 2—1 所示。机床应配备小于 36 V 安全电压的局部照明。

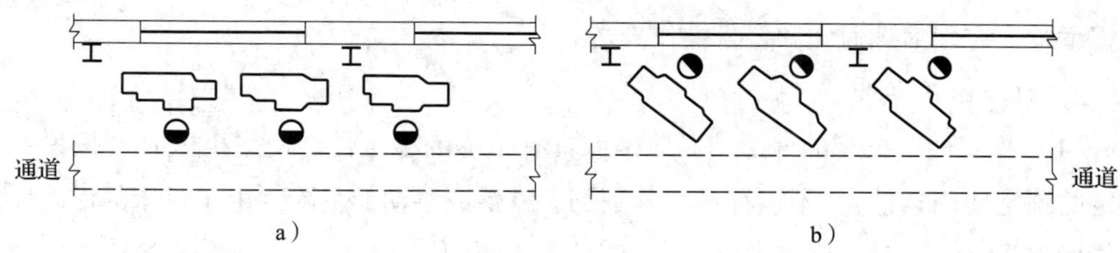

图 2—1　机床的朝向比较

a）阳光炫目　b）阳光不炫目

（3）为保证人员安全操作、行走、搬运材料和工件，机床之间、机床与墙、机床与柱之间应有适当的距离。

（4）为方便布置工件柜及存放材料、毛坯、半成品和成品的架子，机床周围应有足够的工作空间。

（5）对于坐姿工作，机床工作区应有座椅的位置。

（6）机床附近工作区的地板，应有木格板，其宽度离机床突出部分不小于 600 mm。机床之间、机床与墙和柱之间的距离，由机床尺寸和机床工作条件来确定。

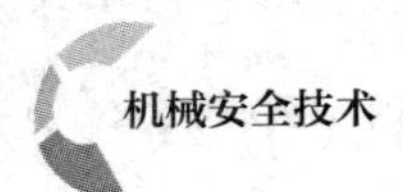

7. 车间通道要求

（1）车间通道一般分为纵向主要通道、横向主要通道和机床之间的次要通道。主要通道尺寸根据运输方式设置，车间横向主要通道的宽度应不小于 2 000 mm。机床之间次要通道的宽度一般应不小于 1 000 mm。

（2）车间通道两侧应划出 100 mm 宽的白色或黄色通道标志线。

（3）主要通道两边堆码的物品高度应不超过 1 200 mm，且高与底面宽度之比应不大于 3，堆垛间距应不小于 500 mm。

（4）所有通道均应做到畅通无阻。

二、切削机床的基本安全要求

国家标准《金属切削机床　安全防护通用技术条件》（GB 15760—2004）主要针对机床在使用、调整和维护等阶段存在的机械危险和非机械危险，规定了消除和减少这些危险的安全要求和措施，并且针对所采取安全措施是否达到了要求给出了验证方法。

1. 一般安全要求

（1）应通过设计尽可能排除或者减少所有潜在的危险因素。

（2）通过设计不能避免或者充分限制的危险，应采取必要的安全防护措施。

（3）对于无法通过设计排除或减少，而且安全防护装置对其无效或不完全有效的残留危险，应用信息通知和警告操作人员。

2. 机床结构要求

（1）稳定性。机床的外形布局应确保具有足够的稳定性。使用机床时（按说明书规定的预定使用条件），不应存在意外翻倒、跌落或移动的危险。由于机床的形状原因不能确保足够稳定时，应在说明书中规定其固定措施。

（2）外形要求如下：

1）可接触的外露部分不应有可能导致人员伤害的锐边、尖角和开口。

2）机床的各种管线布置排列应合理、无障碍，防止产生绊倒等危险。

3）机床的凸出部分、移动部分、分离部分应采取安全措施，防止产生磕伤、碰伤、划伤等危险。

（3）运动部件要求如下：

1）有可能造成缠绕、吸入或卷入等危险的运动部件和传动装置（如链、链轮、齿轮、齿条、带轮、传动带、蜗轮、蜗杆、轴、丝杠、排屑装置等）应予以封闭或设置安全防护装置或使用安全信息，除非其所处位置是安全的。

2）运动部件与运动部件之间或运动部件和静止部分之间，不应存在剪切危险或挤压危险，否则应按国家标准《机械安全 避免人体各部位挤压的最小间距》（GB 12265.3—1997）的有关规定采取安全措施。

3）有惯性冲击的机动往复运动部件应设置可靠的限位装置，必要时可采取可靠的缓冲措施。若设置限位装置有困难时，应采取必要的安全措施。

4）可能由于超负荷发生损坏的运动部件应设置超负荷保险装置。因结构原因不能设置时，应在机床上（或说明书中）标明机床的极限使用条件。

5）运动中有可能松脱的零件、部件应设置防松装置。

6）对于单向转动的部件应在明显位置标出转动方向。

7）在紧急停止或动力系统发生故障时，运动部件应就地停止或返回设计规定的位置，垂直或倾斜运动部件的下沉不应造成危险。

8）运动部件不允许同时运动时，其控制机构应联锁。不能实现联锁的，应在控制机构附近设置警告标志，并在说明书中加以说明。

（4）夹持装置要求如下：

1）夹持装置应确保不会使工件、刀具坠落或被甩出。必要时，在说明书中规定随机供应的夹持装置的最高安全速度。

2）手动夹持装置应采取安全措施，防止意外危险，如避免钥匙或扳手停留在夹持装置上随机床运转。

3）机动夹持装置的安全要求如下：

①机床运转的开始应与机动夹持装置夹紧过程的结束相联锁。

②机动夹持装置的放松应与机床运转的结束相联锁。

③装有自动上、下料装置的机床，允许主轴在上、下料时回转，但应防止工件被甩出。

4）电磁吸盘外壳的防护等级应不低于IP54，其保护接地应符合国家标准《机械电气安全 机械电气设备 第1部分：通用技术条件》（GB 5226.1—2008）中8.2的有关规定。

5）手动上下工件、刀具时，应采取安全措施，防止挤压手指等危险。

6）紧急停止或动力系统发生故障时，机动夹持装置或电磁吸盘应采取安全措施，防止危险发生。

7）采用气动夹持装置时，应避免将切屑和灰尘吹向操作人员。

（5）平衡装置要求如下：

1）与机床部件及其运动有关的构成危险的配重，应采取完善的安全防护措施（如将其置于机床体内或置于固定式防护装置内使用等），并应防止由于配重系统元件断裂而造成危险。

2）采用动力平衡装置的机床，应防止动力系统发生故障时机床部件跌落。

（6）自动上、下料装置。采用自动上、下料装置时，应设置固定式防护装置或联

锁的活动式防护装置，或设置警告标志。

（7）刀库、换刀装置。采用刀库和换刀装置时，应设置固定式防护装置或联锁的活动式防护装置，或设置警告标志，除非它们所处的位置是安全的。

（8）排屑装置。排屑装置不应对操作人员构成危险，必要时可与防护装置的打开和机床运转的停止联锁。

（9）工作平台、通道、开口要求如下：

1）不能在地面操作的机床，应设置钢梯和工作平台。平台和通道应防滑和防跌落，并尽量使操作人员远离机床的危险区。必要时可设置踏板和栏杆，钢梯、栏杆和平台应符合国家标准《机械安全　进入机械的固定设施　第1部分：进入两级平面之间的固定设施的选择》（GB 17888.1—2008）和《机械安全　进入机械的固定设施　第4部分：固定式直梯》（GB 17888.4—2008）的有关规定。

2）根据操作需要，机床可设置用于进出的开口，开口的尺寸应符合推荐性国家标准《用于机械安全的人类工效学设计　第1部分：全身进入机械的开口尺寸确定原则》（GB/T 18717.1—2002）和《用于机械安全的人类工效学设计　第3部分：人体测量数据》（GB/T 18717.3—2002）的有关规定。

3．控制系统要求

控制系统的有关安全部分是指从整个系统的最初控制装置或输入点的检测位置开始到机床最终执行机构或元件（如电动机）。控制系统应确保其功能安全可靠，能经受预期的工作负荷和外来影响、逻辑错误（不包括操作程序）等。

4．安全防护装置要求

（1）一般要求。安全防护装置应符合推荐性国家标准《机械安全　防护装置　固定式和活动式防护装置设计与制造一般要求》（GB/T 8196—2003）和《机械安全　带防护装置的联锁装置设计和选择原则》（GB/T 18831—2010）的有关规定和下列要求：

1）性能可靠，能承受抛出零件、危险物质、辐射等。

2）不应引起附加危险，不应限制机床的功能，也不应过多地限制机床的操作、调整和维护。

3）防护装置与机床危险部位间的安全距离应符合国家标准《机械安全　避免人体各部位挤压的最小间距》（GB 12265.3—1997）等有关规定。

4）防护罩、屏、栏的材料以及采用网状结构、孔板结构和栏栅结构时的网眼或孔的最大尺寸和最小安全距离，应符合有关规定。

5）防护装置的可移动部分应便于操作、移动灵活。

6）经常拆卸、用手搬动的防护装置应装拆方便，其质量不宜大于16 kg。不便用手搬动的防护装置，应设置吊装孔、吊环、吊钩等，并在防护装置本体或说明书中标明其质量。

7）观察机床运行的透明防护装置应便于观察。

（2）防护装置要求如下：

1）固定式防护装置应牢靠地固定或连接，可拆卸部分只能用工具拆卸。

2）活动式防护装置的安全要求如下：

①采用重力、卡子、定位螺栓、铰链或导轨等固定。

②打开时应尽量与机床保持相对固定。

③一些附属装置只能用工具拆卸。

④采用联锁的活动式防护装置，防护装置关闭前机床不能启动，一旦打开防护装置机床应停止运转（调整状态除外）。

⑤必要时可设置防护锁。

3）可调式防护装置。整个装置可调或带有可调部分的固定式或活动式防护装置，在特定操作期间，调整件应能保持固定，不用工具也能方便地调整。

（3）安全装置要求如下：

1）联锁装置。联锁装置的联锁保护应符合国家标准《机械电气安全　机械电气设备　第1部分：通用技术条件》（GB 5226.1—2008）中的有关规定。

2）限位装置。机床的限位装置应尽量安装到无振动、不受影响的合适位置，动作应可靠。

3）压敏装置。压敏装置应性能可靠，并应符合推荐性国家标准《机械安全　压敏保护装置　第1部分：压敏垫和压敏地板的设计和试验通则》（GB/T 17454.1—2017）的有关规定。

5. 安全标志和安全色要求

必要时应在机床危险部位或附近设置安全标志或涂安全色，以提醒操作、调整和维护人员注意危险的存在。使用安全标志应符合国家标准《安全标志及其使用导则》（GB 2894—2008）和《机械电气安全　指示、标志和操作　第2部分：标志要求》（GB 18209.2—2010）的有关规定，使用的安全色应符合国家标准《安全色》（GB 2893—2008）的有关规定。

三、切削机床的安全保险装置

为了确保设备和人身安全，防止人员误操作和设备超负荷运行造成的事故，必须从结构和控制上采取技术措施。常用的安全保险装置有保险机构、互锁机构、自动停车机构和制动机构。

1. 机床过载保险装置

在机器超负荷运行时，过载保险装置能自动脱开，使其停车。机床过载保险装置虽然多种多样，但通常由三部分组成，即感受元件、中间环节和执行机构。感受元件记录所检参数的变化，然后通过中间环节将信号指令传给执行机构以实现保险作用。例如，安全离合器在所传递的转矩超过一定数值时将自动分离。安全离合器有许多种类型，图 2—2 所示为摩擦式安全离合器。它的基本构造与一般摩擦离合器基本相同，只是没有操纵机构，利用调整螺钉来调整弹簧对摩擦片组的压紧力，从而控制离合器所能传递的极限转矩。当载荷超过极限转矩时，内、外摩擦片接触面间会出现打滑，以此来限制离合器所传递的最大转矩。图 2—3 所示为牙嵌式安全离合器。它的基本构造与牙嵌离合器相同，只是牙面的倾角较大，工作时啮合牙面间能产生较大的轴向力。这种离合器也没有操纵机构，而用弹簧压紧机构使两半离合器接合，当转矩超过一定值时，将超过弹簧压紧力和有关的摩擦阻力，半离合器就会向左滑移，使离合器分离，转矩减小时，离合器又自动接合。

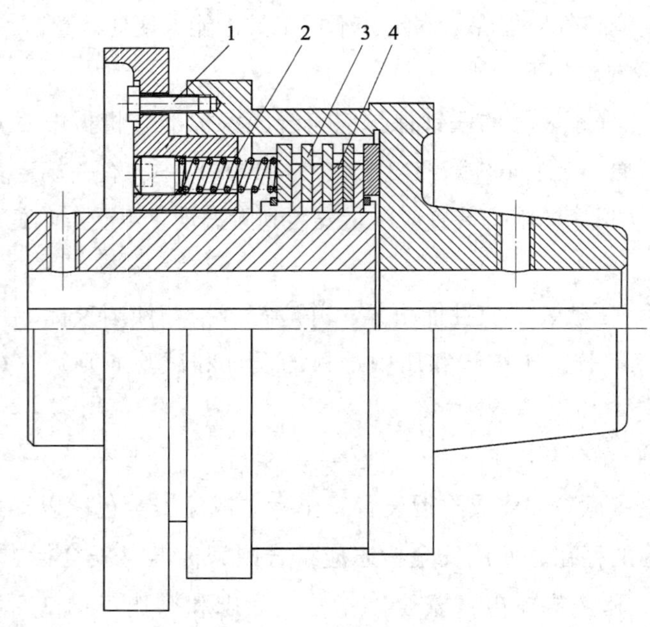

图 2—2　摩擦式安全离合器

1—调整螺钉　2—弹簧　3—外摩擦片组　4—内摩擦片组

2．机床限位保险装置

为了使运动部件、刀具完成行程，到达预定位置后能自动停下，常采用行程限位保险装置，当工作台到达预定位置时，挡块将行程开关压下，工作台会自动停止或返回。

3．机床顺序动作联锁保险装置

在操纵机床时，若要求上一个动作未完成前，下一个动作不能进行，为了保险，可设顺序动作联锁保险装置。

4．意外事故联锁保险装置

当电源突然中断时，补偿机构立即起作用使机床停车。

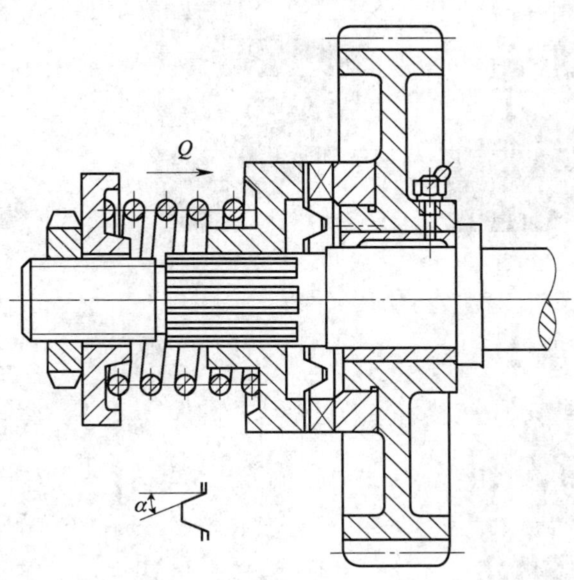

图 2—3　牙嵌式安全离合器

5．制动装置

为迅速停机以装卸被加工工件，以及在突然发生事故时及时停机，都需要使机床立即停止运转的制动装置。制动装置类型很多，按结构分为块状闸、具有活动套圈的圆筒闸、带闸、锥形闸及圆盘闸等，按制动力分为手动、液压、电力或气压等。

四、切削机床的防护装置

切削机床防护装置是用于隔离人体与危险部位和运动物体的一种装置，它是机床结构的重要组成部分，在机械传动部位均应安装可靠的切削防护装置。金属切削机床应装以下安全防护装置：

1．防护罩

防护罩起到将机床的旋转部位与人体隔开的作用，防止人体某部位受伤。它直接安装于设备上，是机械设备中最常用的安全装置。在切削加工机械设备上，防护罩主要用于隔离外露的旋转部件，如链轮、带轮、链条、旋转轴、齿轮、法兰盘、卡盘、轴头等。如图 2—4a、图 2—4b 在车床卡盘处增设了卡盘防护罩，图 2—4c 小型台钻的带轮与传动带处设置了带轮罩，目前，很多机床的防护装置与机床融为一体，如图 2—4d、图 2—4e 中的加工中心，其外壳可将加工区域完整地包围起来，起到了防护作用。

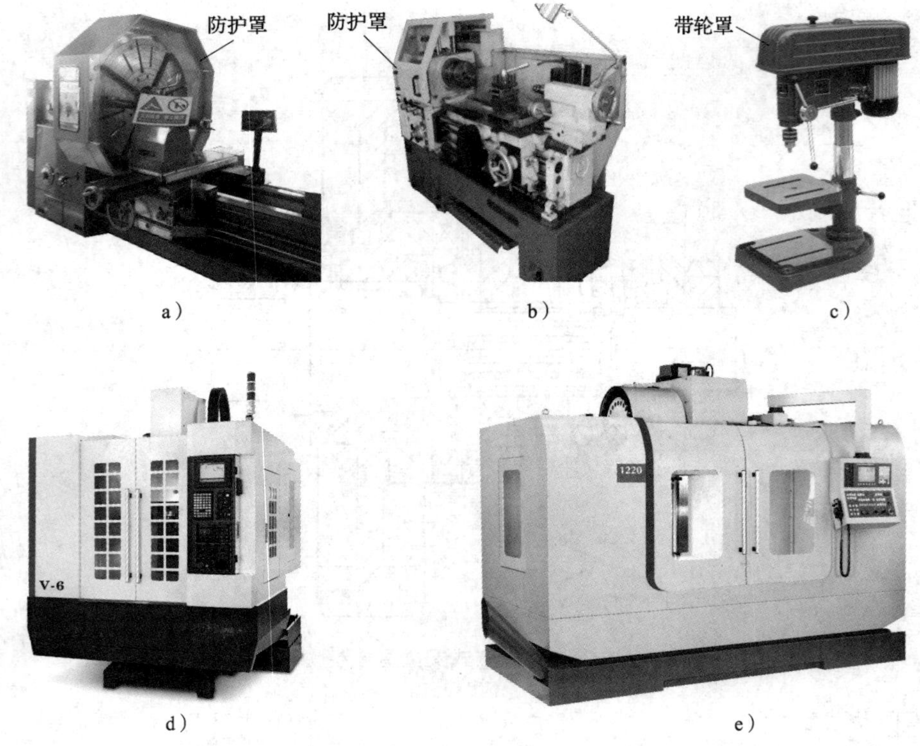

图 2—4 各类防护罩

2. 防护栏杆

有些设备操作不能在地面进行，所以应在其高处、危险区域以及操作台处安设栏杆。防护栏杆的设置应符合国家标准《固定式钢梯及平台安全要求 第 3 部分：工业防护栏及钢平台》（GB 4053. 3—2009）的规定。对于容易造成伤害事故的大型机床的运动部件，如龙门刨床的床身两端也需要加设栏杆，如图 2—5 所示。龙门刨床也可增设导轨防护罩，如图 2—6 所示，导轨防护罩通常在床身端头伸出固定，另一端随工作平台伸缩，既起到人身防护的作用，又起到对机床导轨的防护作用。

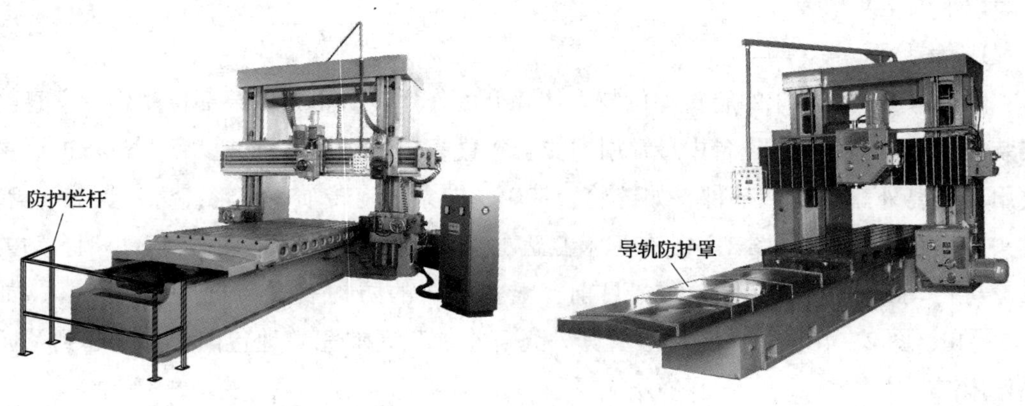

图 2—5 龙门刨床防护栏杆

图 2—6 导轨防护罩

3．防护挡板

防护挡板起到隔离车屑、刨屑、铣屑、磨屑等各种切屑和飞溅的切削液的作用，必要时可采用顺序联锁型挡板。所用材料视情况而定，塑料板、铝板、钢材均可。如果挡板妨碍操作人员的视线则可用透明的材料制作，图 2—7a 为车床的防护挡板安装示意图，图 2—7b 为车床防护挡板的安装实例。

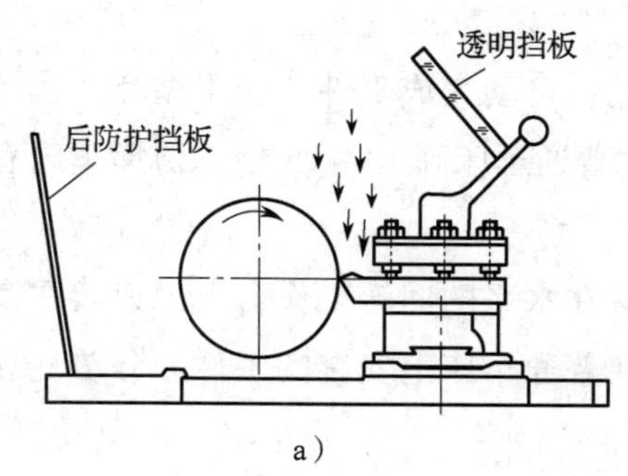

a）

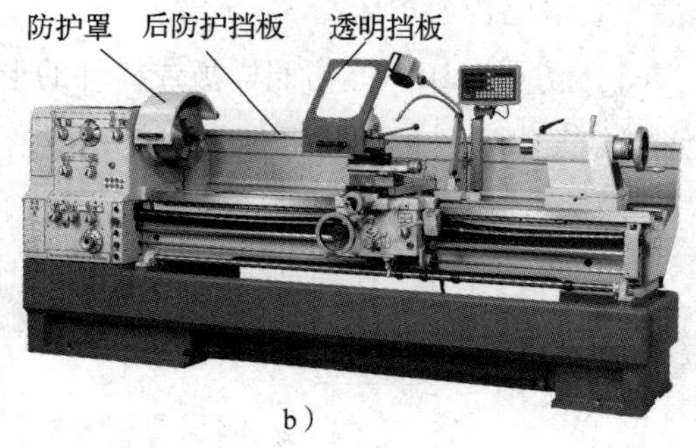

b）

图 2—7 防护挡板

第三节 车削加工安全

车削加工是在车床上利用工件相对于刀具旋转对工件进行切削加工的方法。车削加工的切削能不是由刀具提供，而主要由工件提供。车削是最基本、最常见的切削加工方法，在生产中占有十分重要的地位。车削主要用来加工各种带有回转表面的零件，可以车内外圆柱表面、内外圆锥表面、成形回转表面、回转体的端面、沟槽、螺纹等，所用刀具主要是车刀。车床既可用车刀对工件进行车削加工，又可用钻头、铰刀、丝锥和滚花刀进行钻孔、铰孔、攻螺纹和滚花等加工。

 一、车削机床的分类

在各类金属切削机床中，车床是应用最广泛的一类，约占机床总数的 50%。车床的种类很多，按其用途和结构特性的不同，主要分为卧式车床、落地车床、立式车床、转塔车床、回轮车床、单轴自动车床、多轴自动和半自动车床、仿形及多刀车床。此外还有各种专门化车床，其中卧式车床的应用最为广泛。

（1）普通车床。加工对象广，主轴转速和进给量的调整范围大，能加工工件的内外表面、端面和内外螺纹。这种车床通常是手工操作，生产效率低，适用于单件、小批量生产和修配车间。

（2）转塔车床和回轮车床。具有能装多把刀具的转塔刀架或回轮刀架，能在工件

的一次装夹中由操作人员依次使用不同刀具完成多种工序，适用于成批生产。

（3）自动车床。按一定程序自动完成中小型工件的多工序加工，能自动上下料，重复加工一批同样的工件，适用于大批量生产。

（4）多刀半自动车床。有单轴、多轴、卧式和立式之分。单轴卧式的布局形式与普通车床相似，但两组刀架分别装在主轴的前后或上下，用于加工盘、环和轴类工件，其生产效率比普通车床高 3 ~ 5 倍。

（5）仿形车床。能仿照样板或样件的形状尺寸，自动完成工件的加工循环，适用于形状较复杂工件的小批和成批生产，生产效率比普通车床高 10 ~ 15 倍。仿形车床有多刀架、多轴、卡盘式、立式等类型。

（6）立式车床。主轴垂直于水平面，工件装夹在水平的回转工作台上，刀架在横梁或立柱上移动。适用于加工较大、较重、难于在普通车床上安装的工件，分单柱和双柱两大类。

（7）铲齿车床。在车削的同时，刀架周期地做径向往复运动，用于铲车铣刀、滚刀等的成形齿面。通常带有铲磨附件，由单独电动机驱动的小砂轮铲磨齿面。

（8）专门化车床。加工某类工件特定表面的车床，如曲轴车床、凸轮轴车床、车轮车床、车轴车床、轧辊车床等。

（9）联合车床。联合车床主要用于车削加工，但附加一些特殊部件和附件后还可进行镗、铣、钻、插、磨等加工，具有“一机多能”的特点，适用于工程车、船舶或移动修理站上的修配工作。

（10）数控车床。数控车床是数字程序控制车床的简称，它集通用性好的万能型车床、加工精度高的精密型车床和加工效率高的专用型车床特点于一身。数控车床可分为卧式和立式两大类。数控车床与普通车床一样，也是用来加工零件回转表面的，一般能够自动完成外圆柱面、圆锥面、球面以及螺纹的加工，还能加工一些复杂的回转面，如双曲面等。

二、车削加工的伤害事故及原因

从车床的运动特点可以看出，车削加工的不安全因素主要来自两个方面，一是工件及其夹紧装置（卡盘、花盘、鸡心夹头、顶尖以及夹具）的旋转，二是切削过程中所产生的飞溅的、边缘锋利的、具有较高温度的切屑。车削加工常见的伤害事故及其原因有以下几类：

（1）操作人员没有穿戴合适的防护服和护目镜，过于肥大的衣物、没有罩住的长发、操作人员违章佩戴的手套均可能卷入旋转部件中，造成手、手臂或身体的其他部位绞伤。

（2）操作人员与旋转的工件或夹具，尤其是与不规则工件的凸出部分相撞击，或者在未停车的情况下，用手清除切屑、测量工件、调整机床造成伤害事故。

（3）操作人员被甩出的崩碎切屑或带状切屑打伤、划伤或灼伤。

（4）工件、刀具没有夹紧，开动车床后，工件或刀具飞出伤人。

（5）车床局部照明不足或其灯具放置位置不利于操作人员观察操作过程，错误操作导致伤害事故。

（6）车床周围布局不合理，卫生条件差，工件、半成品堆放不合理，地面油污，工件和切屑堆放不当、未及时清理，防碍生产人员的正常活动，造成滑倒致伤或工件（具）掉落伤人。

（7）工件、半成品及工具、夹具、量具摆放不合理，如卡盘夹紧工件后，忘记将卡盘扳手取下，开动车床后，扳手被甩出伤人。工件放在床面导轨上，出现扳手飞落、工件掉落等伤人事故。

（8）没有定期对车床进行维护保养和检修，使某些安全装置和保险装置失灵，造成伤害事故。

三、车削加工的安全防护

根据车削的特点，对车床有针对性地采取安全防护措施。

1. 断屑

刀具断屑可靠与否，对正常生产与操作人员安全都有着重大影响。在车削加工中，崩碎的切屑会飞溅伤人并磨损机床，长条带状切屑会缠绕在工件或刀具上，易刮伤工件，引发刀具破损，甚至影响人员安全。对于数控机床（加工中心）等自动化加工机床，由于其刀具数量较多，刀架与刀具联系密切，断屑问题就显得更为重要，只要其中一把刀断屑不可靠，就可能破坏机床的自动循环，甚至影响整条自动线正常运转，所以在设计、选用或刃磨刀具时，必须考虑刀具断屑的可靠性。

（1）利用断屑槽。断屑槽不仅对切屑起附加变形的作用，而且还能控制切屑的卷曲与折断。只要断屑槽的形状、尺寸及断屑槽与主切削刃的倾斜角合适，断屑则是可靠的。

为了适用不同的切削用量范围，硬质合金可转位刀片上压制有多种形状及不同尺寸的断屑槽，便于选用，这样既经济又简便。这种方法是切削加工中首选的方法，也是应用最为广泛的方法。

（2）利用断屑器。断屑器有固定式和可调节式两种。图 2—8 所示为车刀上的可调节式断屑器。在车刀前刀面上装一个挡屑板，切屑沿刀具的前面流出时，因受挡屑板所阻而弯曲折断。断屑器的参数 L_n 和 α 可按需要设计和调整，以保证在给定的切削条件下，断屑稳定可靠。松开螺钉，在弹簧的作用下，可使挡屑板和压板一起抬起，便于挡屑板调整和刀片的快速转位与更换，这种断屑器常用于大中型机床的刀具上。

(3) 利用断屑装置。断屑装置类型很多，一般可分为机械式、液压式和电气式等。断屑装置成本高，但断屑稳定可靠，一般只用于自动线上。图2—9为用于车刀上的带有切断器的断屑装置。车刀上方设有断屑装置，盘形切断器是在传动轴带动下旋转，车削时，切屑通过导屑通道流出，被不断旋转的盘形切断器强行割断，被割断后的切屑则从排屑道排出。

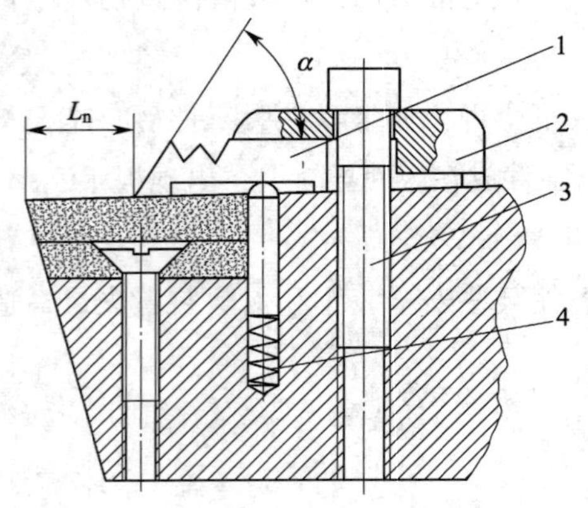

图2—8 可调节式断屑器

1—挡屑板 2—压板 3—螺钉 4—弹簧

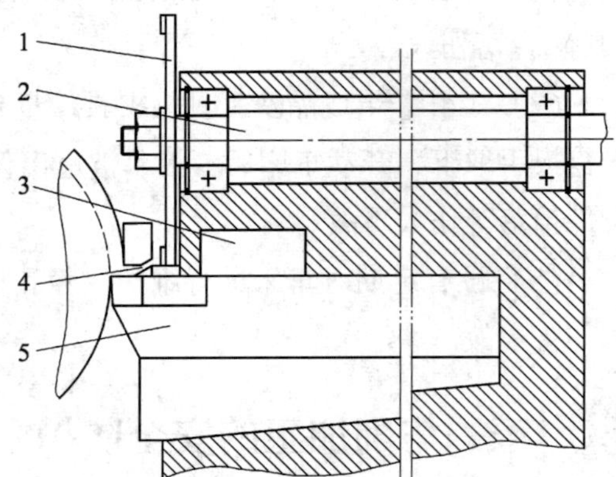

图2—9 带有切断器的断屑装置

1—盘形切断器 2—传动轴 3—排屑道 4—导屑通道 5—车刀

(4) 利用在工件表面预先开槽的方法。按工件直径大小不同，预先在被加工表面上沿工件轴向开出一条或数条沟槽，其深度略小于切削深度，使切出的切屑形成薄弱截面，从而折断。这样，既保证了断屑的可靠性，又不影响工件已加工表面的粗糙度。即使加工韧性较大的材料，断屑效果也很好。

(5) 改变刀具几何参数和调整切削用量。这种断屑方法在自动线上很少采用，有时只作为断屑的辅助手段。

2. 工作点加防护挡板（罩）

在高速车削时，切屑碎断容易崩跳伤人，因此，操作人员除应佩戴防护眼镜外，还要用防护罩把工件罩住，以免造成伤害。一般使用的防护罩有玻璃挡屑板、车床高速切削防护罩、围屑式切削防护罩。

另外，在车削铸铁过程中会产生大量铁尘，为了防止操作人员吸入铁尘，必须设置吸尘设备。

3. 正确装好车刀

普通卧式车床上，用来装夹刀具的一般是四方刀架，车刀安装是否正确，对安全生产影响很大。车刀刀尖应与工件中心线同高。如果刀尖高于工件中心，会造成前角增大，后角减小，导致车刀难以切入工件，车刀容易折断。相反，如果刀尖低于工件中心，则前角减小，后角增大，车刀就容易损坏，切屑也不易排出。

此外，在安装车刀时，还必须注意车刀不能伸得太长，否则车削时易造成振动，影响表面粗糙度，甚至会使车刀折断。车刀伸出长度一般不超过刀柄高度的1.5倍。

4. 装夹工具的防护

车床上装夹工件的拨盘、卡盘、鸡心夹头等的旋转是造成伤害事故的主要危险源，应采用防护罩和安全装夹方式将危险因素消除。

立式车床可装环形活动式防护罩。在立式车床的回转花盘周围，用薄钢板做成两个半圆形的防护罩，用铰链与机床连接，从而封闭回转花盘边缘，防止花盘的卡爪或凸出的工件撞击操作人员或将操作人员衣服钩住，还可避免切屑飞出伤人。机床工作时，防护罩关闭。操作人员安装工件或调整机床时，可打开一个半圆形防护罩。如回转的大花盘与地板在同一水平面上，可安装铁管制成的防护栏杆。

大型立式车床上，架体两边都要安装随活动横梁升降的工作台，工作台外侧应装栏杆，栏杆下面要有高100 mm的护板，工作台地面应用防滑的花纹钢板制成。

5. 加工圆棒材料的防护

加工的细长棒料伸出主轴后端时，伸出部分要用托架支撑，并装防护罩，以防棒料在被加工时因转速较高而被甩弯伤人。

第四节　磨削加工安全

磨床是用磨料磨具（如砂轮、砂带、油石、研磨料）为工具，对工件表面进行磨削加工的机床，主要用于精加工。磨床可以加工各种表面，如内外圆柱面、圆锥面、平面、渐开线齿廓面、螺旋面以及各种成形面等，还可以刃磨刀具和进行切断加工等，工艺范围非常广泛。

一、磨床的分类

为了适应磨削各种加工表面、工件形状及生产批量的要求，磨床的种类很多，其中主要类型包括以下几种：

1. 外圆磨床

外圆磨床应用广泛，能加工各种圆柱形和圆锥形外表面以及轴肩端面。万能外圆磨床还带有内圆磨削附件，可以磨削内孔和锥度较大的内、外圆锥面。外圆磨床包括

普通外圆磨床、万能外圆磨床、无心外圆磨床、数控外圆磨床等。

2. 内圆磨床

内圆磨床砂轮主轴转速较高，可以磨削圆柱、圆锥形内孔表面，普通内圆磨床主要用于单件和小批生产，在大批生产中可以使用半自动或自动内圆磨床。内圆磨床包括普通内圆磨床、无心内圆磨床、行星式内圆磨床、数控内圆磨床等。

3. 平面磨床

平面磨床一般用于加工平面，通常将工件通过电磁力固定在电磁工作台上，然后用砂轮圆周或者端面磨削零件上的平整表面。平面磨床包括普通平面磨床、精密平面磨床、卧轴矩台平面磨床、立轴矩台平面磨床、卧轴圆台平面磨床、立轴圆台平面磨床等。

4. 工具磨床

工具磨床专用于工具制造和刀具刃磨，多用于工具制造厂及机械制造厂的工具车间。工具磨床包括普通工具磨床、万能工具磨床、数控工具磨床、工具曲线磨床、钻头沟槽磨床。

5. 各种专门化磨床

专门用于磨削某一类零件的磨床，如曲轴磨床、凸轮轴磨床、花键轴磨床、叶片磨床、活塞环磨床、齿轮磨床和螺纹磨床等。

6. 其他磨床

其他磨床包括珩磨机、抛光机、超精加工机床、砂带磨床、研磨机和砂轮机等。

二、磨削加工的危险、有害因素

在进行磨削加工作业时，使用的最主要的工具是砂轮，最不安全的因素也是高速运转的砂轮和砂轮盘，对操作人员健康有害的是在磨削过程中所产生的碎砂粒和金属屑末。

磨削加工的危险、有害因素包括以下内容：

（1）高速旋转砂轮的破碎。砂轮平衡不好、安装不当、磨削用量选择不当、砂轮型号选择不当、砂轮本身破裂、砂轮有损伤或裂纹、缺乏及时修整及操作不当等原因均可造成砂轮破碎，碎块崩出易造成严重的伤害事故。

（2）磨削时磨屑溅入眼内。

（3）磨削时产生的金属磨屑、脱落的磨料及黏合剂等形成的微细粒状粉尘（其中粒径在 5 μm 以下的占 80% ~90%）极易随呼吸吸入而影响身体健康。

（4）在砂轮运转时调整机床、紧固工件或测量工件，手或肢体有可能与高速旋转的砂轮或磨床的其他运动部件相接触，造成磨伤、撞伤。

（5）工件夹固不牢（无心磨削时，工件位置过高）或电磁吸盘失灵等易造成工件飞出。

(6) 砂轮主轴直径不正确或主轴螺纹不合适，当主轴旋转时螺母松开，使砂轮松脱，造成伤害事故。

(7) 磨削时产生的噪声有时可达 110 dB (A) 以上，如不采取降噪措施，会影响操作人员健康。

(8) 工件中心架调整不适当或未备中心架。

(9) 用砂轮侧面磨削工件。

(10) 工件趋近砂轮太快，与砂轮碰撞而产生反弹。

(11) 在高于砂轮中心线的位置磨削工件。

(12) 由于振动或超速运转，导致砂轮碎裂。

(13) 安装砂轮时未使用缓冲垫。

(14) 轴承表面过度磨损。

(15) 砂轮卡盘尺寸不符，直径不等或产生间隙。

(16) 运动部件没有防护罩，或开口角度过大，工件托架与砂轮间距太大。

(17) 磨削时产生的火星、火花对操作人员造成灼伤。

(18) 控制开关离操作人员太远，不便于操作。

(19) 使用错误的磨具，用砂轮锯片代替砂轮盘。

(20) 衣服缠在旋转的主轴上，易导致人员受伤。

磨削加工危险的特点是几种危险因素同时存在，例如，砂轮旋转时同时存在以下危险因素：磨削时飞出火星、磨削时产生磨屑和粉尘、砂轮主轴缠住衣服、人体与砂轮接触、砂轮破裂飞出碎片、工件楔入工件托架与砂轮间等，如图 2—10 所示。

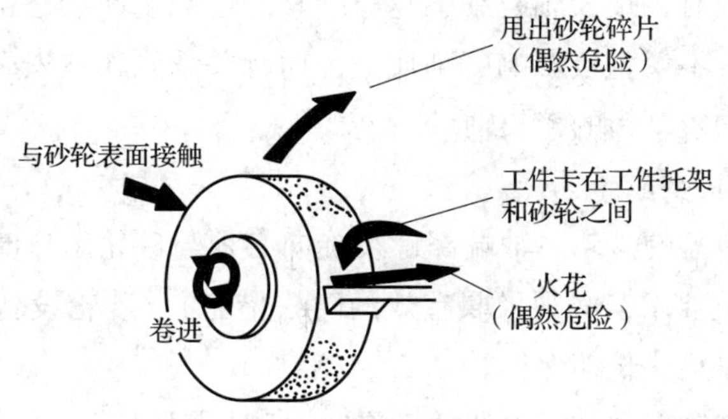

图 2—10　砂轮运转时的危险因素

三、磨削加工的安全防护

1. 砂轮装置的安全技术

砂轮的安全是磨削机械安全防护的重点，其安全性不仅由砂轮自身的特性和速度

决定，而且与组成砂轮装置的各元件的安全技术措施有直接关系。组成砂轮装置的各元件通过各自的安全技术措施，保障磨削加工的安全。砂轮装置由砂轮、砂轮卡盘和砂轮主轴共同组成，如图2—11所示。

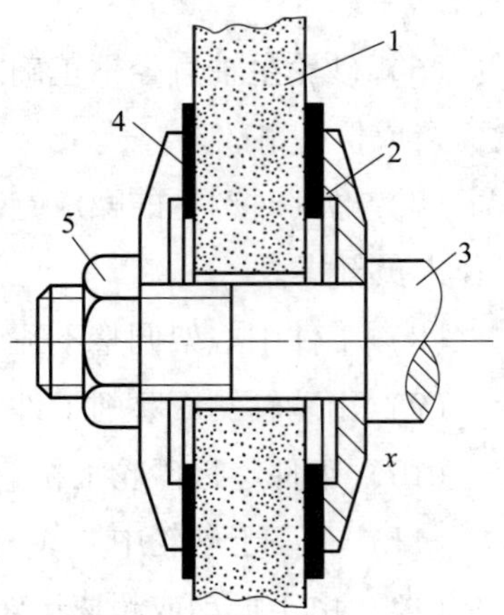

图2—11　砂轮装置结构

1—砂轮　2—砂轮卡盘　3—砂轮主轴
4—垫片　5—紧固螺母

（1）砂轮的选择和使用。砂轮选择不当易造成砂轮破碎事故，因此，在磨削时一定要根据磨床条件、工件形状和加工需要等具体条件来选用相适应的砂轮规格型号。保证砂轮的安全是磨削机械安全防护工作的重点，从砂轮运输存储、使用前的检查、砂轮的安装和修整，到磨削机械的操作，不能忽视任何一个环节。

（2）砂轮主轴的安全要求。砂轮主轴用来支承砂轮，并将传动系统的动力和速度传递给砂轮。在磨削作业时，砂轮主轴受弯、扭组合力作用。砂轮主轴及其支承部分的结构直接影响工件的加工质量和磨削作业安全，是砂轮装置的关键结构。主轴的失效、损坏将直接导致砂轮的破坏，甚至导致砂轮飞甩造成打击伤害。为确保砂轮安全运转，砂轮主轴必须满足以下安全要求：

1）强度要求。砂轮主轴材料需要具有较好的力学性能，抗拉强度不得低于650 MPa，断后伸长率不得低于10%。承载部位的截面积尺寸要足够大，以保证主轴的抗扭截面模量和抗弯截面模量，砂轮直径越大、厚度越厚，与之配合的砂轮主轴直径也应越大。

2）刚度要求。砂轮主轴应满足抗变形的要求，尤其是在内圆磨砂轮需要借助接长轴安装在砂轮主轴上时，接长轴越细、越长，其静态挠度和动态挠度越大，会因旋转不平衡而产生振动，不仅直接影响磨削质量，而且关系到作业安全。因此，砂轮主轴应尽量选用刚度大的短、粗的接长轴。

3）防松脱的紧固要求

①紧固砂轮和卡盘的砂轮主轴端部螺纹旋向必须与砂轮工作时主轴旋转的方向相反（如果不能满足此要求，必须采取有效的防松措施）。砂轮设备上应标明砂轮的旋转方向，标记要明显且能长期保存。

②主轴的端部应制有螺纹，以便螺母将砂轮和卡盘紧固。

③砂轮安装在砂轮主轴上后，必须将砂轮防护罩重新装好，将防护罩上的护板位置调整正确，紧固后方可运转。

④砂轮与主轴的配合要适宜。砂轮内孔与砂轮主轴的配合不得采用过盈配合，应留有间隙。配合间隙过小，磨削时产生的高切削热会使主轴发热膨胀，将砂轮挤裂。间隙过大，高速旋转砂轮可能因装配偏心而失去平衡，导致砂轮晃动，主轴振动，增

加危险性。

（3）砂轮卡盘的安全要求。砂轮卡盘用于紧固砂轮，传递驱动力，并当砂轮意外破裂时，阻挡砂轮大碎块飞出，具有一定的保护功能。不同的磨削机械采用不同的砂轮卡盘和不同的装卡方法。

为保证砂轮正常工作并防止意外，砂轮卡盘必须达到以下安全技术要求：

1）任何形式的砂轮卡盘，都应成对使用，对称装配在砂轮两侧，以较大直径的侧面紧贴在砂轮端面，以较小直径的侧面与压紧螺母或砂轮主轴的轴肩接触，卡盘内径与砂轮主轴配合。

2）一般用途的砂轮卡盘直径不得小于被安装砂轮直径的1/3，切断砂轮用的砂轮卡盘直径不得小于被安装砂轮直径的1/4。

3）砂轮卡盘必须能将驱动力可靠地传到砂轮上。

4）卡盘结构应均匀平衡，以免旋转时产生不平衡力。各表面应保证平滑无锐棱，以免损坏砂轮。夹紧装配后，与砂轮两侧面接触的环形压紧面应对称、平整，不得翘曲，以免对砂轮局部产生集中力。

5）砂轮卡盘面对砂轮的侧面上，非接触部分应有足够的间隙，其最小尺寸为1.5 mm。

6）砂轮卡盘的材料一般采用抗拉强度不低于415 N/mm^{2}的钢，保证卡盘的刚度和强度。

（4）砂轮防护罩的安全要求。砂轮防护罩的功能是在不影响加工作业的情况下，将人员与运动着的砂轮隔开；当砂轮破坏时，有效地罩住砂轮碎片，保障人员安全。在正常磨削时，防护罩还可在一定程度上限制磨屑、粉尘的扩散范围，防止火花或磨削液的飞溅。

砂轮防护罩一般由圆周构件和两侧构件组成，应将包括砂轮、砂轮卡盘、砂轮主轴端部在内的整个砂轮装置罩住，在作业部位开有一定形状的开口。当防护罩在砂轮中心水平线以上的开口角度大于30°时，在开口的上端部还要设有防护板，手持磨削砂轮机防护罩开口下端部必须有工件托架，如图2—12所示。

砂轮防护罩必须在以下几个方面达到安全技术要求：

1）壁厚。高速运动的砂轮碎片有很大的动能，抵御这个冲击力的防护罩必须具有可靠的防护性能，除材料的强度外，罩体壁厚尺寸一般应保证圆周构件厚度不小于侧面构件厚度。防护罩的安装要牢固可靠，其连接强度不得低于防护罩强度。

2）高速砂轮防护罩内壁应装吸能缓冲材料（如聚氨酯塑料、橡胶等），以减轻砂轮碎片对罩壳的冲击。

3）防护罩与砂轮的安全间隙。砂轮防护罩任何部位不得与砂轮装置各运动部件接触。沿圆周方向防护罩内壁与砂轮外圆周表面、防护罩开口边缘与砂轮卡盘外侧面间隙应小于15 mm。

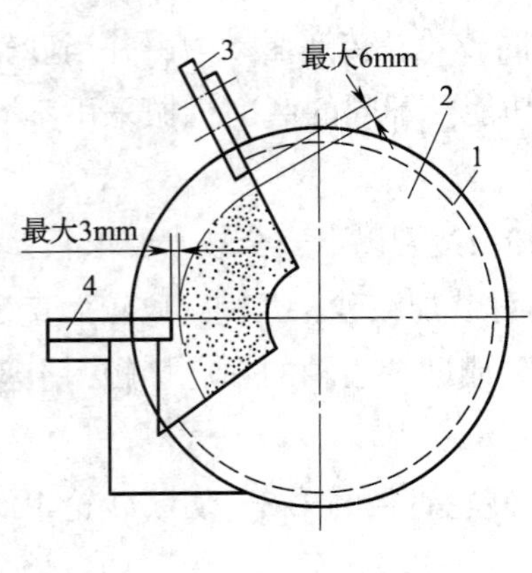

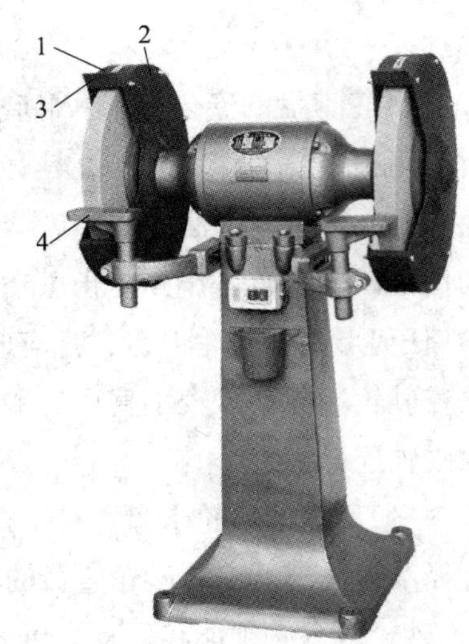

图 2—12 砂轮机防护罩结构

1—圆周构件 2—侧构件 3—防护板 4—工件托架

2. 磨削加工安全操作要点

磨床操作的一般安全要点如下：

(1) 除内圆磨削用砂轮、手提砂轮机上直径大于 50 mm 的砂轮以及金属壳体的金刚石和立方氮化硼砂轮外，其他砂轮必须装设防护罩方可使用。

(2) 任何情况下都不允许超过砂轮允许的最高工作速度，安装砂轮前必须核对砂轮主轴的转速，在更换新砂轮时应进行必要的验算。

(3) 根据砂轮结合剂种类正确选择磨削液。树脂结合剂砂轮不能使用含碱性物大于1.5%的切削液，橡胶结合剂不能使用油基切削液。

(4) 用圆周表面作为工作面的砂轮，径向强度较大，轴向强度很小，不宜使用侧面进行磨削，以免砂轮破碎伤人。

(5) 使用砂轮机磨削工件时，操作人员应站在砂轮的侧面，不得在砂轮的正面进行操作，以免出现故障时，砂轮飞出或砂轮破碎飞出伤人。磨削时用力不得过大过猛。禁止多人共用一台砂轮机同时操作。

(6) 发生砂轮损坏事故后，必须检查防护罩是否有损伤，卡盘有无变形或不平衡，砂轮主轴端部螺纹和压紧螺母是否破损，均合格后方可使用。

(7) 磨削机械的防尘装置应定期检查和维修，以保持其除尘能力。磨削镁合金容易引起火灾，必须保持有效的通风，及时清除通风装置管道里的粉尘，采取严格的防护措施。

(8) 加强磨削加工个人安全卫生防护。在干式磨削操作中，可采用眼镜或护目镜、固定防护屏有效地保护眼睛。金属研磨工要特别注意防止铅化合物等重金属污染，配备保护服、完善的卫生洗涤设备，提供必要的医疗措施。

第五节　钻、刨、铣、镗削加工的安全

一、钻床的伤害事故及预防

钻床指主要用钻头在工件上加工孔的机床。通常钻头旋转为主运动，钻头轴向移动为进给运动。钻床结构简单，加工精度相对较低，可钻通孔、盲孔，更换特殊刀具后可扩孔、锪孔、铰孔或进行攻丝等加工。加工过程中工件不动，让刀具移动，将刀具中心对正孔中心，并使刀具转动（主运动）。钻床的特点是工件固定不动，刀具在做旋转运动的同时做直线运动。

1. 钻床的分类

（1）立式钻床。工作台和主轴箱可以在立柱上垂直移动，用于加工中小型工件。

（2）台式钻床。一种小型立式钻床，最大钻孔直径为 12～15 mm，安装在工作台上使用，多为手动进钻，常用来加工小型工件上的小孔等。

（3）摇臂钻床。主轴箱能在摇臂上移动，摇臂能回转和升降，工件固定不动，适用于加工大而重和多孔的工件，广泛应用于机械制造中。

（4）深孔钻床。用深孔钻钻削深度比直径大得多的孔（如枪管、炮筒和机床主轴箱等零件的深孔）的专门化机床，为便于清除切屑及避免机床过于高大，一般为卧式布局，常备有切削液输送装置（由刀具内部输入切削液至切削部位）及周期退刀排屑装置等。

（5）中心孔钻床。用于加工轴类零件两端的中心孔。

（6）铣钻床。工作台可纵、横向移动，钻轴垂直布置，能进行铣削的钻床。

（7）卧式钻床。主轴水平布置，主轴箱可垂直移动的钻床。

2. 钻床的危险、有害因素

钻床工作时，心轴、套筒、钻头和传动装置等回转部分，如没有设置适当的防护装置，可能会卷住人的衣服或头发。工件在钻床工作台上装夹不牢、钻头未装紧或钻头折断时，都可能发生事故。

如果钻韧性金属时没有断屑装置，或钻脆性金属时没有遵守安全规程清除切屑，都可能造成切屑伤人事故。

3. 钻削的安全操作

钻削时，操作人员应做到以下几点：

（1）操作人员严禁戴手套操作，严禁用手清除切屑。为避免钻头绞住头发，不要把头低向钻孔处，女工工作时必须戴工作帽。

（2）工件装夹必须牢固。钻小件时，应用夹具夹持，不准用手拿着钻。

（3）自动走刀时，要选好进给速度，调整好限位块。手动进刀时，应逐渐增加压力或逐渐减压，以免用力过猛造成事故。

（4）钻头缠有长切屑时，要停车用刷子或铁钩清除。禁止用风吹、用手拉。

（5）精铰深孔、拔锥棒时，不可用力过猛，以免手撞在刀具上。

（6）不准在刀具旋转时翻转、卡压或测量工件。手不准触摸旋转的刀具。

（7）使用摇臂钻时，横臂回转范围内不准站人，不准有障碍物。使用前横臂必须卡紧。

（8）横臂及工作台上不准放物件。

（9）加工深孔和大孔时，要经常提钻头清理断屑，防止钻头折断伤人。

（10）使用细长钻头要防止钻头甩弯伤人。

（11）卸钻头打销子时，对面不准站人。

（12）使用可移式的钻床，吊运必须捆绑牢固，接电源必须有可靠的接零（地）线。

（13）使用地坑钻大件时，需搭好跳板。进出地坑要有放置稳固的梯子，禁止跳上跳下，地坑四周要有栏杆。

（14）斜面钻孔时，必须有钻模或有可靠的安全措施。

4. 钻削安全技术措施

为了工作时的安全，对钻床的设计、夹具的设计、钻头的刃磨等方面都要采取各种措施。

（1）装夹钻头的套筒外不可有突出的边缘。夹紧钻头的装置必须保证把钻头装夹牢固，保证对准中心和装卸方便。

（2）当零件要经过钻孔、铰孔、刮光孔底等一系列连续操作，而钻头需要时常装卸或钻不同直径的孔时，宜采用快速装卸式套筒。这种套筒在心轴回转时装卸钻头，比较安全，并可显著提高劳动生产率。

（3）在操作中应防止钻头折断。钻头折断主要是以下原因引起的：

1）钻孔时，钻头碰到零件上的砂眼或硬块。

2）钻头上的螺旋槽充塞切屑来不及排除。

（4）用麻花钻头钻切非常厚的韧性金属时，从钻头排出的螺旋形切屑随钻头一起回转，易使人员受到伤害。这种切屑必须在钻切过程中碎断成碎片，可在钻头上加工出断屑槽使得切屑排除畅通，钻头就不易折断。

（5）为防止钻头及钻夹头可能卷住衣服、头发或身体的其他部位，应该安设防护装置。图 2—13a 为一种钻床用可伸缩的防护罩，该保护罩可由 2 层或 3 层护罩组成，安装在机器的轴套上，最下面一层保护罩设有透明观察窗；图 2—13b 为该防护罩在台钻使用时的示意图。

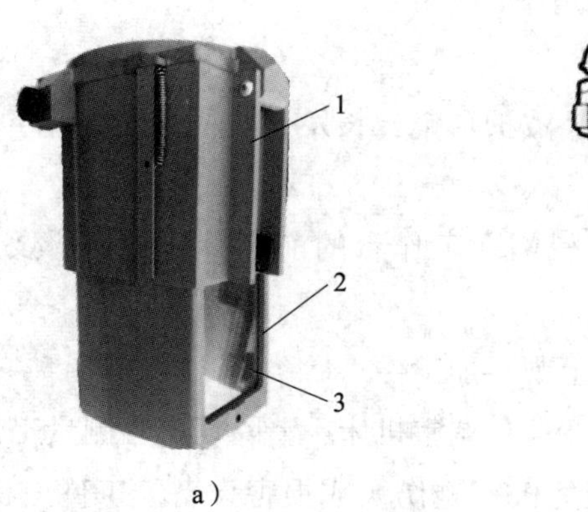

a）

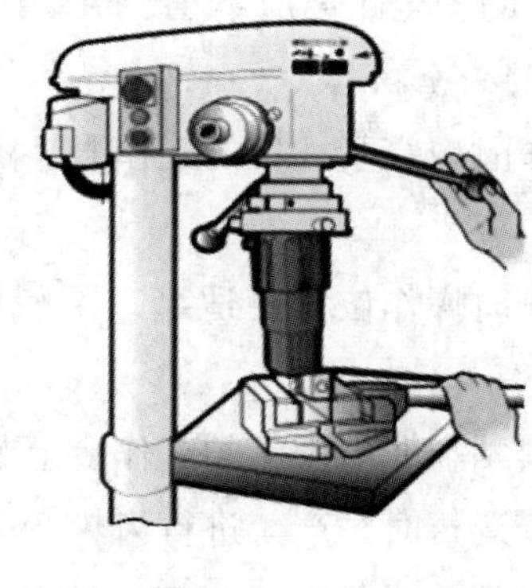
b）

图 2—13　钻床用可伸缩的防护罩

1—上层护罩　2—下层护罩　3—透明观察窗

 二、刨床的伤害事故及预防

刨床是用刨刀对工件的平面、沟槽或成形表面进行刨削的直线运动机床。使用刨床加工，刀具较简单，但生产率较低，因而主要用于单件、小批量生产及机修车间，在大批量生产中刨床往往被铣床所代替。

1．刨床的分类

根据结构和性能，刨床主要分为牛头刨床、龙门刨床、单臂刨床等。

（1）牛头刨床。因滑枕和刀架形似牛头而得名，刨刀装在滑枕的刀架上做纵向往复运动，多用于切削各种平面和沟槽，适用于刨削长度不超过 1 000 mm 的中小型零件。牛头刨床的特点是调整方便，但由于是单刃切削，而且切削速度低，回程时不工作，所以生产效率低，适用于单件、小批量生产。

（2）龙门刨床。因有一个由顶梁和立柱组成的龙门式框架结构而得名，工作台带着工件通过龙门框架做直线往复运动，多用于加工大平面（尤其是长而窄的平面），也用来加工沟槽或同时加工数个中小零件的平面。龙门刨床一般可刨削的工件宽度达 1 m，长度在 3 m 以上。

（3）单臂刨床。具有单立柱和悬臂，工作台沿床身导轨做纵向往复运动，多用于加工宽度较大而又不需要在整个宽度上加工的工件。由刀具或工件做往复直线运动，由工件和刀具做垂直于主运动的间歇进给运动。

2．刨床的危险、有害因素

在刨床工作中，切屑飞溅的危险程度要比车床切削的危险程度小。对于牛头刨床，

如果操作人员脸部凑近切屑部位，切屑可能引起伤害事故。切屑飞溅到地面上，也会引起刺伤脚的事故。龙门刨床除了切屑伤害以外，还包括台面危险、有害因素。龙门刨床台面移动时会挤压操作人员。为了避免这类事故的发生，刨床台面最大行程的终点与墙壁之间的安全距离应不小于700 mm。

3. 刨床的安全操作

(1) 工作时应穿紧袖口的工作服，戴护目镜，长发人员应戴工作帽，头发塞入工作帽内。

(2) 工作时操作位置要适当。不得站在工作台的前面，防止切屑及工件落下伤人。

(3) 严禁站在龙门刨床的工作台上观察加工件。

(4) 机床运行时，严禁进行齿轮变速、调整机床、清除切屑、测量工件等工作。

(5) 机床开动时要前后观察，避免机床碰伤人或损害设备、工件。机床开动后，决不允许离开机床，若发现机床有异常情况，应立即停车检查。

(6) 工件、刀具以及夹具必须装夹牢固，否则会发生工件“走动”，甚至滑出，造成工件和设备损坏或人员伤害事故。

(7) 工件和刀具装夹妥当后，应检查和清理遗留在机床上或工作台面上的螺栓、压板及工具。机床上不能随意放置工具或其他物品，以免机床开动后发生意外事故。应认真检查工件的位置是否妥当，是否会与机床部件相撞，如与牛头刨床滑枕、龙门刨床立柱刀架及横梁等相撞。

(8) 机床开动前，应检查所有手柄、开关、控制旋钮是否处于正确位置。暂时不使用的机床其他部分，应停留在适当位置并使其操纵或控制系统处于空挡位置。例如，龙门刨床开车前，应将暂不使用的刀架移向空挡位置，避免刀架与工作刀具或工件相撞，并且要将它们的走刀手柄、抬刀控制旋钮都扳到空位上。

(9) 清除切屑应停车后进行，并用专门工具或刷子，不能用手扫除或用嘴吹，以免切屑伤人和飞入眼中。

(10) 牛头刨床工作或龙门刨床刀架快速移动时，应将手柄取下或脱开离合器，以免手柄快速转动或飞出伤人。

(11) 工件卸下后，应放在合适位置，并且要放置平稳，以免倒下伤人。

(12) 工作结束后，应关闭机床电机或切断电源，所有操作手柄和控制旋钮都扳到空挡位置，然后清理工作台面上的切屑，清扫工作场地，擦拭、润滑机床。

4. 刨床的防护装置

(1) 在牛头刨床工作台的端头设置切屑收集筒，以便收集切屑。

(2) 在龙门刨床上设置固定式或可调式防护栏杆，栏杆和床身之间禁止行人通过。龙门刨床安装时应保证工作台伸出床身最远点与墙壁之间的安全距离不小于700 mm。

（3）龙门刨床除在床身上装换向和减速用的行程开关外，还应装行程限位开关。当换向和减速的行程开关失灵，床身超过行程运动时，行程限位开关起作用，切断控制线路电源，从而使刨床停止运行，防止发生事故。

三、铣床的伤害事故及预防

铣床系指主要用铣刀在工件上加工各种表面的机床。通常铣刀旋转运动为主运动，工件（和）铣刀的移动为进给运动。铣床除能铣削平面、沟槽、轮齿、螺纹和花键轴外，还能加工比较复杂的型面，效率较刨床高，在机械制造和修理中得到广泛应用。

1．铣床的分类

（1）升降台铣床。有卧式和立式等，主要用于加工中小型零件，应用最广。

（2）龙门铣床。龙门铣床包括龙门铣镗床、龙门铣刨床和双柱铣床，均用于加工大型零件。

（3）单柱铣床和单臂铣床。前者的水平铣头可沿立柱导轨移动，工作台做纵向进给。后者的立铣头可沿悬臂导轨水平移动，悬臂也可沿立柱导轨调整高度。两者均用于加工大型零件。

（4）工作台不升降铣床。工作台不升降铣床有矩形工作台式和圆形工作台式两种，是介于升降台铣床和龙门铣床之间的一种中等规格的铣床。其垂直方向的运动由铣头在立柱上升降来完成。

（5）仪表铣床。一种小型的升降台铣床，用于加工仪器仪表和其他小型零件。

（6）工具铣床。用于模具和工具制造，配有立铣头、万能角度工作台和插头等多种附件，还可进行钻削、镗削、插削等加工。

（7）数控铣床。数控铣床是数字程序控制铣床的简称，包括普通数控铣床、卧式加工中心、立式加工中心。

（8）其他铣床。其他铣床有键槽铣床、凸轮铣床、曲轴铣床、轧辊轴颈铣床和方钢锭铣床等，是为加工相应的工件而制造的专用铣床。

2．铣床的危险、有害因素

在铣床工作中，铣刀、切屑、工件和安装工件的夹具都可能使操作人员遭受伤害。例如，当装夹的工件从机床上卸下时操作人员的手靠近没有遮挡的铣刀，铣床运转时测量零件或用手和其他物件在铣刀下方清除切屑，在检验加工表面粗糙度时手指靠近铣刀等，都可能发生事故。

3．铣床的安全操作

铣工操作机床时应做到以下几点：

（1）穿紧身工作服，袖口扎好，长发者要戴防护帽。高速铣削时戴护目镜，以防飞屑伤眼。铣铸铁件时应戴口罩。操作时严禁戴手套，以防手被卷入旋转刀具和其他运动部位。

（2）操作前应认真检查铣床各部分安全装置是否安全可靠，检查设备的电气部分是否处于良好状态。

（3）装卸工件时应将工作台退到安全位置。使用扳手紧固工件时，用力方向应避开铣刀，以防扳手打滑时，手撞到刀具和工夹具上。

（4）切削过程中，不要用手触摸工件以免铣刀伤害手指。

（5）机床运转时，不要调整工件、加注切削液及测量工件，以防手触及刀具。

（6）在铣刀未完全停止时，不能用手制动。

（7）切削中不要用手清除切屑，也不要用嘴吹，以防切屑损伤皮肤和眼睛。

（8）在机动快速进给时，一定要把手轮离合器打开，以防手轮快速旋转伤人。

（9）装拆铣刀要用专用衬垫，不要用手直接握住铣刀。

4．铣床的防护装置

为防止运转的铣刀及刀轴可能将操作人员的手或衣服卷入铣刀和工件之间，造成伤害事故，可在旋转的铣刀上安装防护罩。当刀具工作时，这种防护罩在弹簧作用下向上升起。当铣削工作结束时，工作台连同工件向右移动，防护罩的支臂抵住刀轴，防护罩下降，遮住铣刀。这就保证了在不停车情况下安全地装卸零件和进行测量工作。

四、镗床的伤害事故及预防

镗床是用镗刀对工件已有的预制孔进行镗削的机床。通常，镗刀旋转为主运动，镗刀或工件的移动为进给运动。它主要用于加工高精度孔或一次定位完成多个孔的精加工。使用不同的刀具和附件可进行钻孔、铰孔，同时使用多种刀具可进行平面、槽和螺纹的加工，加工精度和表面质量要高于钻床。

1．镗床的分类

（1）卧式镗床。镗床中应用最广泛的一种。卧式镗床进行镗削加工时，镗轴水平布置并做轴向进给，主轴箱沿前立柱导轨垂直移动，工作台做纵向或横向移动。这种机床应用广泛且比较经济，它主要用于箱体（或支架）类零件的孔加工及与孔有关的其他加工面加工。

（2）坐标镗床。坐标镗床是高精度机床的一种，它具有坐标定位的精密测量装置。坐标镗床可分为单柱式坐标镗床、双柱式坐标镗床和卧式坐标镗床。单柱式坐标镗床主轴带动刀具做旋转主运动，主轴套筒沿轴向做进给运动，具有结构简单、操作方便的特点，特别适宜加工板状零件的精密孔，但它的刚度较低，所以这种结构只适用于中、小型坐标镗床。双柱式坐标镗床主轴上安装刀具做主运动，工件安装在工作台上随工作台沿床身导轨做纵向直线移动。它的刚性较好，目前大型坐标镗床都采用这种结构。卧式坐标镗床工作台能在水平面内做旋转运动，进给运动可以由工作台纵向移动或主轴轴向移动来实现，加工精度较高。

（3）金刚镗床。用金刚石或硬质合金等刀具，进行精密镗孔的镗床。特点是以很小的进给量和很高的切削速度进行加工，因而加工的工件具有较高的尺寸精度。

（4）深孔钻镗床。深孔钻镗床本身刚度高，精度保持好，主轴转速范围广，进给系统由交流伺服电动机驱动，能适应各种深孔加工工艺的需要。

（5）落地镗床。工件安置在落地工作台上，立柱沿床身纵向或横向运动，用于加工大型工件。

2. 镗床的危险、有害因素

生产作业中用不合要求的销钉固定刀具，致使销钉露出镗杆。操作人员探头看被加工的孔眼情况，身体靠近镗杆，衣服易被卷进去，造成意外伤害事故。

3. 镗削加工的操作安全

（1）穿着紧袖口的工作服，戴工作帽，禁止戴手套作业。

（2）镗杆旋转中，严禁将头伸到镗孔内观察加工情况或用手摸，更不准隔着镗杆取东西，防止绞住衣袖造成事故。

（3）使用偏心盘镗削工件时，要经常检查，防止甩出伤人。

（4）加工较高的工件，应搭设安全架，并要保持稳固。

（5）用回转台转动工件时，必须将工作台开到中心位置进行，防止转动中挤伤人。

（6）加工中观察中心孔是否端正时要停车，刀具上缠绕大量切屑时必须停车处理。

4. 镗床安全技术措施

工程技术人员在设计刀具的同时，要设计紧固刀具的销钉。紧固后销钉端部必须埋在镗杆内，不准有凸出部分，操作人员必须使用符合安全要求的销钉，不允许随意用其他物件代替使用。

复习思考题

1. 切削机床一般可以分为哪几类？

2. 造成切削加工事故的原因是什么，其危险、有害因素有哪些？

3. 金属切削加工作业场地的安全布局主要考虑哪些问题？

4. 切削机床的安全保险装置主要有哪些，它们的作用分别是什么？

5. 切削机床的防护装置主要有哪些，它们的作用分别是什么？

6. 车削加工常见的伤害事故及其原因有哪几类？

7. 请列出至少5种磨削加工时的危险、有害因素。

8. 钻、刨、铣、镗削加工的危险、有害因素分别有哪些？

技能实训二　金属切削加工的危险识别

一、实训目标

1. 通过对作业环境的现场观察，与现场人员交谈，查阅现场的事故记录、文献资料，咨询专家等，获取有关危险源信息，加以分析研究，发现作业环境现场存在的危险源。

2. 对风险进行综合分析、评价，并且针对实际系统制定有效的安全措施。

二、任务描述

金属切削机床是目前最普遍的加工设备，种类繁多，功能各异。一般加工车间都有严格的设备检修、点检和巡查的管理制度，以保证设备的完好状态，满足生产需要。本实训就加工车间的加工设备、加工环境以及操作人员多方面进行风险调查和风险评估。

1. 作业环境风险调查。

2. 车间设备风险识别。

3. 调查由操作人员可能引起的风险。

4. 设计调查表，并逐项填写调整记录。

5. 针对风险分析的结果，提出有效的对策措施。

三、实训环境及设备

正常使用的机加工车间，实训设备包括普通车床、铣床、磨床。

四、实训过程

1. 调查作业环境危险因素，将危险因素填入调查表中。

2. 分别就车床、铣床、磨床的风险因素进行整理。注意在整理过程中，对辨识出的金属切削加工的危险源进行分类，主要考虑以下几个方面：

（1）机床静止的危险部分。

（2）机床做直线运动的危险部分。

（3）机床做旋转运动的危险部分。

（4）机床上具有组合运动的危险部分。

（5）机床运转时飞出的物件。

（6）由于操作人员违反安全规程而引起危险的不安全行为。

3. 完成风险调查表的详细记录。（参考表格见表2—3）

表2—3　　风险调查表

调查对象：　　　　　　调查时间

序号	主要风险	存在地点	风险评价				
			可能性	频繁度	后果值	风险等级	
1							
2							
3							

4. 针对风险分析的结果，提出有效的对策措施。（参考表格见表2—4）

表2—4　　风险分析结果及对策措施

序号	主要风险	对策措施
1		
2		

五、实训注意事项

1. 进入加工车间，严格遵守车间的规章制度，不随便动车间开关、插头等，注意安全。

2. 在调查时，一定注意听老师安排，分组进行。

3. 及时将辨识出的金属切削加工的危险、有害因素进行汇总。

六、总结与思考

1. 明确金属切削加工危险识别的重要性。

2. 金属切削加工预防措施都有哪些？

第三章
木工机械安全技术

本章学习目标

1. 了解木工机械的种类、主要事故。
2. 了解木工机械使用中的危险、有害因素。
3. 掌握木工机械的基本安全要求和安全防护技术。
4. 理解木工机械的安全使用和安全管理措施。

第一节　木工机械的危险、有害因素

木工机械是指使用切削、成形、接合装配和涂布等方法用于加工木材、人造板及其类似材料，使之获得所要求的几何形状、尺寸精度和表面质量的机器。木材加工的特点是加工对象为天然生长物及其半成品，刀具运动速度高，多刀多刃，敞开式作业和手工操作，噪声大，木粉尘多且具有易燃易爆性。因此，木材加工发生伤害事故的概率远高于金属切削加工，稍有不慎，人的肢体就会触及旋转着的刀具，极易发生事故。木材的抗热能力不强，加工时易超过其焦化温度（100～120℃），发生火灾。

根据事故统计资料，造成木工机械伤害事故的原因中，刀具占64.3%，刀具崩击木料占11.2%，木材反弹占10.5%，纯属机械、工具、机械附件的伤害等占14%。可见增设和改进设备的安全防护装置，采用机械化或自动化送料器等提高木工机械的安全性能是减少或杜绝人身伤害事故的有效途径，应予以足够的重视。

一、木工机械的种类

木工机械是在木材加工工艺中，将木材加工的半成品加工成为木制品的一类木工机床，包括所有将原木锯剖、加工成木制品过程中的一切切削加工设备，如木工锯机、木工刨床、木工车床、木工铣床、木工钻床、开榫机、榫槽机、木工砂光机以及修整、刃磨木工刀具的辅机等。

1. 按加工行业分类

（1）原木加工机械。对原木进行初道加工处理（如锯切、去木皮、除湿等）的机械，如大型圆锯机、带锯机、旋切机等。

（2）板材制造机械。实木板及人造板（胶合板、中密度板、刨花板等材料）的制造机械，对板材的表面进行处理，以供家具加工所用板材的前道加工程序用的机械，如拼板机、齿接机、冷热压机、覆面机、表面涂装设备等。

（3）家具制造机械。板式家具、办公家具、实木家具等从锯切、成形、仿形、钻孔、开榫槽、拼接组合、涂胶、上漆到包装等各方面，均可由相应机械来加工完成。

（4）地板、墙裙板、墙板的生产设备。主要机械设备有单片锯、四面刨、双头铣床、砂光机、滚涂机、UV 干燥机等。

2. 按加工功能分类

（1）锯切类。主要设备有圆盘锯、皮带锯、单片纵锯、多片锯、推台锯、开料锯、双头锯等。

（2）旋切类。主要设备有有卡旋切机、无卡旋切机、木材剥皮机等。

（3）车床类。主要设备有普通车床、仿形车床、背刀车床、数控车床等。

（4）刨床类。主要设备有普通平刨、斜口平刨、自动平刨等。

（5）铣床类。主要设备有立轴铣、立式镂铣机、吊镂机、气动吊镂机、修边机、双头铣、梳齿机、开榫机、数控雕刻机等。

（6）砂光类。主要设备有普通砂带机、立卧砂带机、振荡砂带机、砂边机、砂光机、重型砂光机、底漆砂光机、高架砂光机、异型砂光机、盘式砂光机、推台砂光机等。

（7）钻孔类。主要设备有立式台钻、卧式台钻、立式排钻、卧式排钻、立式多孔钻、单排钻、多排钻、铰链专用钻等。

（8）压力胶合类。主要设备有冷压机、热压机、气动组装机、电动组装机、液压组装机、接长机、拼板机、涂胶机等。

（9）表面处理类。主要设备有贴纸机、封边机、热转印机、真空覆膜机等。

（10）油漆涂装类。主要设备有底漆砂光机、喷涂机、静电喷涂机、滚涂机、UV 干燥机、淋幕机、粉尘清除机、皮带流水线、烤漆箱等。

（11）木材处理类。主要设备有木材烤干机、木材调节湿度机、补板机、木材测湿仪等。

3. 常见木工机械

（1）木工圆锯机。以圆锯片为刀具对木材进行锯切加工的木工机器。

（2）木工带锯机。以带锯为刀具对木材进行锯切加工的木工机器。

（3）木工刨床。使用刨刀去除材料的方法加工工件表面的木工机器。

（4）木工开榫机。使用铣削头、圆锯片对工件进行非圆柱形表面加工的木工机器。

（5）木工榫槽机。使用凿刀、榫槽链或镂铣刀对工件进行非圆柱形孔加工的木工机器，且全部进给运动都在一个平面上进行。

（6）木工铣床。使用旋转成形切削刀具，用去除材料的方法对工件进行成形切削加工的木工机器。

（7）木工车床。使用既不旋转也不转动的切削刀具对旋转着的工件进行加工的木工机器。

（8）木工镂铣机。使用镂铣刀去除材料的方法加工工件表面的木工机器。

（9）木工磨光机。使用磨具或磨料改善工件表面质量或尺寸精度的木工机器。

（10）木工联合机（木工多用机床）。由几种木工机器组合而成的，每当改变加工工序时，仍需手工辅助的木工机器。

（11）木工刀具修磨机。使用磨具或磨料改善木工刀具切削刃表面质量或尺寸精度的机器。

二、木工机械使用中的危险、有害因素

从原木到成品的生产过程中，要使用各种木工机械。木工机械除了大量用于木材加工厂以外，在其他行业也得到广泛的应用，如机械制造厂的铸造、木模工段等。在各行业的实际使用中，木工机械造成了相当多的事故，这些事故尤其集中发生在圆锯、带锯和木工刨床的操作作业中，往往伤害操作人员的上肢、手掌和手指。伤害程度与一般机械事故相比要严重得多，许多受伤者永久性致残。木工机械设备属于危险性较大的机械设备。为了完成对木材的加工，木工机械比一般金属切削机床具有更高的切削速度和更加锋利的刃口，因而木工机械较一般金属切削机床更易引起伤害事故，必须重视木工机械的使用安全。

1．木工机械加工中的危险因素

（1）木工机床上的零件或刀具飞出的危险。机床上的零件发生意外情况破碎而飞出造成伤害。例如，磨锯机上破裂的砂轮碎片、锯机上断裂的锯条、木工刨床上未夹紧的刀片等物体的打击伤害。

（2）工件伤人的危险。机床上的工件在加工中发生意外情况被抛射飞出而引起冲击伤害。例如，在没有设置止逆器的多锯片木工圆锯机上，易产生工件回弹伤人的危险。

（3）加工时人体与运动的零部件接触的危险。用手推压木料送进时，遇到节疤、弯曲或其他缺陷，手会不自觉地与刃口接触，造成割伤甚至断指事故。例如，在木工车床上，衣物被高速回转的棒料缠住等造成对人体的伤害。

（4）电动机停转后手与转动刀具接触的危险。操作人员在电机停转后，往往习惯用手或木棒制动木工机床，致使手与转动刀具相接触而造成伤害。例如，在进给辊进给机件的机床上，可能发生人手被工件牵进，又被拉入进给辊与工件之间的夹口而造成伤害的事故。

（5）接触高速转动刀具的危险。木工机械的工作刀轴转速很高，一般都要达到 2 500 r/min 以上，最高可达到 10 000 r/min，因而转动惯性很大，操作人员常因手不慎与转动的锋利刀具相接触而造成伤害。

（6）火灾和爆炸的危险。木材原料、木屑、刨花、半成品或成品等都是易燃物，悬浮的木粉尘在空气中达到一定的浓度（软木粉为 44 ~ 59 g/m^3）时，会形成爆炸性混合物，在有着火源如电机火花等情况下会发生爆炸伤人。当木粉在车间堆积过多时，尤其是堆积在暖气片或蒸汽管上会引起阴燃。火灾危险存在于木材加工全过程的各个环节。

（7）木屑飞出的危险。若圆锯机没有装设防护罩或防护罩有缺陷，锯料锯下的木屑或碎木块可能会以较高的速度（超过 100 km/h）飞向操作人员的脸部，给操作人员造成伤害，如图 3—1 所示。

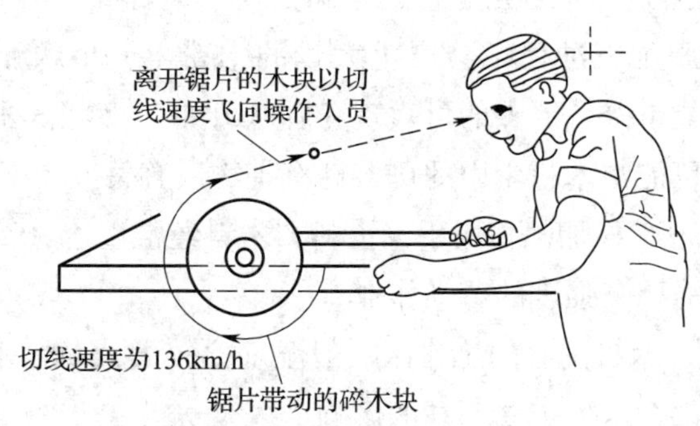

图 3—1　锯屑造成的危险

（8）操作人员违反操作规程带来的危险。木工机械许多伤害都是人为造成的。操作人员不按照安全操作规程作业，或不熟悉木工机械性能和安全操作技术，木工机械设备没有安装安全防护装置或安全防护装置失灵后未及时更换等人为因素都极易造成伤害事故。

（9）木材的化学伤害及生物效应。木材储存或加工过程中要进行防腐化学处理，防腐剂可能会引起接触性皮炎。木材中的真菌和有些树种含有的刺激作用物可引起变态反应性疾病，如视力失调、对呼吸道黏膜的刺激和病变、皮肤症状、过敏症状以及各种混合症状。发病性质和程度取决于木材种类、接触时间或操作人员自身的体质条件。

(10) 制造原因产生的危险。与其他机械相比，大多数木工机械制造精度低，并且手工操作居多，一些机械缺乏必要的安全防护装置，或防护装置失灵，容易发生事故。

(11) 触电的危险。木工机床所用电机多为三相380 V交流电源，一旦绝缘损坏易造成触电危险。

在进行木工机械加工操作时，导致人身事故的因素及其出现的百分率见表3—1。

表3—1　加工木材时导致人身事故的因素及出现的百分率

序号	因素	百分率（%）	序号	因素	百分率（%）
1	刀具	64.3	5	设备	4.2
2	被刀具打飞的材料	11.2	6	附件	2.1
3	飞出的木屑、料头等	10.5	7	辅助工具	1.4
4	木料倒塌、坠落、挤压	5.6	8	防护装置	0.7

2. 木工机械加工中的有害因素

(1) 噪声。木工机械转速高，送进快，木质软硬不均，又加之木材传运快，所以加工时产生的噪声较大，操作人员长时间在此环境中工作，劳动强度大，易产生疲劳，感到烦躁，影响健康且易操作失误发生工伤事故。

(2) 粉尘。在木材加工过程中会产生大量的木粉尘，小颗粒粉尘进入鼻孔或肺中，可导致鼻黏膜功能下降，严重的可表现为肺叶纤维化症状。木工行业鼻癌和鼻窦癌比例较高，据分析可能与木粉尘中的可溶性有害物质有关。

(3) 大强度劳动。木材加工多用手工上料，木料经常重达30～50 kg，在堆放、传送、运输和搬运时就需要高强度的劳动作业。

(4) 湿度及高温。木材加工的工作区一般湿度比较大，而给木材进行干燥的设备又会产生高温，这些都会给人带来不利的影响。

(5) 振动。在手动进给机床上料时，会引起较强的局部振动，当木质不均匀时振动更为明显，比如手工推料遇到节疤、弯曲或其他缺陷时。长时间的振动会给人体健康带来不良的影响。

三、木工机械的主要事故

木材加工生产中广泛使用的木工圆锯、木工平刨和木工铣床是发生事故最多的三类设备。

1. 圆锯事故

木工圆锯用于锯材的截断、锯材剖分和各种人造板板材的开料加工等。它是木材加工企业配料工段不可缺少的一类设备。按其结构和用途的不同，圆锯机可分为横截圆锯、纵截圆锯、万能圆锯以及板锯机等。事故统计资料表明，圆锯事故造成的人体伤害部位有手、胸和眼，分别占圆锯事故总数的82.6%、8.7%和8.7%。

与圆锯伤手事故相关的危险事件主要有以下几种：

（1）剖分断面尺寸较小的木料时，手过分靠近锯片。

（2）发生夹锯时，不切断电源就进行处理。

（3）徒手清除工作锯片附近的废料。

（4）进料时速度过快，用力过猛。

在所有圆锯事故中，板锯机事故占的比重最大。在板锯机上发生最多的一类事故是移动工作台伤手。这类事故是在推动工作台时手指扣入锯活动台前端的挡板内，手指被挡板与滑槽挤压造成的。此外，在圆锯事故中，由工件和木片木屑引起的事故也占一定比例。

2. 平刨事故

方材零件的基准面加工离不开平刨。这类设备的刀轴转速高，切削惯性大，而且多数为手工进料。刨削小料和薄料时，引发事故的危险性极大。事故统计资料表明，平刨发生的工伤事故位居第二，其中平刨伤手事故占90%，伤眼事故占10%。导致平刨事故的主要致害物有刨刀、加工工件以及飞散的木屑。

与刨刀伤手事故相关的主要因素有以下几种：

（1）刨削材料的断面尺寸较小。木料刨削时，除需要一定的推力外，还需在材料上方施加一定的压紧力，以保证刨切平面达到应有的平整度。当材料断面尺寸较小时，手工进给刨切过程中，手指非常贴近刀头，容易出现伤手事故。

（2）木料材质坚硬，而刨刀又不够锋利。多起伤手事故是由于工件在刨削过程中突然出现强烈振动而引起的。在木材刨削过程中，产生一定的振动是不可避免的。但是，如果工件突然产生强烈振动，或者发生持久的强烈振动，则非常危险。振动强度与木料的硬度以及刨刀的锋利程度有关。刨削硬质木材时产生的振动相比软质木材要大得多，在刨削过程中若遇到节疤则会产生强烈振动，此外，当刨刀变钝时，刨削产生的振动也明显增大。

（3）木材刨切表面有胶层。当刨刀遇到胶层时，易发生打滑，若操作人员缺少这方面的经验和准备，遇到胶层时，就容易发生事故。

（4）经过初次刨削的木料需取回进行再次刨削时，手提木料直接从刨刀上方拖过，手极容易被刀头碰伤，是一种十分危险的操作行为。

（5）在不停车的情况下，调整靠栅和清理刨花。

3. 铣床事故

木工铣床是一种用途非常广泛的设备，型面加工、槽榫加工、线条加工等都需要

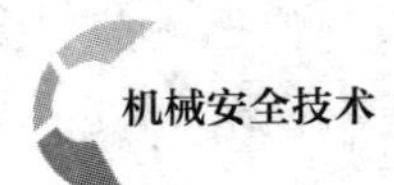

用到铣床。木工铣床按其结构可分为上轴铣和下轴铣两类，按刀头数可分为单刀头和双刀头铣床。其中，下轴单头铣床是应用最广的一类，刀轴转速通常为 4 000 ~ 7 500 r/min。铣削作业时多数采用手工进料，因此发生事故的可能性极大，尤其是在铣削小料工件时。

与铣床事故相关的危险事件主要有以下几种：

（1）铣刀紧固不良，铣削时刀具飞出。

（2）当样模进料时，工件在样模上夹紧不够。

（3）加工硬料或有节疤的大工件时，进料速度过快。

（4）反行程铣削木料。

第二节　木工机械的基本安全要求

一、木工机械的通用安全要求

《木工机械　安全使用要求》（AQ 7005—2008）对木工机械提出了通用安全要求。

1. 电气

（1）电源开关要求如下：

1）每台机器控制系统应有总电源开关，总电源开关应能切断机器的所有电源。电源开关只能有一个“断开”位置和一个“接通”位置。电源开关在“断开”位置时，应有能够锁住的机构。电源开关应安装在机器上或接近机器的位置，并且易于识别和接近。

2）大型机器（如自动线）有多个独立的工作区，当每个工作区均有其自己的电气设备时，则每个工作区应设置各自的电源切断开关和联锁装置，实现每一个工作区的电源切断开关能将总电源切断。

3）下列电路不需经过电源开关：

①检修时需用的照明电路。

②专门连接检修工具（如手电钻）的插销电路。

③欠压脱扣电路（它只在电源故障时用来自动跳闸）。

对于上述情况，必须在电源开关附近给出提示，引起注意。这些电路应设置各自的切断开关。

（2）启动。机器电动机应设置启动按钮，并且机器在停电或驱动电源断路时，要处于自动断开状态。当恢复供电或驱动电源接通时，还要按照推荐性国家标准《机械安全防止意外启动》（GB/T 19670—2005）和《机械电气安全　机械电气设备　第 1

部分：通用技术条件》（GB 5226.1—2008）的规定设置防止电动机意外启动的装置。

（3）正常停止要求如下：

1）机器应设置使机器所有传动能够正常停止的停止装置。

2）机器进给运动的断开应不迟于主运动的断开。

3）机器或其危险零件被停止后，其传动的能量供应必须切断。

4）机器设置的急停操纵装置应符合国家标准《机械安全　急停　设计原则》（GB 16754—2008）和《机械电气安全　机械电气设备　第1部分：通用技术条件》（GB 5226.1—2008）的规定。

5）机器在停电或驱动电源断路时，要处于自动断开状态，当恢复供电或驱动电源接通时，应有防止再启动的装置。

6）机器电气设备的电击防护、保护接地电路和绝缘电阻，应符合国家标准《机械电气安全　机械电气设备　第1部分：通用技术条件》（GB 5226.1—2008）的规定。

7）1 kW以上的、连续工作的电动机应具有过载保护。

8）电气设备、电气控制装置、电动机的防护等级如下：

①加工木材的木工机械电气设备外壳的防护等级应为IP54，电动机的防护等级应不低于IP44，推荐优先采用IP54。

②木工机械辅助用机器，如磨刀、磨锯等辅机，电气设备外壳的防护等级为IP43。

③防止粉尘和木屑的木工机械电气控制装置外壳的防护等级为IP65。

9）电气设备、电气控制装置应按国家标准《安全标志及其使用导则》（GB 2894—2008）的规定设置安全标志。

2．刀具、刀体和刀夹

（1）机器上安装的切削刀具、刀体和刀夹应有紧固和防松脱措施，确保当启动、运转和制动时不会松脱。

（2）机器上的切削刀具除必要的外露部分外，其余不得外露，否则要安装防护罩或接触预防装置。

（3）不应使用有明显变形、裂纹、崩刃等缺陷的影响使用安全的切削刀具。

（4）切削刀具使用磨钝后应及时修磨，经多次刃磨后切削部分的主要参数应能保持基本不变。旋转刀具修磨后应按国家标准《木工机床　安全通则》（GB 12557—2010）的规定进行静平衡或动平衡试验。

3．制动系统

若刀具主轴停机后由于惯性运动存在人与刀具接触的危险，则机器上应设置自动制动器，使刀具主轴在足够短的时间内停止运动，足够短的时间是指：

（1）小于10 s。

（2）小于启动时间，但不得超过具体机器标准中规定的时间（对于启动时间大于10 s的刀具主轴）。

4. 工件的支承和导向

对于手推工件进给的机器，工件的加工应通过工作台、工件安全进给导向板来支承和把持。

5. 防护装置

（1）裸露的传动装置（如带和带轮、链和链轮、变速齿轮等）应设置防护装置。若操作人员需伸手进入这一防护区域工作时，则可使用活动式防护装置，使用活动式防护装置时，防护装置开启应与机器启动联锁。

（2）手推工件进给的机器应设置防止与切割刀具接触的接触预防装置。

（3）防护装置应能抵御机器部件、工件、折断的工具、喷射物料的冲击以及由操作人员等引起的冲击。

（4）机器上切削刀具的防护罩应按国家标准《安全标志及其使用导则》（GB 2894—2008）的规定设置安全标志。

6. 吸尘设备

（1）加工木材的木工机械应配置收集粉尘和木屑的单机吸尘设备或连接集中吸尘设备。

（2）吸尘设备的风速为20 m/s（对含水率小于18%的木屑）和28 m/s（对含水率大于等于18%的木屑）。

（3）吸尘设备的除尘和吸收装置应按照推荐性国家标准《粉尘爆炸危险场所用收尘器防爆导则》（GB/T 17919—2008）的规定设置防止粉尘爆炸的安全措施。

 二、木工机械的特殊安全要求

《木工机械　安全使用要求》（AQ 7005—2008）对木工机械提出了特殊的安全要求。

1. 木工圆锯机

（1）木工圆锯机上的旋转圆锯片应设置防护罩。

（2）因特殊原因，锯片不能设置防护罩时，应在锯片前上方设置安全挡板（或挡帘），或者采取保证操作人员安全的其他防护措施。

（3）吊截圆锯机、万能摇臂圆锯机应设置能罩住锯片上部和锯轴端部的防护装置，并应能控制锯屑不从操作人员方向排出，锯片下部暴露部分应不大于加工件厚度10 mm。在可能情况下，该防护装置应能随加工件厚度的变化而自动调整。

（4）具有纵剖功能的手动进料圆锯机应设置分料刀。自动进料圆锯机应设置止逆器、压料装置和侧向防护挡板。

（5）具有横截功能的圆锯机应设置压紧或夹持锯切工件的装置以及限制锯片移动的装置，锯片向操作人员一边移动时，不得超出工作台范围。圆锯机应保证能使锯片强制回位，并稳定在原始位置上。

（6）自动进给纵剖木工圆锯机的开启锯轴和锯片部分的防护罩应与机器启动联锁。

（7）木工圆锯机应按规定设置分料刀和止逆器。

（8）机器必须设有急停操纵装置。

2. 木工带锯机及锯条

（1）木工带锯机的锯轮和锯条应设置防护罩。机器上锯轮处于最高位置时，其上端与防护罩内衬之间的间隙不小于100 mm。锯条的防护罩要能同锯卡一起升降，除锯卡与工作台之间的锯条部分外，锯条的其余部分都应封闭。

（2）机器上锯轮机动升降操纵机构应与锯机启动操纵机构联锁。

（3）机器下锯轮上应设置制动装置，制动持续时间不得超过25 s。

（4）机器上应设置清除黏着在锯轮和带锯条上的锯屑、树脂等黏着物的装置。

（5）带锯条的厚度应根据带轮的直径规格来选择，小轮径不应选用大厚度的锯条。

（6）带锯条接头焊接应牢固平整，焊接接头不得超过3个，接头与接头之间长度应为总长的1/5以上。接头厚度应与锯条厚度基本保持一致。锯条接头对接时，接缝应在齿距中央。锯条接头搭接时搭接宽度应视锯条的宽度和厚度而定，一般为9～11 mm。

（7）机器必须设有急停操纵装置。

3. 木工刨床

（1）木工平刨床安全要求如下：

1）机器应设置支承工件安全加工的工作台和导向工件安全进给的导向板。

2）手动进给木工平刨床的刀具在导向板前面，应设置固定在机器上的可调式或自调式的防护装置来防护。防护装置的类型可选择桥式防护装置或扇形板式防护装置。

3）手动进给木工平刨床的刀具从导向板后面进入刀轴，应设置固定在导向板上或是固定在导向板支承上的防护装置来防护。防护装置应能随导向板移动，能覆盖刀体的全长和直径。

4）刀具的传动机构应设置固定式防护罩。

5）必须设置一个前进给端操作人员在操作位置就可触及的急停操纵装置。

（2）单面木工压刨床安全要求如下：

1）机器应设置支承工件安全加工的工作台和常闭式结构的指形止逆器。机器的工件输入端应设置限制机器安全加工最大切削深度的深度限位器。

2）机械进给的机器应设置防护装置，使当手从机器侧面进入零部件的区域时得到

防护。当进入设置在切削深度限位器上方的运动零部件区域时，应通过固定式的防护装置或在打开位置固定的联锁活动式防护装置得到防护。

3）刀具传动机构应设置固定式的防护装置。若操作人员需伸手进入这一防护区域进行维修或调整工作时，则可使用活动式防护装置。使用活动式防护装置时，防护装置开启应与机器启动联锁。

4）必须设置一个前进给端操作人员在操作位置就可触及的急停操纵装置。

（3）护指键式和护罩式木工平刨床安全要求如下：

1）机器上旋转刀轴应设置防护罩。

2）护指键式结构。相邻护指键的间距不得大于 8 mm。切削时仅打开与工件宽度相应的部分，其余的护指键仍留在原位。留在原位的护指键应能自锁或已被锁紧。打开的切削通道宽度大于工件宽度 8 mm 时，允许用导向板将侧隙调至 8 mm 以下。

3）内护罩式结构。不参与切削的刀轴部分应由其他形式的辅助防护装置（如护板）盖住，且辅助的防护装置应始终与工件接触，不能接触的边缘距离在工作台开口区内应小于 8 mm。

4）必须设有一个前进给端操作人员在操作位置就可触及的急停操纵装置。

（4）二、三、四面木工刨床和铣床安全要求如下：

1）水平刀轴、立刀轴、送料机构、链传动、带传动等装置的外露旋转件应设置防护罩。

2）二面木工刨床应设置切削深度限位器。

3）机器的进给一端应设置止逆器等防止工件回弹的装置（进给机构压紧可靠的机器除外）。

4）机器上的刀具不参与切削部分应用与加工工件宽度相适应的可调式防护罩完全罩住。

5）机器必须设置急停操纵装置。

4．木工开榫机（木工榫槽机）

（1）机器传动装置应设置防护装置。

（2）开榫机铣削头和圆锯片应设置防护罩将不参加切削的圆周完全罩住。手动进料开榫机应在定位夹具上装有紧固或压紧装置。

（3）榫槽机工件夹紧机构的螺钉头不得外露。

（4）机器必须设置急停操纵装置。

5．木工铣床

（1）机器传动装置应设置固定式防护装置。

（2）机器上的铣刀头应设置防护罩，并覆盖住除切削工件所需部分以外的刃口。

（3）机器应设置工件安全进给的导向板。导向板的高度必须大于机器上所能安装刀具的最大高度，其长度之和应不小于工作台长度的 3/4（辅助导向板的长度之和不应比工作台长度小 100 mm 以上）。

（4）机器应设置主轴制动装置，并应确保切断动力后制动持续时间小于 10 s。

（5）机器应设置固定主轴的止动装置，该装置必须与主轴启动操纵联锁。

6. 木工车床

（1）利用顶尖带动棒料的木工车床应在棒料上方设置活动式防护罩，防护罩应为透明材料制成。

（2）无小刀架的木工车床应装有长直线导板，不允许车刀悬空作业。

（3）圆棒机的切削头及棒料坯都应设置防护罩及挡板。

（4）端面木工车床的回转盘应有牢固的锁紧装置。

（5）机器必须设置急停操纵装置。

7. 木工镂铣机

（1）机器工作台应能可靠地在任意位置上固定，并且在意外情况下不会倾斜或升降。

（2）机器工作台应能可靠地安装仿形销轴和工件安全进给的导向板。

（3）机器上刀具的防护罩应能罩住切削刃除切削工件必需部分以外的 1/2 以上（操作人员一侧）的圆周表面。防护罩应为透明材料制成。

（4）机器必须设置急停操纵装置。

（5）机器上应设置切断动力后使主轴立即停止转动的可靠的制动装置，制动持续时间不得超过 10 s。

8. 木工磨光机

盘式、筒式木工磨光机除盘、筒的工作部分外，其余部分（包括其他旋转件）应用防护装置完全罩住。盘、筒与工作台的边缘之间应保持最小的距离。

9. 木工联合机（木工多用机床）

有多个独立工作区的机器，应在每个独立工作区根据该工作区的机器功能或种类设置防护装置，且应在机器每个独立工作区的作业点设置单独的启动和停止装置以及联锁的急停操纵装置。

10. 木工刀具修磨机

（1）机器沿手工送料的一侧应设置护挡，防止手误入危险区。如采用脚踏开关，应采用Ⅱ型防护罩罩住。

（2）机器磨头进给装置和装载工件的工作台进给装置，应设置限位开关、固定撞块等限位装置。

（3）机器必须设置急停操纵装置。

三、工艺过程的要求

（1）加工木材过程中，凡有条件的地方，对所有的木工机械均应安装自动进给装置。条件不许可时，操作人员也不要用手直接推木料，而应使用推木块或各种类型的安全夹具等。人工搬运原木和锯材时，操作人员的双手不应和木材直接接触，应使用专用工具，如吊钩、钩竿等。

（2）在木工机床旋转件的防护罩上应有单向转动的标志，在危险部位如外露的皮带盘、转盘、转轴等，应加牢固可靠的封闭型防护罩。

（3）条件许可时，原木、锯材和成品的运输、储存和操作要全面实现机械化，对于未实现机械化的生产过程，必须采取保护措施。

（4）各种木工机床必须设有有效的制动装置和安全防护装置。在切断电源后，制动装置应保证刀轴在规定的时间内停止转动。

（5）为方便统一安装吸尘设备，木工机床必须设有吸尘装置和排屑通道，或留有适当口径的吸尘口。吸尘装置应能保证在连续工作 8 h 后，防护装置不因木屑粉尘的堆积而失灵。同时应能保证作业场所的粉尘浓度不超过 10 mg/m^3。排屑通道要保持畅通，通道口应向下。为防失火和电气元件失灵，排屑通道、吸尘口与电气元件的安装处不得有通孔。

（6）木工机械设备在使用的过程中，装在刀轴和心轴上的轴承高速转动，为避免操作时发生危险，其轴向游隙不应过大，任何切削速度下使用任何刀具时都不会产生有危险性的振动。

（7）木工机床上应有刀轴定位的止动机构，或刀轴和电源的联锁装置，以供装拆刀具时使用。避免装拆和更换刀具时，误触电源按钮而使刀具旋转，造成伤害。

（8）对于可能产生静电的气动输送设备、通风系统，如管道、旋风分离器、锯末和粉尘的料斗等，应该进行防静电的接地处理。

（9）木工机床使用的动力源为非全封闭式的电动机时，在电动机上必须加装防火、防尘隔离罩。

四、作业场所的要求

（1）车间里运输锯材、原木、备料的通道应配备防止火灾蔓延的设施，如防火防烟挡板、自动防火门、水幕等，还应设置消除穿堂风的设施，如帘幕、门庭、门帘、走廊等。

（2）在车间内需要安全到达设备上方的工作岗位时，应安装带防护杆和楼梯的天桥，并且厂房和天桥通道应敷设防滑地面。

（3）凡使用刺激性的、有毒的以及易燃物质的工艺过程应在单独的厂房或厂房内专门隔出的地段上进行，并应配备个人防护用品和消防器材。

（4）要用盖板或栅格状防护板把地面以下的传送带盖上。金属盖板表面应防滑，栅格防护板的缝隙宽度不超过 30 mm。

（5）常用的人行通道上不应有设备和管线，其宽度应不小于 1 m。

（6）锯末和废料储槽应安放在厂房外。

（7）凡噪声级超过国家标准规定时，应在建筑、布局上采取降噪措施。

（8）工作岗位和通道不应被坯料、成品和废料所阻塞。应在车间内划出专门的场地或在地面上用颜色标出其范围来存放上述材料。

（9）厂房内使用电介质加热炉的木材干燥工段，其高频辐射电磁场应符合有关规定。

（10）厂房内凡对人员有危险的地段应设安全标志。

（11）采取有效措施降低机床的振动，以符合相关标准的要求。

（12）木工机械应配备局部通风和粉尘接收器。排风装置应安装在易于维修的地方。

第三节　木工机械安全防护装置

一、木工机械防护装置的基本类型

1. 防护罩

防护罩是机械设备最常使用的安全装置，它能够避免人体直接进入危险区而保护操作人员人身安全。防护罩能对可能造成的各种危险起到防护作用，除防止机械运转时的绞碾、挤压、夹伤、碰伤危险外，还能防止意外情况下转动部件脱落、崩裂等造成的飞溅物块对人的伤害。

2. 双手控制按钮

有些操作人员习惯于一只手放在按钮上准备启动机器，另一只手仍在工作台面上调整工件。为了避免上述情况，可采用双手控制按钮，即只有双手离开台面去按开关钮，机器才能启动，从而保证安全。

3. 感应控制器

当作业人员的身体部位（如手）经过感应区进入危险区时，感应区的感应器（红外线、超声波、光电信号等各种感应器）就会发出停止机器工作的命令，保护作业人员，以免受到意外伤害。

4. 示警装置

当作业人员接近危险区时，通过某种手段，示警装置就会发出声光信号以提醒作业人员注意。

5. 应急制动开关

在紧急状态下，停止机器设备的运转，以保证作业人员的安全。

 二、木工机械安全装置的配置原则

在设计时就应使木工机械具有完善的安全装置，包括安全防护装置、安全控制装置和安全报警信号装置等，其配置原则如下：

（1）按照有轮必有罩、有轴必有套和锯片有罩、锯条有套、刨（剪）切有挡、安全器送料的要求，对各种木工机械配置相应的安全防护装置，尤其徒手操作所接触的危险部位一定要有安全防护措施。

（2）对产生噪声、木粉尘或挥发性有害气体的机械设备，要配置与其机械运转相连接的消声、吸尘或通风装置，以消除或减轻职业危害。

（3）木工机械的刀轴与电源开关应有安全联锁装置，在装卸或更换刀具及维修时，能切断电源并将其保持在断开位置，以防误触电源开关或突然供电启动机械，造成人身伤害事故。

（4）针对木材加工作业中的木料反弹危险，应采用安全送料装置或设置分离刀、防反弹安全屏护装置，保障人身安全。

（5）在装设正常启动和停机操纵装置的同时，还应专门设置紧急停机的安全控制装置。

 三、木工机械的常见防护装置

木工机械加工对象是木材，由于木材具有不均匀性和各向异性，其性质和强度不同，切削刀具与木材纤维方向的夹角不同，故其切削应力和破坏载荷也不同。因此，在加工中会出现较复杂的机械和物理现象，如锯（刨）力不平衡、弹性变形、弯曲、开裂、起毛等。而且木工机械具有切削速度快、刀轴转速高、惯性大、制动困难和多为人力手工把持工件操作的特点，加之作业环境噪声超限等诱因，所以很容易发生切割手指等人身伤害事故。增设和改进设备的安全防护装置，提高木工机械的安全性能，是减少或杜绝人身伤害事故的有效途径，应予以足够的重视。

1. 锯机

锯机是以锯作为刀具，通过锯条、带锯做往复运动或圆盘锯做旋转运动，来锯割、剖分木料的一种设备。常见的锯机有圆锯机和带锯机，经常发生的事故有锯的切割伤害、锯条断裂弹射及木料飞出伤人等，可通过在锯割机上设置安全防护装置和正确操作，以防止这类事故的发生。

圆锯机的防护罩分为台底罩和台面罩。台底防护罩的作用是防止操作人员清理木屑时被锯片锯伤。台底防护罩通常是在锯片两边用钢板进行防护，两边距离以不超过150 mm为宜，其底边最少低于锯齿50 mm，结构相对简单。台面轻便型防护罩如图3—2所示，由有机玻璃罩体、支持架、分离刀和制动片等组成。工作时罩体能在支持架上摆动，以适应木料厚度的变化。罩内有加强肋，以增加罩体的抗振强度。通过有机玻璃罩可以清楚地看到木料的锯切情况。这种防护装置适用于精度要求高的板料锯切，如木工制品、层压板等。

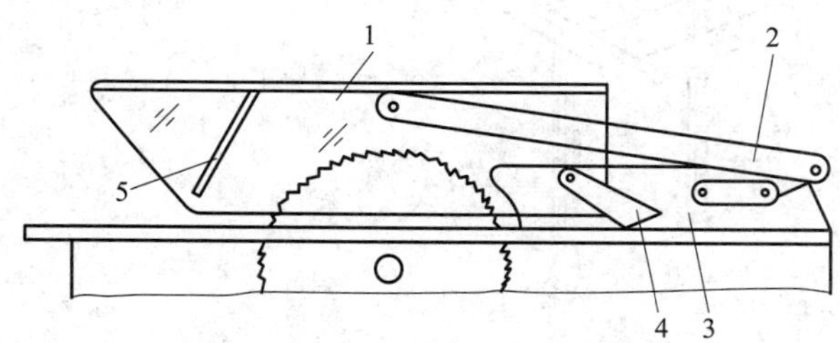

图3—2　轻便型防护罩

1—有机玻璃防护罩　2—支持架　3—分离刀　4—制动片　5—防护罩加强肋

在圆锯机下料时，为防止人手进入危险区，可使用图3—3a带确定长度限位器的木制辅助直尺。图3—3b利用折页打开90°角，就成为一个限位器。这种安全夹具是一种辅助的安全装置，可防止人手接触锯片。有时安全夹具与止逆器结合使用。

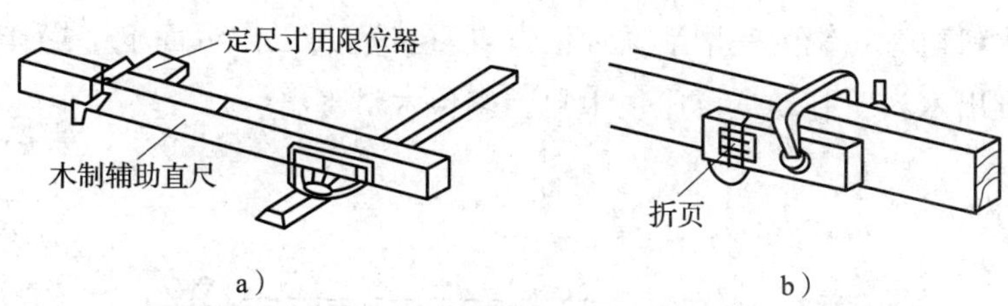

图3—3　带限位器的安全夹具

a）带确定长度限位器的木制辅助直尺　b）折页的应用

截锯机的作用主要是截断方材和板材，分为截锯机和吊截锯。常用的截锯机及其防护装置如图3—4所示，由分离刀、非工作时的锯片防护罩和固定防护罩等组成。工作时操作人员将锯片和上半部分防护罩一起提出，锯切板料。工作完毕，锯片推入锯片防护罩内将裸露的锯片罩住。

2. 平刨机

平刨机通过刨刀轴纵向旋转，并对横向进给的木料进行刨削来实现木材的平面加工。工作时，操作人员手工推压木料，手从高速运转的刀轴上方通过，当送料遇到木料弯曲、有节疤等不均匀材质，或者送进的木料较为短薄时，就容易造成工件回弹或手触及刀轴的伤人事故。因此，其安全装置主要是防护罩或防护片，用于阻止手与刀轴的接触。

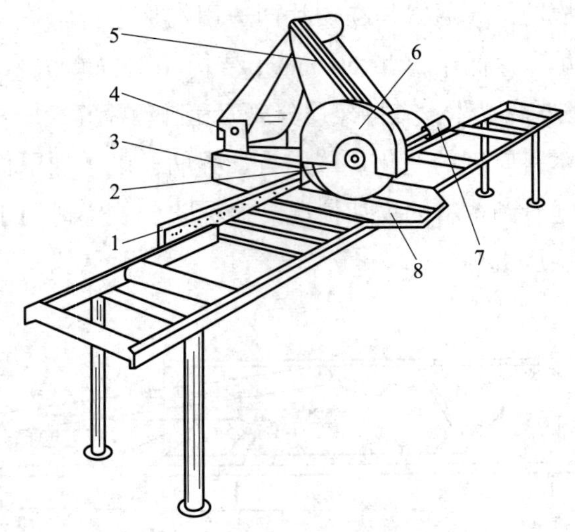

图 3—4　截锯机防护装置

1—挡板　2—分离刀　3—锯片防护罩　4—停止工作导定位挡　5—平衡杆　6—锯片上部固定防护罩　7—操纵手柄　8—工作台面

3. 木工铣床

（1）通用型铣床。通用型木工铣床防护装置由一片制动爪和三片扇形活动防护片组成，如图 3—5 所示。不工作时活动防护片遮住裸露的铣床刀具。铣削时加工木料抬起活动片，木料通过。铣削完毕活动片依靠自重又落到工作台面上。操作过程中遇到木料跳动或推出木料，制动爪可压住木料，避免木料飞出。

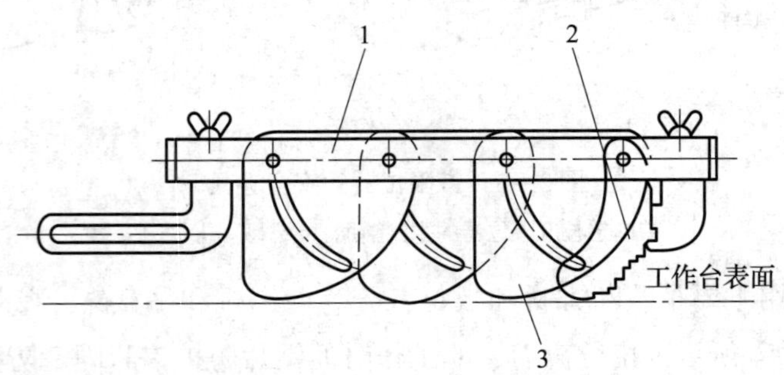

图 3—5　木工铣床防护装置

1—支架　2—制动爪　3—活动防护片

（2）加工圆锥形工件的铣床。该装置由机床上的防护罩和固定溜板上的护板组成，如图 3—6 所示。随着溜板缓慢移动，工件随着金属工作台向铣削工具方向移动，溜板和工作台移动的同时通过活动连接装置带动护板轻轻转动，打开铣削工具前方的工作室，开始加工工件。当溜板往回移动时，护板恢复原位，罩住铣削工具。护板铰接在溜板上，使溜板在加工外形比较复杂的工件时方便、灵活移动。圆锯形工件的加工往往要经过反复工作来完成。

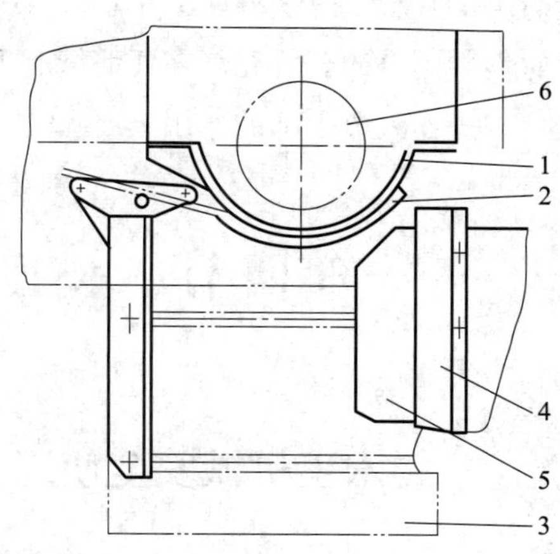

图 3—6　加工圆锥形铣床的防护装置

1—防护罩　2—护板　3—溜板

4—工件　5—工作台　6—铣削刀具

（3）加工曲线外形件的铣床。该装置主要由外罩、钳形护板和复原弹簧组成，如图 3—7 所示。工作时工件按着箭头Ⅰ所指的方向运动，其边缘 A 与小轮接触，使左右钳形护板转动，逐步打开铣削工具，开始沿径向加工工件曲线外形 B 的一部分，由于杠杆作用，右面钳形护板被转动，铣削工具打开更大，工件按箭头Ⅱ方向移动，工件外形 B 的另一部分也被加工。加工结束后防护装置借助弹簧作用按顺序恢复原位。

4. 木工钻床

木工钻床是用钻头（即木工刀具）在工件上加工通孔或盲孔的木工机床。木工钻床有卧式和立式、单轴和多轴之分，主要用于木料钻孔、加工圆榫孔和修补节疤等。立式单轴木工钻床与切削金属的立式钻床结构相似，钻头夹持在主轴下端的钻夹上，由电动机带动旋转，工件放在工作台上，可手动或自动进给。常用的木工钻床的防护装置如图 3—8 所示，主要由活动的套管和固定的套管壳组成。在用钻头加工浅孔时，

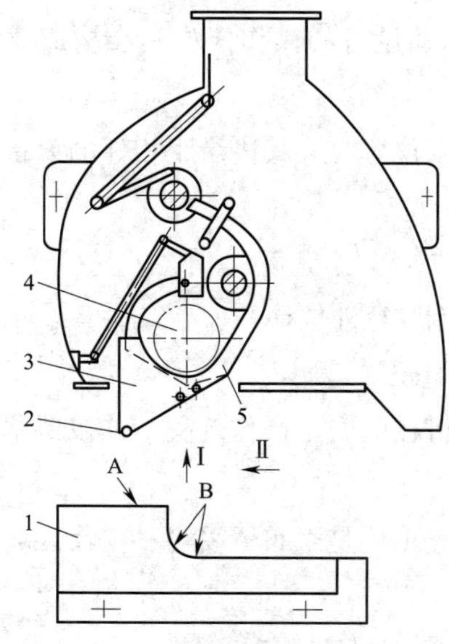

图 3—7　加工曲线外形件铣床的防护装置

1—工件　2—小轮　3、5—钳形护板

4—铣削刀具

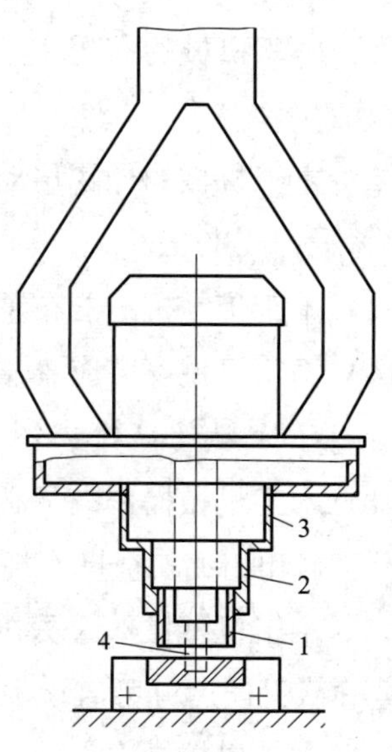

图 3—8　木工钻床防护装置

1—套管　2、3—套管壳　4—钻具

套管1沿套管2内壁滑动，并套入其中。在钻深孔或穿透孔时，套管1进入套管2，而后它们共同进入套管壳。在任何情况下，钻具（钻头或铣刀）可被全部防护起来，起到保护操作人员手部的作用。

第四节　木工机械安全使用和管理

一、木工机械安全使用

1. 木工机械的作业环境和条件

（1）木工机械使用场所的空气温度高于35℃时应采取防暑降温措施，空气温度低于12℃时应采取局部的防寒保暖措施。

（2）生产中产生大量粉尘时，应设置单机吸尘或集中吸尘设备。生产中产生有毒有害气体时，应设置抽吸并处理有毒有害气体的设备。

（3）木工机械使用场所工作空间的照明应达到国家标准《木工（材）车间安全生产通则》（GB 15606—2008）规定的最低照度值。

（4）木工机械使用场所的噪声超过90 dB（A）时，应采取降噪措施或个体防护措施。

2. 木工机械的平面布置和安装

（1）木工机械的布置应考虑生产活动对相邻设备的操作人员不会构成意外的伤害。

（2）木工机械的外露移动件的行程达到极限位置时，其边缘距相邻的设备和厂房构件不得小于800 mm。

（3）木工带锯机不能布置在电气走线的下方。

（4）木工机械安装应牢靠固定，以防止翻倒和意外位移。

3. 木工机械的操作安全

（1）木工机械操作人员必须严格遵守木工机械的安全操作规程，并按照木工机械使用说明书和相关安全操作规定使用木工机械。

（2）木工机械操作人员在工作前应仔细检查工位是否布置妥当、工作区域有无异物，经确认无误后方可启动木工机械。

（3）木工机械操作人员在工作前，应将机器空运转3～5 min。

（4）木工机械操作人员操作之前应检查被加工木材是否有钉子或其他硬物夹入。

（5）禁止加工胶合未完全干的木材。

（6）不准在木工机械运转中或已切断电源但仍在惯性运转时，将手伸到刀具刃部位进行取木材、清理机器、剔除木屑木块等操作。

（7）木工机械在启动和运行需要多人辅助或同时操作的辅助设备，在每天工作开始、换班启动及停机后重新启动时，应在机器启动前发启动信号。

（8）木工机械由多人操作时，必须使用多人操作按钮进行工作。

（9）木工机械在检修和刀具调整、拆换时，必须切断电源，在机器启动开关处挂告示牌，并用醒目字体标注“危险”“禁止启动”等字样。必要时，应有专人监护启动开关。

二、木工机械安全管理

1．运行安全

（1）木工机械在运行时应禁止非操作人员或非维修人员接触机器。

（2）不准拆除相关安全标准规定设置的安全防护装置。

（3）操作过程中，操作人员应注意木工机械的工作状态。发现机器出现异常情况，应立即停机检查并停机修理。

（4）在对木工机械进行维护、检查和修理过程中，发现机器存在可能导致人身事故的危险时，必须立即停机检查并排除故障。

2．检查和修理

（1）使用中的木工机械应定期进行安全检查。经过检查的木工机械，应在机器明显处设置检查状态标志，并标明检查日期。

（2）木工机械定期的安全检查应由经过相应培训的检查人员进行。检查中若发现异常情况，应立即停机修理。应保存定期安全检查和修理记录。

3．安全管理人员

应任命安全管理人员，无论其在其他方面的职责如何，应确保：

（1）安全管理人员应经过相应的培训。

（2）安全管理人员应定期对木工机械安全使用情况进行检查。

（3）安全管理人员具有下列职责：

1）检查和督促《木工机械　安全使用要求》（AQ 7005—2008）的实施。

2）检查木工机械的安全使用。

3）制止违反安全规程和安全守则的操作。

4）向安全生产监督管理部门报告事故。

复习思考题

1. 木工机械加工中的危险、有害因素有哪些？
2. 木工带锯机及锯条的安全要求是什么？
3. 木工机械防护装置的基本类型包括哪些，它们的作用分别是什么？
4. 木工机械的安全管理措施有哪些？

第四章
压力加工机械安全技术

本章学习目标

1. 了解并识别压力加工的危险因素。
2. 掌握压力加工的工作原理及其安全技术。
3. 了解压力加工的安全管理。

第一节　压力加工的危险、有害因素

一、压力加工工艺概述

压力加工是机械制造的基础加工工艺之一，在工业生产中占有重要地位。压力加工工艺也称锻压工艺，即利用压力机和模具，使金属及其他材料在局部和整体上产生永久变形。压力加工涉及的范围很广，包括弯曲、膨胀、拉伸等方式的成形加工，挤压、穿孔、锻造等方式的体积成形加工，冲裁等分离加工，以及成形结合、锻接和压接等组合加工，是一种少切削或无切削的加工工艺。其中，在常温下对板材实现压力加工的工艺称“冷冲压”或者“板材冲压”。压力加工效率高、质量好、成本低，广泛应用在汽车、电气和航天航空等生产部门。越来越多的生产企业采用锻压工艺取代机械切削加工工艺，使锻压机械在机床中的比例增大，其中，以曲柄压力机的数量和品种最多。压力机（包括剪切机）是危险性较大的机械，通常被称为“老虎机”，操作人员手指被切断的事故多发，压力加工人员的人身安全长期受到事故伤害威胁，压力加工安全问题比较突出，需要下大力气解决。

二、压力加工的危险、有害因素分析

从安全卫生角度看，压力加工的危险、有害因素主要是噪声和振动以及机械伤害

对操作人员的伤害，其中以噪声和机械伤害的危险性最大。

1. 噪声危害

压力机是高噪声工业机械之一。其噪声主要是机械噪声，来源于各传动零部件的摩擦、冲击、振动，离合器结合时的撞击，还包括工件被冲压时的噪声、工件及边角余料撞击地面或料箱的噪声等。目前比较切实可行的保护措施，一是给传动系统加防护罩，可使噪声级下降5～8 dB，二是作业人员佩戴听力护具，如耳塞、耳罩等耳部防护用品，可以大大减少噪声对听觉的伤害。

2. 机械振动

机械振动主要来自冲压工件的冲击作用，尤其是手持工件操作时，手和手臂受振动影响更大。人体受振动影响表现在心理上和生理上，长时间处于振动环境中，人就会感觉不舒服，甚至厌烦，注意力难于集中，操作动作的准确性下降。冲击振动还会导致设备的材料疲劳、连接松动，并使周围其他设备的精度降低。

3. 机械伤害

压力机在冲压作业中，使人员受到的挤压、剪切伤害事件称为冲压事故。冲压事故发生频率高、后果严重，是压力加工中最严重的危害。机械伤害还包括与其他运动部件的接触伤害、冲压工件的飞击伤害等。统计数字表明，冲压事故绝大多数发生在冲压作业的操作过程中。其中，因送取料而发生的事故约占38%，由于校正定位不当的加工工件而发生的事故约占20%，清除模具表面废料、残渣及其他异物而造成的事故占14%，多人操作不协调或者模具安装调整操作不当而造成的事故占21%，因机械故障引起的事故占7%。受伤部位多发生在手部（右手居多），其次是面部和脚，很少发生在其他部位。从后果看，死亡事件少，而永久残废和局部残废率高，给受伤人员造成很大痛苦。

三、冲压伤害事故的原因分析

造成冲压伤害事故的根本原因是缺乏必要的防护装置和设施，没有对手入模具区作业的危险工序实行有效的劳动保护。造成冲压伤害事故的技术原因主要是操作人员的动作与机床的运动失调。

1. 冲压机械作业中的危险、有害因素

根据发生事故的原因分析，主要有以下几个方面：

（1）设备结构。绝大部分冲压设备采用的是刚性离合器。凸轮机构使离合器结合或脱落，一旦结合运行，就一定要完成一个全循环才会停止，假如在循环过程中手不能及时从模具中抽出，就必然会发生伤手事故。

（2）模具。模具是整个系统能量集中释放的部位，担负着使工件加工成形的主要任务。在操作时手要直接或经常性地伸进模具才能完成作业，如果模具设计不合理，或有缺陷，没有考虑到作业人员在使用时的安全，就增加了受伤的可能。有缺陷的模具则可能因磨损、变形或损坏等原因在正常运行条件下发生意外而导致事故。

（3）动作失控。设备在运行中经常会受到强烈冲击和振动，使一些零部件变形、磨损以至碎裂，引起安全装置、操作机构甚至设备动作失控而发生危险，例如，开关失灵；操作机构失灵，发生意外连冲；安全装置失灵使制动器不制动等。

（4）带病运行。使用带病运行的设备极易发生事故。

（5）生产过程中的危害物质也会带来危险。

（6）机械性伤害。主要是设备的危险部位对人体造成的伤害，如剪切机刀片将操作人员割伤、齿轮或传动机构将操作人员铰伤等。

（7）作业环境。作业环境中的危险因素如器具和材料摆放无序，场地拥挤、混乱或人为的原因，将会造成作业人员的操作动作无规则，引起手脚配合失调而出现操作失误或其他意外。设备布局不合理、座位不稳、高度不当会使操作人员操作时重心不稳，动作不灵活，易于疲劳或身体失衡而发生意外。当材料和工件不能及时传送，废料没有及时清理，物品可能因堆放过多而倒塌，甚至可能碰触冲床开关导致冲床误动作。车间里的振动和噪声、作业信号及其他工种的作业干扰等，对冲压作业人员的安全操作都有明显的影响，易引发冲压事故。

（8）作业行为包括以下内容：

1）不良的心理、生理状态和性格特点。不良的心理状态表现为情绪不稳、心理疲劳，作业人员可能因此而产生一些下意识行为，也可能表现为心理紧张、精力不集中、责任心不强。不良的生理状态则直接表现为生理缺陷，如视力、听力不佳及其他功能失常等，会使作业人员在工作中判断失误或动作失调。无论是马虎愚钝还是急躁轻浮等不良的性格特点，表现在作业行为上都有一定的危险。

2）不安全行为。操作方法不当、操作准备不充分、操作姿势不正确、动作不协调、作业位置不安全、工具和防护用品使用不当等均会引起伤害事故。例如，当操作人员在思想不集中、动作不协调或工件在磨具中未放正而进行调整时，冲头正好下落，将造成伤指事故。操作方法不当等使工具或冲模崩碎，工件被挤飞，将造成伤人事故。专用工具不合适，工艺安排不合理，模具起重、安装拆卸时造成挤伤、砸伤。当误操作使液压元件超负荷作业或压力超过工作所允许的最大值，液压元件就会破裂，导致高压介质在瞬间喷射冲出而造成伤害。

2. 冲压生产中易发生的失误动作

（1）需要多人操作的联合作业，如果在操作前没有指定主操作人员或操作指挥人员，在作业时若配合不当，动作不协调，就有可能造成混乱，使操作人员受伤。

（2）用手工送料或取件时，所进行的简单、频繁的操作，特别是采用脚踏开关的情况，容易引起精神疲劳，易发生失误动作。由于设备速度快，操作人员体力消耗大，越接近下班时，身体越疲劳，越易出现失误动作。

（3）冲压机械本身故障，如离合器失灵而发生连冲，调整模具时滑块突然自动下滑，传动系统防护罩意外脱落，敞开式脚踏开关被误踏等，均易造成意外事故。

3．冲压作业方式对安全的影响

冲压作业包括送料、定料、操纵设备、出件、清理废料、工作点的布置等操作动作。这些动作互相联系，对作业的效率、制件的质量和人身安全都有直接影响。

4．安全生产措施

（1）模具设计以便于送料和取件为主要依据，尽量做到在滑块上升的短暂期间内，完成送料和取件工作，而在滑块下行时将手或其他工具尽快撤离模具闭合区。应设计安全化模具，缩小模口危险区的范围。

（2）加强冲压机械的定期检修，严禁带“病”运转。

（3）提高送取料冲压过程的机械化与自动化水平，以代替人工送取料。

（4）在操作区安装可靠的安全防护装置，以最大限度地减少冲压机械的不安全因素。必须设置的安全装置有机械防护装置、自动保护装置和安全启动装置。

1）机械防护装置。在滑块的下行程期间，为保证安全生产，设法将操作人员的手与危险区隔开或用强制的方法将操作人员的手拉出危险区。这类防护装置包括防护板、推手式保护装置和拉手安全装置。机械式防护装置结构简单、制造方便，但对作业干扰影响大。

2）自动保护装置。该类装置是在冲模危险区周围设置光束、气流和电场等，一旦手进入危险区，通过光、电、气控制，使压力机自动停止工作。目前常用的自动保护装置是光电式保护装置，其原理是在危险区设置发光器和受光器，形成一束或多束光线。当操作人员的手误入危险区时，光束受阻，光信号通过光电管转换成电信号，电信号放大后与启动控制线路闭锁，使冲压机滑块立即停止工作，从而起保护作用。

3）安全启动装置。其作用是当操作人员的肢体进入危险区域时，滑块不能下行，或者冲压机的离合器不能合上，只有当操作人员的手完全退出危险区后，冲压机才能启动工作。这种装置包括双按钮结合装置和双手柄结合装置。其原理是在操作时，操作人员必须用双手同时启动开关，冲压机才能接通电源开始工作，从而保证安全。

第二节　压力加工机械的安全技术

一、曲柄压力机及其构造

压力机的种类很多，根据传动方式、结构形式以及产生压力的方式等可分为不同类型。按传动方式不同，可分为机械传动、液压传动、电磁及气力压力机。根据产生压力的方法不同，机械压力机又分为摩擦压力机和曲柄压力机，其中机械传动的曲柄压力机使用量最大，是我国最基本、最常用的压力机械。

开式曲轴式曲柄压力机的结构如图4—1所示。电动机带动传动系统，将动力传到曲轴，曲轴右端的带轮同时又是飞轮。连杆一端与曲拐轴连接，另一端与滑块铰接，将曲轴的旋转运动转变为滑块的往复直线运动。上模装在滑块上，下模固定在垫板上，滑块带动上模相对下模运动，对放在上、下模之间的材料实现冲压。在电机不切断电源的情况下，滑块的动与停，是通过离合器、制动器和脚踏控制器来实现的。在制动器打开的情况下，踏下脚踏板开关，离合器结合，将传动系统和工作机构接通，滑块运动。当需要滑块停止运动时，离合器分离，将传动系统与工作机构脱开，并由制动器将曲轴的惯性有效地制动住，滑块停在需要的位置上。

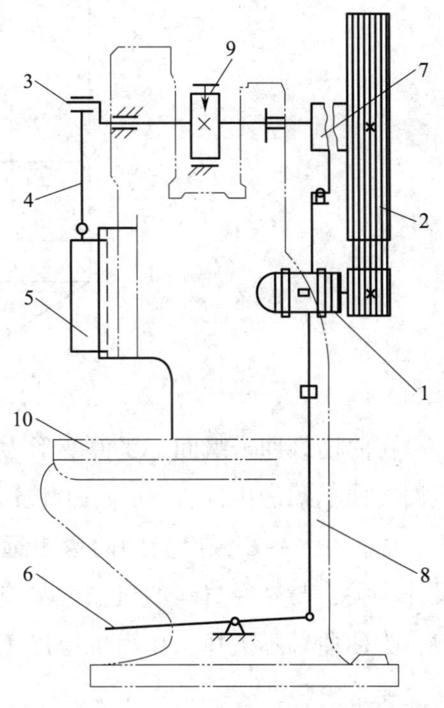

图4—1　开式曲轴式曲柄压力机的结构

1—电动机　2—飞轮　3—曲轴　4—连杆　5—滑块　6—脚踏控制器　7—离合器　8—机身　9—制动器　10—工作台

曲柄压力机一般由以下几个部分组成：

（1）机身。机身主要由床身、底座和工作台组成。工作台上的垫板用来安装固定下模。

（2）动力传动系统。动力传动系统包括电机、传动装置（齿轮传动或带传动）以及飞轮，其中电机和飞轮又是动力部件。

（3）工作机构。即曲柄连杆机构，其作用是将电机的旋转运动变成滑块的往复运动。

（4）操作系统。操作系统包括离合器、制动器和操纵机构。离合器既是保证压力机正常工作的传动部件，又是保证作业的安全装置。

曲柄压力机的主要参数有公称压力、滑块

行程、封闭高度、装模高度、滑块行程次数等。

二、曲柄滑块机构的安全

1．曲轴的结构与受力

曲轴是压力机最主要的部分，其强度决定压力机冲压能力，曲轴的破坏不仅影响生产，而且可能引发事故。

曲轴的主要结构如图 4—2 所示，由支承颈、曲轴颈和曲轴组成。在曲轴滑块机构的一个工作循环中，从支承颈一端的齿轮输入扭矩，曲轴旋转，与曲柄的连杆边摆动边直线运动，将扭矩转化为滑块的冲击力。

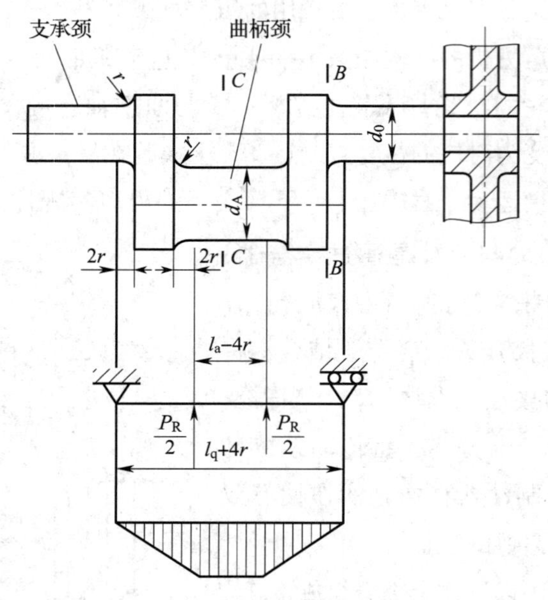

图 4—2　曲轴的结构

在曲柄颈冲击瞬间，工件变形力通过滑块和连杆作业在曲柄颈上，曲柄的危险截面在曲柄颈的中部 C—C 截面和支承颈的根部 B—B 截面，受弯矩和扭矩的联合作用，曲柄颈 C—C 截面受到的弯矩远大于扭矩，忽略扭矩影响，曲轴的强度与几何尺寸有关，与轴径材料的机械性能有关。而曲轴的扭矩受曲柄转角的影响。综合考虑，为使曲轴不破坏，压力机得以正常工作，就必须同时满足曲柄颈和支承颈曲轴强度要求。

2．压力机的安全负荷图和安全工作区

压力机安全负荷图表示压力机允许承受的工件变形力与曲轴转角的关系，如图 4—3 所示。由图中可见，当转角小于某一范围时，压力由曲轴曲柄颈强度决定，为一常量，其强度线为一直线。当转角大于某一范围时，压力由曲柄支承颈强度限制，是曲柄转角的函数，为一曲线。压力机允许承受的工作变形力，即由曲轴的曲柄颈和支承颈的强度所限制。

压力机产生的压力受曲柄强度的限制，而曲轴的扭矩受曲柄转角的影响，转角增大，扭矩增大，则曲轴的应力也随之增大。若使曲轴应力不超过安全限度，关键是当滑块与工件发生作业的时刻，限定曲轴转角在较小的角度范围内。

压力机工作的安全区，是指由曲轴支承颈强度曲线、曲轴颈强度曲线与两坐标轴围成的区域。使用压力机时，应严格注意压力机所承受的压力和工作角度不超过安全区。如图4—3所示，在 α_1 转角下则安全，在 α_2 下则不安全。用通用压力机进行挤压工艺或复合模进行冲压时，尤其要注意这个问题。

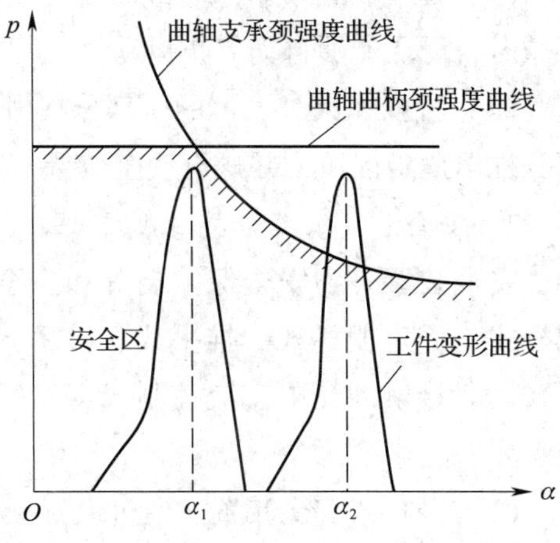

图4—3　压力机安全负荷图

三、过载保护装置

压力机工作过程中，可能由于材料、模具、设备、操作等问题出现超载；由于滑块和上模的自重导致下降速度过快，对零件产生撞击；可能会出现超载或由于制动器失灵、连杆折断，导致滑块坠落而引发事故。为此，应在压力机上采用一些保护性技术措施。常见的过载保护装置有压塌式、液压式和电子检测式。

压塌式过载保护装置是根据破坏式保护原理，在传动链中人为制造一个机械薄弱环节。当发生超载时，这个薄弱环节首先破坏，切断传动线路，使动力不能继续输入，后续机构运动停止，从而保护后续主要受力件不遭受破坏。

四、压力机作业区的安全防护装置

压力机作业区的安全防护装置，是防止操作人员在上、下模间进行生产时，发生压力加工伤害事故的重要措施。

1. 作业区安全防护装置的性能

压力机作业危险区的安全防护装置应该具备以下性能：

（1）机械起动前，当操作人员身体的一部分在压力机滑块危险区域时，滑块不能进行工作。当滑块开始工作后，如果操作人员身体的一部分进入滑块危险区时，也不能发生伤害事故。

（2）当操作人员按压按钮或操作杆起动压力滑块后，立即将手伸进危险区域时，滑块应该能够迅速自动停止运动。当用双手操作按钮起动滑块后，手随即离开按钮伸向危险区时，在手伸到危险区域前滑块应当已经到达下死点，或者已自下死点进行返回上死点的运动。

(3) 压力机滑块在下行或上下往复运动中，如果操作人员身体的一部分接近危险区域时，滑块能够自动停止运动。

(4) 当操作人员身体的一部分在滑块危险区域时，随着滑块运动能够把身体的一部分推出危险区域，并送至安全位置。

2. 安全防护装置分类

安全装置分为安全保护装置和安全保护控制装置两类。安全保护装置包括活动栅栏式、固定栅栏式、推手式、拉手式、翻板式等。安全保护控制装置包括双手操作式、非接触即光电感应控制式等。每台压力机一般都应配置一种或一种以上的安全装置。

(1) 栅栏式安全装置。通过设置栅栏（或透明隔板）实体障碍，将人与危险区隔离，确保人体任何部位无法进入危险区，保护一切有可能进入危险区的人员。栅栏式安全装置分为固定栅栏式安全装置和活动栅栏式安全装置两种。

1）固定栅栏式安全装置。固定栅栏式安全装置是将防护栅栏牢固地固定在压力机滑块危险区域周围，在滑块进行行程循环时，防止操作人员身体的一部分在任何时间从任何位置伸进危险区，以防止伤害事故。装置与离合器控制装置联锁，打开或拆除栅栏后，压力机滑块便不能运动。如果在滑块运行中把栅栏打开或拆除，滑块能迅速停止运动。由于固定式栅栏没有可动部分，且安装调整简单，所以不仅适用于小批量手工出料的压力加工，还多用于条（带）料大批量的专业化压力加工或生产线。

2）活动栅栏式安全装置。活动栅栏式安全装置适用于手工送料的压力机。在栅栏前面设一个活动体（门），通过机械方法（如铰链、滑道）与压力机的机架或邻近的固定元件连接，关闭活动体的动力来自压力机的滑块或连杆。活动体的状态应与离合器的控制线路联锁，使滑块下行程期间，活动体关闭不能随便打开，与栅栏形成一体来实现保护。在滑块回程期间，可打开活动体以方便操作。活动体未关闭好，滑块就不能运动。滑块处于向下运动的状态，活动体无法打开。联锁装置须采用有效的保护措施，防止人体或胚料等物与之接触而发生误动作。

活动式防护栏罩如图 4—4 所示。当料坯被送入模具后，用手拉下有机玻璃防护板，使其落到工作台面上，触动电压微动开关，接通起动器，滑块遂下行工作。当滑块返回时，上提钩钩住提拉扣，带动防护板上升。如果操作工作台的手未脱离危险区，则将阻碍防护板下落到工作台面，微动开关不接通，滑块仍停留在上死点。这种防护栏罩能随滑块自动上升，故不影响操作和生产率。

（2）双手操作式安全装置。双手操作式安全装置是指操作人员双手同时操作按钮或两个操作杆等，使滑块起动，完成一个行程循环。这类保护装置的保护原理是，将滑块的下行程运动与对双手动作的限制联系起来，即强制操作人员必须双手同时启动按压操作器，离合器才结合，滑块向下运动。如果操作人员有一只手离开（或者都离开），在伸入危险区之前，滑块停止下行或超过下死点，保护双手不受伤害。此类安全装置有双手按钮式安全装置、双手按钮电磁铁式安全装置、双手柄式安全装置。

（3）拉手式安全装置。以滑块或连杆为动力源，在滑块下行期间，用绳索和杠杆的联合作用将操作人员的手从危险区拉出来。拉手式安全装置如图 4—5 所示，由杠杆系统、滑块、手腕带和钢丝绳拉索等组成。

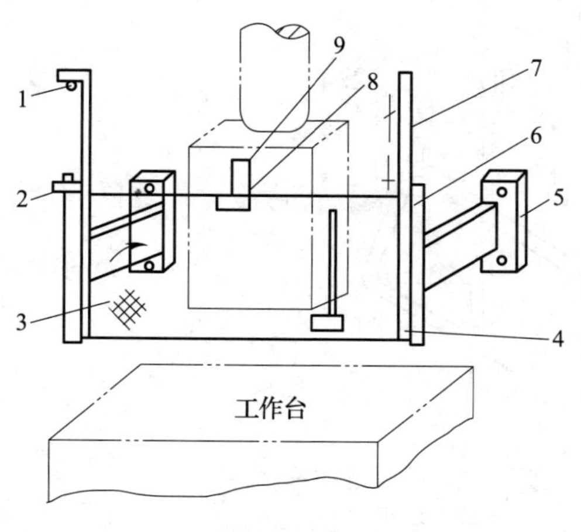

图 4—4　活动式防护栏罩

1—触点　2—微动开关　3—有机玻璃板
4、7—滑框　5—座架　6—导轨
8—提拉扣　9—上提钩

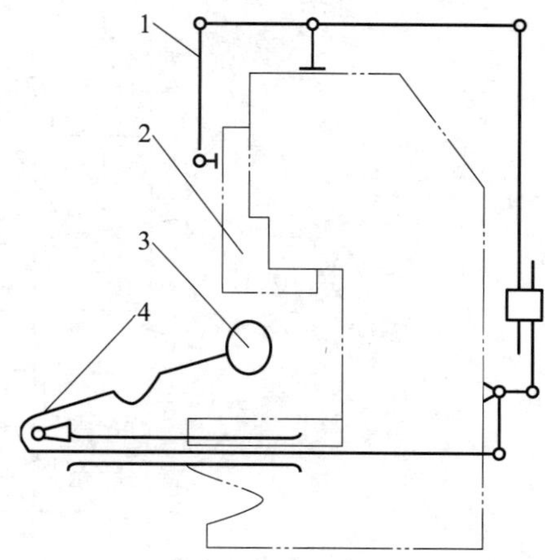

图 4—5　拉手式安全装置

1—杠杆系统　2—滑块　3—手腕带
4—钢丝绳拉索

这类安全装置适用于小吨位压力机。对拉手式安全装置的安全技术要求如下：

1）性能可靠，拉索应有足够的强度。装置用钢丝绳应符合相关规定。各部件之间以及各部件与机架的固定连接要牢固可靠，杠杆和滑轮动作灵活，滑轮和各铰接处不得卡塞。

2）手腕带应舒适、柔软，以尼龙等材料编织成适宜的形状，在拉手绳受力拉紧时，手腕带不能把手拉伤，也不得从手腕上拉脱。手腕带与拉索的连接应方便可靠，容易卸下，连接处应能承受足够的拉力。

3）拉索应能调节，其拉引量应为模具进深的 1/2 以上。松弛量应在滑块到达上死点时，使戴手腕带的手能摸到头和小腿，保证手的活动范围，以利于操作；滑块下行时，应能切实把操作人员的手拉出危险区。

4）原则上在多人操作的压力机上，每人都应具备单独的一套安全装置，操作人员双手都应采用。

（4）推（拨）手式安全装置。拨手式安全装置如图4—6所示，由复位弹簧、滑块压轮、压杆和拨手杆组成，压杆和拨手杆与滑块的滑道固定铰接，复位弹簧与压杆的一端相连接。滑块在下行程时，压轮向下滚压压杆，带动拨手杆从左至右扫过危险区，安装在拨手杆端的拨手器把操作人员的手推开，同时将复位弹簧拉长。当滑块回程运动时，压轮随滑块向上运动，解除对压杆的压力，在复位弹簧拉力作用下，拨手杆绕铰接点向左恢复到原始位置，在此期间操作人员可以伸手进入模口区操作。拨手式安全装置分为外拨式和侧拨式，其作用原理相似，仅拨动方向不同。

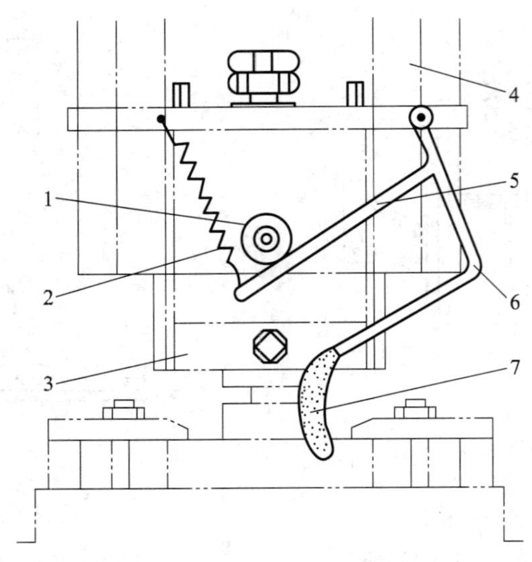

图4—6　拨手式安全装置

1—压轮　2—复位弹簧　3—滑块　4—滑道　5—压杆　6—拨手杆　7—拨手器

这类装置应符合以下安全技术要求：

1）拨手器应采用透明且不易碎的材料制成，拨手器与手接触侧应加软材料，如橡胶、软塑料等，防止把人手击伤。

2）为满足不同加工需求，拨手杆的左右摆动幅度和长度应能灵活可靠地调节。

（5）检测式安全装置。检测式安全装置是一种安全性能好、灵敏度高的压力机安全装置，有光线式和人体感应式两种。其工作原理是制造一个保护幕（光幕或感应幕），或将压力机的危险区包围起来，或设在通往危险区的必经之路上，只要人体某个部位进入危险区（或接近危险区），同时就破坏了保护幕的完整性，受阻信号立刻被装置检测出来，从而切断控制回路，使滑块停止运动，避免人身伤害事故。

1）光线式安全装置。一般在压力机上设置投光器和接收器，形成光幕，将危险区包围起来，其结构如图4—7所示。当人体进入危险区时，光线受阻，光信号转变为电信号并放大，由于安全装置的线路与滑块运行控制电路联锁，所以电路被切断后，滑块停止运行或不能启动，起到保护作用。

2）人体感应式。人体感应式中使用最多的是电容感应式安全装置，如图 4—8 所示。电容感应器一般由振荡器和放大器组成，其敏感元件对地面构成有一定电容量的电容，一旦手进入或停留在危险区，电容量随之改变，使振荡器的振幅立即减弱或停止振荡，经过放大电路控制继电器触点动作而使压力机停机。电容感应式安全装置结构简单，防护范围广，不影响操作视线，安全方便。

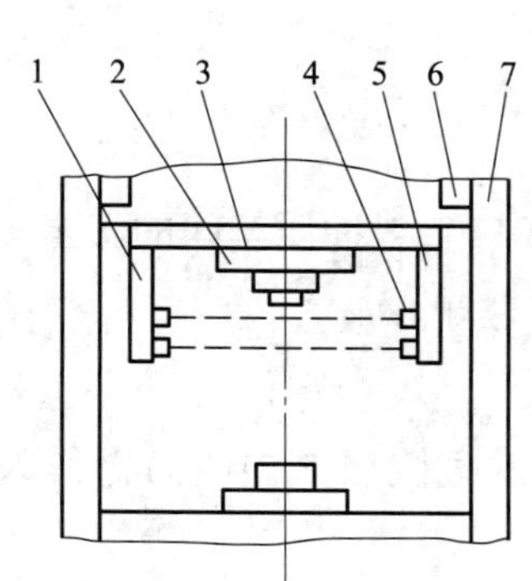

图 4—7　光线式安全装置

1—投光器　2—上模　3—下模　4—接收器

5—支架　6—滑块　7—机身

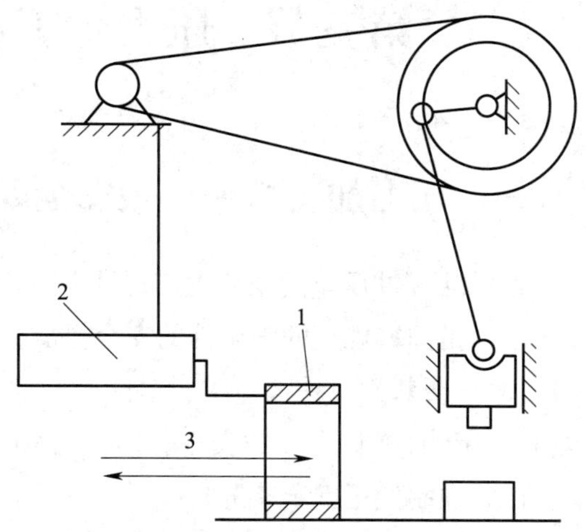

图 4—8　电容感应式安全装置

1—敏感元件　2—控制器　3—操作空间

检测式安全装置必须有可靠的技术措施以实现以下功能：

1）保护范围。保护幕必须是由保护长度和保护高度构成的矩形保护范围，将危险区围住。不得采用三角形和梯形，以免出现漏保护区。

2）自保护功能。在保护幕被破坏、滑块停止运动后，即使人体撤出，保护幕恢复完整，滑块也不能立即恢复运行，必须按动“恢复”按钮，滑块才能再次启动。

3）不保护区功能。滑块回程期间，装置不起作用，在此期间即使保护幕被破坏，滑块也不会停止运行，以便于操作人员的手出入模口区操作。

4）自检功能。当安全装置自身出现任何故障时，应能立即发出信号，使滑块处于停止状态，并在故障排除以前不能再启动。

5）响应时间。响应时间是指从保护幕被破坏到安全装置的输出接点断开压力机控制线路的时间，这是标志装置安全性能的主要指标之一，响应时间不得超过 0.02 s。

6）安全距离。安全距离是指保护幕到模口危险区的最短距离。压力机离合器的结构形式不同，安全距离的计算公式也不同。

7）抗干扰性。应考虑安全装置对周围环境的适应范围（包括海拔高度、环境温度、空气相对湿度以及光照等），若超出范围，装置的灵敏性、可靠性都无法保证，反而是不安全的。光线式安全装置应具有抗光线干扰的可靠性，在小于 100 W 的照明条件下，装置应能正常可靠地工作。

检测式安全装置属于电子产品，精密度较高，它的生产必须有主管部门的监督，并经国家指定的技术检验部门按有关的安全标准鉴定，取得许可证后，才能生产。

第三节　压力加工机械的安全管理

一、压力加工机械一般安全要求

国家标准《冲压车间安全生产通则》（GB 8176—2012）对冲压车间的安全提出了具体要求，是国家规定的强制性的安全标准，必须严格遵守。

1. 对安全装置的要求

（1）为保证操作人员的安全，工厂必须在压力机的危险区域内，为操作人员选择、提供并强制使用安全装置。

（2）压力机上所用防护罩和防护栅栏，应用透明材料制造。若用金属材料制造，应具有垂直透明孔，如采用铁丝编织网或拉伸网片，不允许采用菱形斜孔状的透明孔。

（3）必须有足够的强度，有良好的可见度，并便于维修和检查。

（4）紧固装置必须可靠，应将其紧固于压力机的适当位置上。只有使用专用工具和在足够外力的作用下，方能拆卸。

（5）压力机滑块或其他运动部件之间至少应保持 25 mm 的间距，不应出现夹紧点。

（6）防护围栏和防护罩在压力机上的安装位置必须满足图 4—9 所示的尺寸要求。安全装置的开口尺寸越大，则安全装置离危险区域线的距离越远。例如，安全装置的开口尺寸 A 是 30 mm，则安全装置应安装在距离危险区域线 B190 mm 以外的地方。图中纵坐标表示安全装置的开口尺寸，横坐标表示安全装置与危险区域线的安装距离。

2. 对作业环境的要求

工厂车间的照明、温度和噪声应符合卫生要求，即应为操作人员创造和提供生理和心理上的良好作业环境。

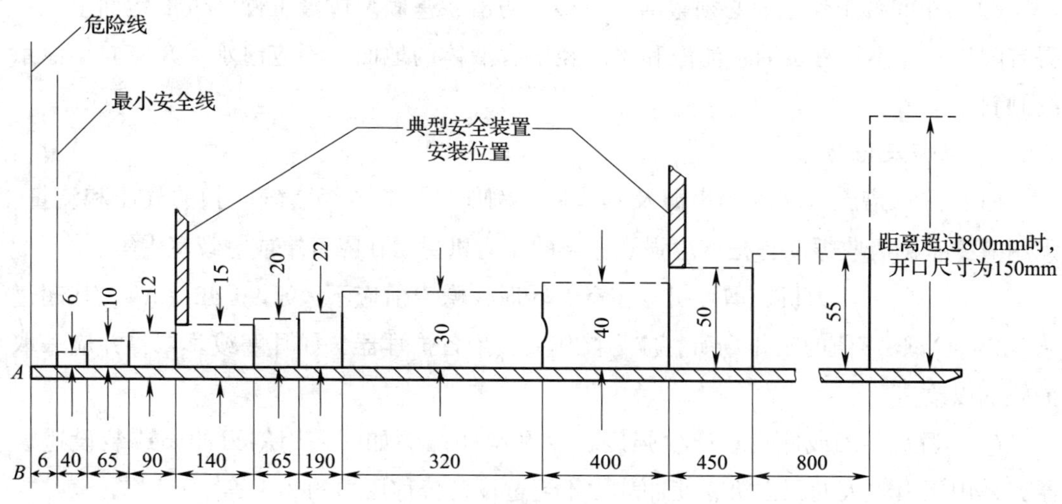

图 4—9　防护罩或防护围栏的安装位置

（1）温度。一般室内工作地点的冬季空气温度不得低于 15℃，夏季空气温度不得高于 32℃。当高于 32℃时，工厂应采取有效的降温措施。当高于 35℃时，工厂应有确保安全的措施才能让压力机操作人员继续工作。

（2）照明。车间工作空间应有良好的光照度，一般工作面的光照度不应低于 50 lx，其他各工作面的最低光照度见表 4—1。

表 4—1　　　　冲压车间光照度

工作面和工作点	光照度（lx）
剪切机的工作台面，水平光照度	75
压力机上的下模，水平光照度	75
压力机上的上模，垂直光照度	75
压力机控制按钮，垂直光照度	50
压力机启动踏板，水平光照度	20
车间内仓库的地面光照度	20

1）在室内照度不足的情况下，应采用不高于 36 V 的安全电压局部照明加以补充。

2）采用人工照明时，应防止产生频闪效应，并不得干扰光电保护装置，除安全灯和指示灯外，不应采用有色光源照明。

3）采用天然光照时，不允许太阳光直射工作面。

3．工作地面

（1）压力机基础应有液体储存器，用于收集由管路泄漏的液体。储存器可以专门制作，也可以与基础部连成一体，形成坑或槽。为方便排除废液，储存器底部应有一定坡度。

（2）车间各工作地面必须整洁、平整、防滑、坚固。放置工件附近的地面上，不得有障碍物，不得有黄油、油液和水。经常有液体的地面，不应渗水，并应向排泄系统倾斜。

4．噪声及振动

（1）采取措施以减少噪声源及其传播。例如，控制压缩空气吹扫的气压和流量，采用减振基础吸收振动，把产生强烈噪声的压力机封闭在隔音罩或隔音室中等。

（2）车间内压力机、剪切机等在空运转时，噪声值应不大于 90 dB（A）。凡超过 90 dB（A）噪声值的工作场所，应为操作人员配备护耳器，如耳塞或耳罩，并应采取措施加以改造。

（3）避免剪切或冲裁时产生强度振动和噪声。例如，采用斜刃冲模或装设避震器；采用压力较大的压力机，使冲裁力不超过设备公称压力的 2/3 等。

 二、压力加工机械操作安全要求

在操作时必须遵守以下规程，以防止各种冲压机械伤害事故的发生。

1．工作前

（1）冲压工必须接受安全操作技术培训，经考试和考核合格后才能上岗独立工作。

（2）冲压工只准在指定的压力机上工作。

（3）穿戴好工作服，头发拢入帽内，袖口扎紧，上衣塞入裤内。

（4）把工作地点上的一切边料、成品及材料移开，整理工作地点，检查照明和工作地点使其适合工作。

（5）仔细检查冲模并收拾干净压力机上的一切多余物件。

（6）要把压力机上的一切防护装置及防护罩放妥并校正。

（7）只有确认离合器在不工作的分离位置后，才能接通电机。

（8）按规定润滑压力机。

（9）在开动压力机前，必须检查压力机及模具是否正常、压力机上面是否有检修人员，确认无误后才能开车试运转。检查压力机离合器、脚踏板、拉杆和制动器按钮是否灵活好用。特别要检查刹车系统是否可靠，确认正确后方可生产。

2．工作时

（1）工作时要精神集中，不准说笑、打闹、吸烟和打瞌睡等。为避免滑块下行时，手误放入冲模内，要注意滑块运行方向。

（2）在生产运行中，听到压力机开始反复冲落并有不正常的敲击声、发现废品、坯料开始咬在冲模上、灯光熄灭等情况时，要停止工作并报告工长。

（3）按照工艺规程或工艺指定的规范操作，不准闸住操作机构，没有保护措施不准连车生产，严禁用楔嵌入脚踏开关、按钮和拉杆里。

（4）坯料放置在冲模上，且用来放置或取出零件的手工工具离开冲模以后，才可把脚放在踏板上。

（5）暂时离开、由于停电而电动机停止或发现压力机工作有不正常现象等情况下，要停车并把踏板移到空挡或锁住踏板。

（6）按工长指示，随时使用适当的用具往坯料上涂油并往导板及冲模上加油。

（7）压力机每次接合，更换工件时，要把手移开杠杆或把脚从踏板上移开。

（8）不准拆除任何防护罩和安全装置，当它们不适用时，须向上级报告。

（9）看管多轴压力机时，在连杆停在上极限点之前，不准将工件移开。

（10）压力机工作地点物品摆放有序。材料、坯料和成品都要放在规定的地方，禁止乱扔和阻塞通道。

（11）为避免损坏压力机，禁止在冲模上放双层坯料。

（12）注意勿使材料和零件触及电线。

3. 工作结束时

（1）关掉电动机，直到压力机全部停车。

（2）把压力机交给接班人员，检查防护装置、防护罩和压力机是否完整，并告知他们工作时需要注意的问题。

（3）揩净压力机及冲模，并在冲模和滑块的导板上涂油。

（4）整理工作地点，清理压力机工作台并给压力机加油。

（5）工作完毕，把踏板移到空挡或把踏板锁住。

三、压力机操作规程

1. 操作准备

（1）接通电源。电源指示灯亮。

（2）接通气源。打开截止阀，使空气进入压力机气路。检查各气路压力表值是否达到规定值。通气后必须检查各管路漏气情况，确保无泄漏。过滤器和排污口必须每天排污，气源水分大时，须在气源加干燥装置。

（3）启动润滑系统至正常工作状态。检查润滑油管有无泄漏。

（4）接通安全保护装置并确认正常工作。

（5）运转前检查项目包括以下内容：

1）检查离合器、制动器功能，检查联锁阀动作是否正常（在飞轮没有转动时）。

2）检查螺栓有无松动并拧紧。

3）检查紧急停止按钮的按压和复位功能是否正常。

4）检查、整理、整顿压力机周围的环境并保证清洁，消除事故隐患。

5）检查各油箱油位是否在合理界限。

2. 运转操作

进行压力机运转时，必须严格注意以下警告和注意事项：

（1）警告事项。微调和寸动运转，只能在非正常作业时使用。所谓非正常作业，指的是模具装卸、调整、过载复位等情况的操作。至于通常的生产作业，务必单次或连续运转。使用微调和寸动运转，部分安全装置将无效，极为危险。

两个操作按钮时，务必使用双手操作，千万不可以用器具等进行单手操作。

（2）注意事项。微调运转是没有作业能力的，只能用来模具对合，不能用来进行模具试冲等作业。

长时间（一星期左右）休工后，重新开动压力机时，务必先进行以下作业，然后方可投入正常运转。

1）进行日常检查和每月检查的定期检查项目。

2）进行前面“操作准备”部分所列内容。

3）卸下模具，以寸动进行 30 min 以上的磨合运转，确认各部件有无异常噪声、发热或异常振动。进行该项检查时，务必注意安全。

（3）开动操作。务必在进行前面“操作准备”部分各项工作后才进行以下工作：

1）操作电源置入“on”通位。

2）往复位方向转动紧急停止按钮。

3）确定滑块装模高度调整开关置入断开位置。

4）确认安全保护装置接通。

5）确认上模夹紧处于夹紧状态。

6）确认工作台夹紧处于夹紧状态。

7）确认飞轮制动器处于脱开状态。

8）如果是调速压力机，将速度设定在最低速位。

9）把主电机选择开关置于“正转”位置。

10）按压主电机起动按钮，主电机起动。此时应确认传动带无打滑声和异常振动，飞轮的转动方向与箭头方向一致，否则需要调整。

11）寸动运转。将操作选择开关置于“寸动”位置，双手同时按压寸动行程开关，滑块开始运动。

只要松开其中一个按钮，滑块立即停止运动。滑块停止运动后，必须双手松开按钮再同时按下，才能再次开动寸动行程。寸动行程只可用于压力机调整，不可用于工作行程。

12）单次运转。单次运转还需满足一个条件：滑块必须处于死点。将操作选择开关置于“单次”位置，双手按下操作按钮，滑块向下运动，若滑块在下死点之前松开按钮，滑块立即停止。若滑块已过下死点，无论一直按下操作开关还是松开，滑块始终停止在死点。

要进行第二次行程，必须将两个按钮都松开再同时按下，否则不能开动。

13）连续行程（有的压力机不设连续行程）。连续行程开动条件与单次行程完全相同。将操作选择开关置于“连续”位置。按一下运动予置按钮，待运转准备灯亮时，按一下连续予置按钮，并在规定的时间内双手按下操作连续行程。如果超过规定时间还要按一下连续予置按钮，否则行程无法开动。开动连续行程，第一次行程要待滑块过下死点之后才能松开按钮。

连续行程的停止有两种方式：一是按压上死点停止按钮，滑块停在上死点。下一次行程可接着操作。二是按压任意紧急停止按钮，滑块立即停止。如果要恢复连续行程规范，必须先进行寸动行程将滑块开至上死点，然后按连续行程操作程序进行操作。

注意：开动连续行程只有在坯料、零件、废料均可自动控制，工作环境安全时方可使用。

（4）停止操作。压力机作业完工后，应按以下步骤停止压力机操作：

1）滑块停止于下死点。这时，为防止模具黏附等情况，可将滑块装模高度适当提高，再使滑块停止于下死点。

2）按主电机停止按钮，主电机停止运转，同时飞轮制动器制动飞轮至停止。

3）停止润滑系统。

4）切断操作电源并拔下操作开关钥匙。

5）切断供应电源。

6）关闭总气源截止阀并排净空气管路系统中的凝汽水。

7）全面检查机械部分有无龟裂、发热、损伤、松动等现象。

8）将各部分清理干净。

9）整理工具及现场。

3．运转辅助操作

（1）生产计数器。滑块每运行一个行程，计数便递增1个。具体设定步骤如下：

1）以寸动运转，使滑块停止于上死点。

2）把计数器开关置于“断”位。

3）按压复位按钮，计数器数值便复位于“0”。

4）把计数器开关置于“通”位。

（2）自动装置。压力机运转可与配置的自动装置一起使用。

(3) 模具更换及移动工作台开动。开动移动工作台前，先把滑块开到死点，将操作选择开关旋至“模具更换”位置，移动工作台夹紧放松转换开关拨到“放松”位置，移动工作台开始放松，夹紧指示灯灭，当达到规定压力后，放松压力继电器动作，松开指示灯亮，移动已经完全松开，打开安全栅栏，移动工作台可以移除，指示灯亮。按下开动按钮即可实现移动工作台移动。

(4) 滑块装模高度调整。滑块调整电机可做正、反两个方向运转，工作方式为寸动。开动滑块装模高度调整电机时，必须满足下列条件：

1) 平衡器压力达到规定值。

2) 安全栓及安全护栅等安全装置全部就位。

3) 润滑系统、液压保护系统工作正常。

将操作选择开关旋至“滑块调整”位置，首先按一下运转予置按钮，当运转装备灯亮时，说明可以进行滑块调整。按下滑块调整向下或向上按钮，即可实现滑块装模高度上下调整。当滑块调整到最大或最小极限位置时，限位开关动作，滑块调整电机将自动停止。调整完后，操作选择开关拨回正常位置。

(5) 拉伸垫行程调整。拉伸垫电机可做正、反两个方向运转，工作方式为寸动。开动拉伸垫调整电机时，必须满足下列条件：

1) 滑块开到上死点。

2) 拉伸垫落到底。

3) 拉伸垫内气体排净。

将操作选择开关旋至“气垫调整”位置，拉下拉伸垫调整向下或向上按钮，即可得到所需动作。当拉伸垫调整到最大或最小极限位置时，限位开关动作，拉伸垫调整电机将自动停止。

4. 复位操作

(1) 紧急停止时。紧急停止后，先排除紧急停止故障，按箭头方向把紧急停止按钮复位，再进行其他规范操作。具体步骤如下：

1) 无负荷空运转时，通过寸动运转使滑块复位于上死点，再进行其他规程操作。

2) 有负荷时，紧急停止的位置在下死点以前时，应反转，使滑块复位于上死点；过了下死点应正转使滑块复位于上死点，再进行其他规范操作。

(2) 发生过载时。发生过载时，过载指示灯亮，液压保护卸荷，压力机紧急停止，此时应按下列步骤进行复位操作：

1) 关闭主电机并确认飞轮已完全停止。

2) 检查滑块紧急停止位置。如停止位置超过下死点，飞轮将开动正转；如果停止位置在下死点之前，飞轮将开动反转。

滑块停止位置超过下死点时，操作步骤如下：

①将操作选择开关置于“行程”位置，把行程选择开关置于“寸动”位置，按压运转予置按钮，使运转准备灯亮。

②按正转操作启动主电机。

③当确认主电机已经运转，绿灯已亮时，再按压主电机停止按钮，使主电机停止运转。

④利用飞轮惯性开动寸动行程，使滑块复归于死点。

滑块停止位置在下死点之前时，操作步骤如下：

①将操作选择开关置于“行程”位置，把行程选择开关置于“寸动”位置，按压运转予置按钮，使运转准备灯亮。

②按反转操作启动主电机。

③当确认主电机已经运转，绿灯已亮时，再按压主电机停止按钮，使主电机停止运转。

④利用飞轮惯性开动寸动行程，使滑块复归于死点。

3）按“过载保护重调说明”使液压保护装置的气动泵打压，液压复位，气动泵便停下来。

4）检查有无超出规格能力，检查过载保护装置有无漏气、漏油现象等，找出故障所在并进行必要的维修。

5）故障维修时，必须按照说明书所述的全部操作进行。

6）故障排除后，将过载保护开关转到工作位置，再以寸动运转 3～5 个行程，才能进行正常操作。

复习思考题

1. 金属压力加工的方法有哪些？压力加工机械有几类？

2. 曲柄压力机的主要组成有哪些？简述每部分的作用。

3. 压力加工的主要危险因素有哪些？简要分析其原因。

4. 压力加工的安全防护装置有哪些？

5. 简述压力机的操作规程。

技能实训三　压力加工作业的安全操作及防护实训

一、实训目标

了解压力加工机械结构，熟悉压力加工作业的操作和安全防护装置。

二、任务描述

压力加工主要是指利用模具使金属或非金属板材及金属型材分离成形的一种无切削的冷冲压加工。使用的主要设备包括机械压力机、液压机、弯板机和剪板机等，广泛用于汽车、拖拉机、电机、仪器仪表等制造部门，是危险性较大的加工方法。

1. 了解压力加工机械的结构。压力机的类型很多，本实训以曲柄压力机为例学习压力机的工作原理与主要组成部分。画出压力机的原理图。

2. 了解压力机的安全装置。写出实验压力机上的安全装置，并简述其工作原理。

3. 学习压力机的操作规程，在此基础上进行压力机的安全操作练习。

4. 完成实训报告的书写，内容包括实训目标、地点和要求、实训内容、实训心得等。

三、实训过程

实训分两个环节，首先是理论知识的学习，然后是动手操作实训。

1. 查阅资料，首先学习压力机结构等相关知识，画出其工作原理图。学习压力机的操作规程。

2. 车间操作实训。首先进行安全教育，然后分组实训。

四、总结与思考

1. 总结压力机械的类型及加工特点。

2. 了解压力机械的安全保护装置，明确操作实训注意事项。

第五章

电梯安全技术

本章学习目标

1. 了解电梯的分类、构成及其各部分功能。
2. 掌握电梯安全保护装置结构、工作原理及防护功能。
3. 掌握电梯的安全作业管理与安全操作。
4. 了解电梯的常见事故及排除方法。

第一节　电梯基本知识

电梯是通过动力驱动，利用沿刚性导轨运行的箱体或者沿固定线路运行的梯级（踏步），进行升降或者平行运送人和货物的机电设备，包括载人（货）电梯、自动扶梯、自动人行道等。

一、电梯的分类

1. 按用途分类

（1）乘客电梯。乘客电梯是专门为运送乘客而设计的，其设计上要求可靠性高、运行平稳、安全舒适。例如，迪拜塔哈利法塔采用世界速度最快且运行距离最长的电梯，速度最高达 17.4 m/s。

（2）载货电梯。载货电梯是专门为运输货物而设计的，提升能力大，轿厢结构便于运输货物。

（3）人货混装电梯。人货混装电梯是既可以载货又可以载人的电梯，在电梯轿厢的结构上兼顾通用性。

（4）住宅电梯。住宅电梯是高层住宅必须配备的升降工具，其设计兼顾人员、货物运送的要求。

（5）观光电梯。观光电梯是现代建筑的一个亮点，同时具备了一些登高远望的功能，因此在功能设计上，不仅要保证运行平稳、舒适的要求，还要满足轿厢壁为透明材料、轿厢美观的要求。

2. 按速度分类

（1）低速电梯。额定速度 $v<1.0$ m/s 的电梯。

（2）中速电梯。额定速度 $1.0\leqslant v<2.0$ m/s 的电梯。

（3）高速电梯。额定速度 $2.0\leqslant v<4.0$ m/s 的电梯。

（4）超高速电梯。额定速度 $v\geqslant4.0$ m/s 的电梯。

 二、电梯的主要技术参数

电梯的技术参数主要包括额定载重量（kg）、可乘人数（人）、轿厢尺寸（mm）、井道尺寸（mm）等。

为了适应我国电梯产品技术迅速发展的需要，国家对电梯的制造、安装、试验、验收及电梯术语等都制定了标准并贯彻执行。

2009 年 9 月 30 日，国家质检总局、国家标准化管理委员会发布推荐性国家标准《电梯技术条件》（GB/T 10058—2009），并从 2010 年 3 月 1 日起实施。

 三、电梯的基本结构

电梯是机电一体化产品。尽管电梯种类繁多，但绝大多数为电力驱动、钢丝绳曳引式结构。电梯的基本结构如图 5—1 所示。

根据空间位置，可将电梯划分为机房、井道、轿厢和层站四部分。根据电梯各构件的功能，可将电梯分为八大系统，即曳引系统、导向系统、轿厢系统、门系统、对重平衡系统、电力拖动系统、电气控制系统和安全保护系统。

1. 曳引系统

曳引系统的作用是输出动力，曳引轿厢运行。曳引系统主要由曳引机、曳引钢丝绳、导向轮等构造构成，如图 5—2 所示。

2. 导向系统

导向系统的作用是限制轿厢和对重的自由度，使其只能沿着导轨上下运动。导向系统主要由导靴、导轨、导轨架等组成。轿厢导向系统如图 5—3 所示，对重导向系统如图 5—4 所示。

3. 轿厢系统

轿厢用来运送乘客或货物，是电梯的承载部分，它主要由轿厢架和轿厢体组成。

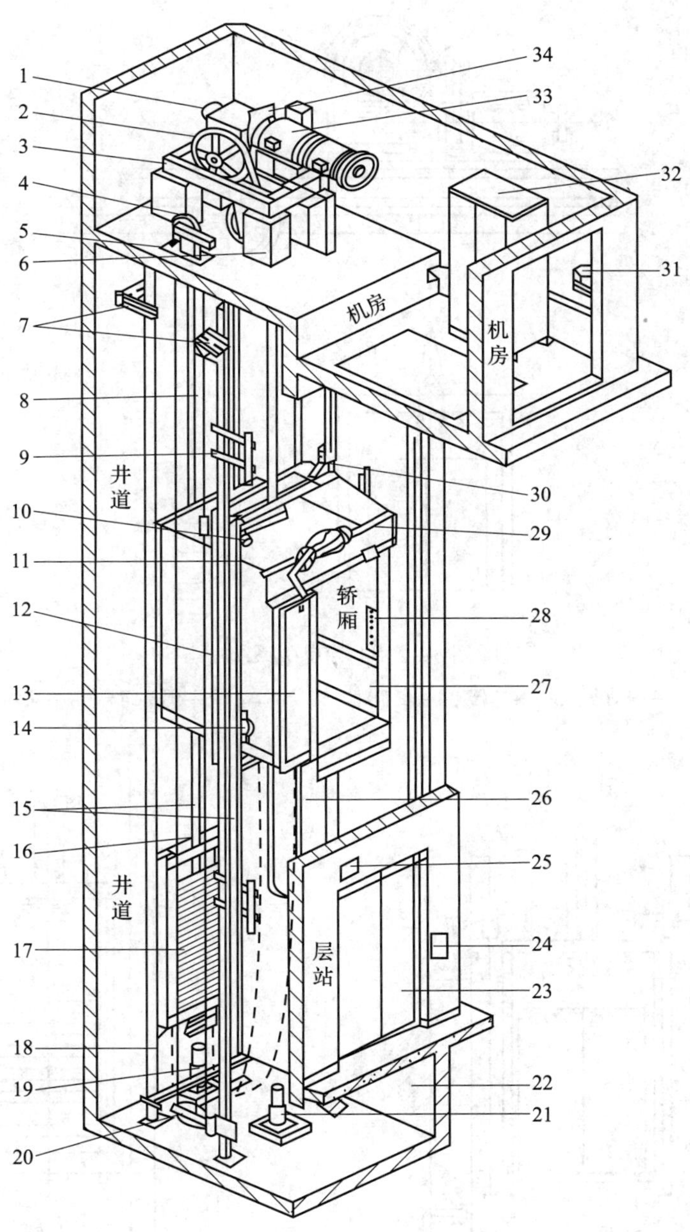

图 5—1 电梯的基本结构

1—减速器 2—曳引轮 3—曳引机底座 4—导向轮 5—限速器 6—基座 7—导轨支座 8—曳引钢丝绳 9—开关磁铁 10—紧急终端开关 11—导靴 12—轿架 13—轿门 14—安全钳 15—导轨 16—绳头组合 17—对重 18—补偿链 19—补偿链导轮 20—张紧装置 21—缓冲器 22—底坑 23—层门 24—呼梯盒（箱） 25—层楼指示灯 26—随行电缆 27—轿壁 28—轿内操纵箱 29—开门机 30—井道传感器 31—电源开关 32—控制柜 33—曳引电动机 34—制动器

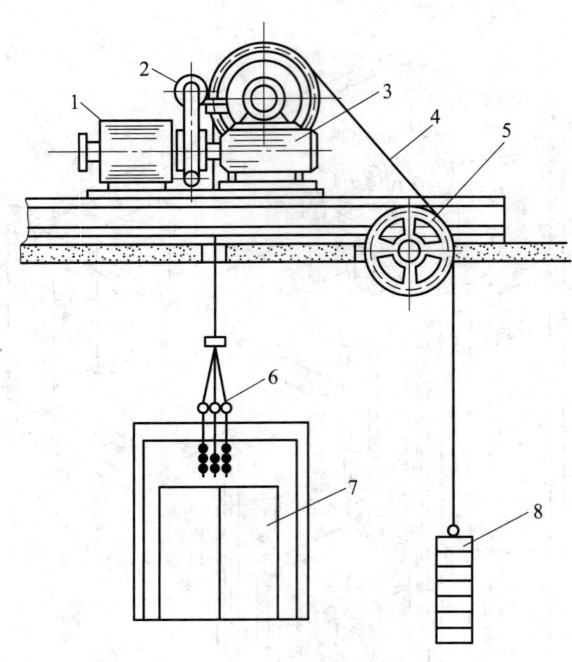

图 5—2　电梯曳引系统

1—电动机　2—制动器　3—减速器　4—曳引绳　5—导向轮　6—绳头组合　7—轿厢　8—对重

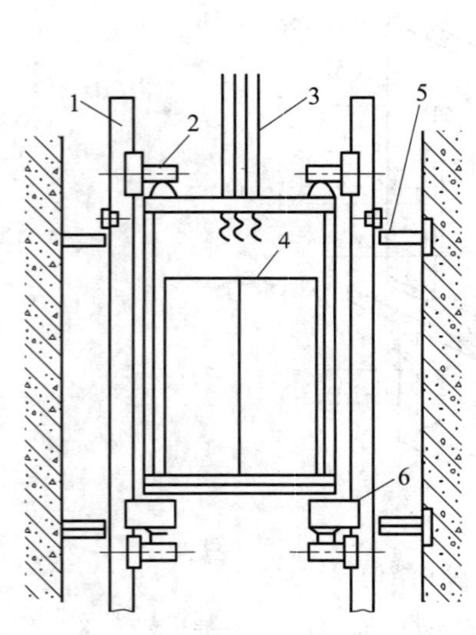

图 5—3　轿厢导向系统

1—导轨　2—导靴　3—曳引绳　4—轿厢

5—导轨架　6—安全钳

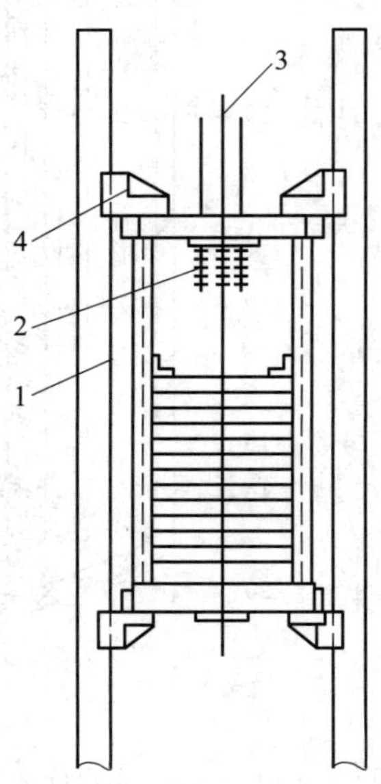

图 5—4　对重导向系统

1—导轨　2—对重

3—曳引绳　4—导靴

4. 门系统

门系统用于封闭轿厢和井道的出口，防止人员和物品坠入井道或与井壁相撞。门系统主要由轿门、层门、开关门机构等组成，如图 5—5 所示。轿门安装在轿厢上，层门安装在每层电梯出口处。每个层门设有机械和电气联锁装置，保证层门打开时电梯不能运行。

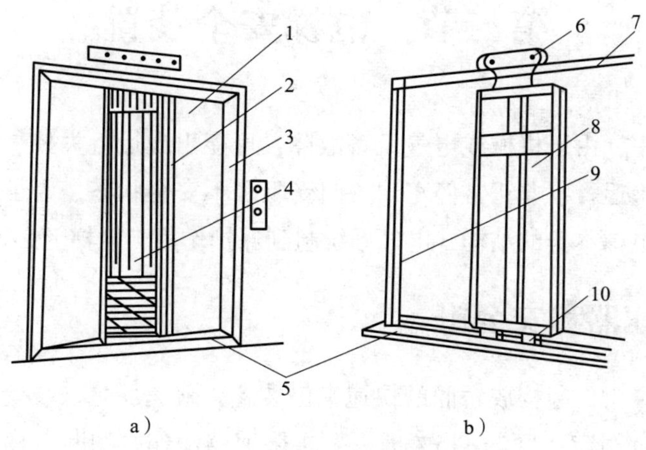

图 5—5 门的结构与组成

a）层门外面 b）层门内面

1—层门 2—轿厢门 3—门套 4—轿厢 5—门地坎 6—门滑轮

7—层门导轨架 8—门扇 9—厅门门框立柱 10—门滑块

5. 对重平衡系统

对重平衡系统使对重与轿厢达到相对平衡，在电梯工作中使轿厢与对重间的质量差保持在某一限度之内，保证电梯的曳引传动平稳。对重平衡系统由对重和质量补偿装置两部分组成，如图 5—6 所示。对重相对于轿厢悬挂于曳引绳的另一端，使曳引机只需克服轿厢和对重之间的质量差便能驱动电梯，进而起到减少动力消耗、改善曳引能力的作用。

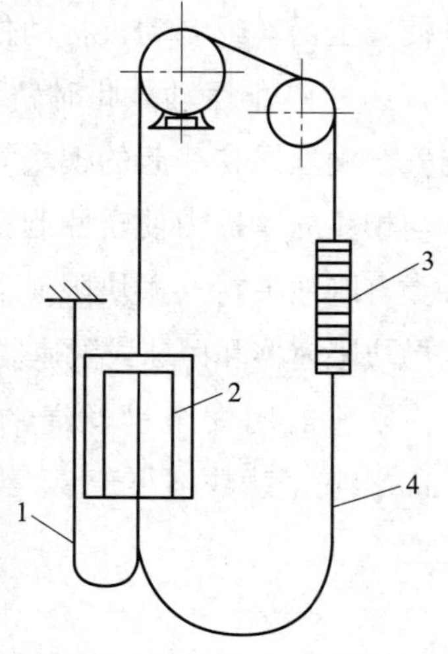

图 5—6 对重平衡系统

1—电缆 2—轿厢

3—对重 4—补偿装置

6. 电气拖动和控制系统

电梯的电力拖动系统有两大类，即交流拖动系统和直流拖动系统。电梯的控制系统取决于电梯的用途、额定载荷、速度、控制方式等设计要求和使用性能要求，主要是指对电梯的启动、加速、运行、减速、停止和运行方向、楼层显示、轿内指令、层站厅外召唤、安全保护等信号进行管理和控制。控制柜设置在机房与曳引机附近的位置，是电梯的电气装置和信号控制指挥中心。控制柜内有电源变压器、整流装置、继电器、接触器、控制系统、调速系统等。

7．安全保护系统

电梯的安全保护系统将在本章第二节详细介绍。

第二节　电梯安全装置

电梯在运行中，由于机械或电气设备故障，可能出现运行失控、平层越位、终端失控、超速、危险运行、非正常停车、关门受阻等不安全状态。为了对运载对象起保护作用，同时对电梯本身的结构、电气系统起到保护作用，电梯上必须设置安全装置。

 一、限速器和安全钳

限速器与安全钳一起构成轿厢的快速擎停装置，限速器是该装置的发送机构。当轿厢运行速度超过额定速度的115%时，要求限速器动作，切断电梯控制回路，制动器上闸。如果制动器失灵，或因其他因素，电梯轿厢仍然在下降，安全钳动作，最终将电梯制动在导轨上。限速器与安全钳的结构如图5—7所示。

1．限速器

限速器一般安装在电梯机房，功用是限制轿厢超速运行。轿厢运行时，通过安全钢丝绳、锥形齿轮使减速器回转。当速度达到动作速度时，由限速器抛球通过连杆使安全钢丝绳制动机构动作，安全钢丝绳减速并停止运动。此时轿厢仍在下降，与安全钢丝绳在一起的楔块相对上升，楔块与楔座的摩擦力使轿厢制动。限速器的种类有刚性夹持式抛块限速器、弹性夹持式抛块限速器和抛球式限速器等。

限速器用安全钢丝绳的直径不小于6 mm，安全系数不小于8。绳轮直径为绳径的30倍。

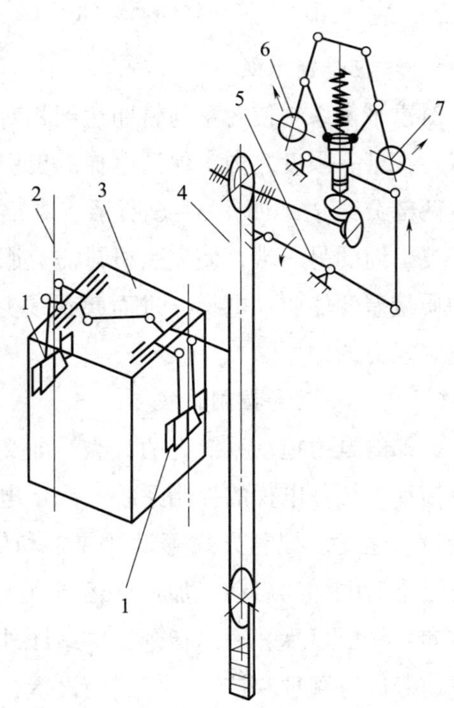

图5—7　限速器与安全钳的结构

1—安全钳　2—轿厢导轨　3—轿厢　4—安全钢丝绳
5—安全钢丝绳制动机构　6、7—限速器

2．安全钳

安全钳钳块的形式有偏心块式、滚子式、楔块式等。双楔块式应用最为广泛，因为这种形式的安全钳在制动时对导轨损

伤小，制动后容易解脱等。

二、缓冲器

缓冲器是电梯安全运行的最后一道保护装置。其作用是吸收、消耗电梯下坠的能量，同时对电梯的冲顶起到保护作用。当轿厢冲向楼顶时，对重缓冲器对轿厢进行缓冲，使其避免冲击楼板。缓冲器安装在底坑，通常轿厢缓冲器设置两个，对重缓冲器设置一个，如图 5—8 所示。电梯的缓冲器一般为弹簧式和油压式。

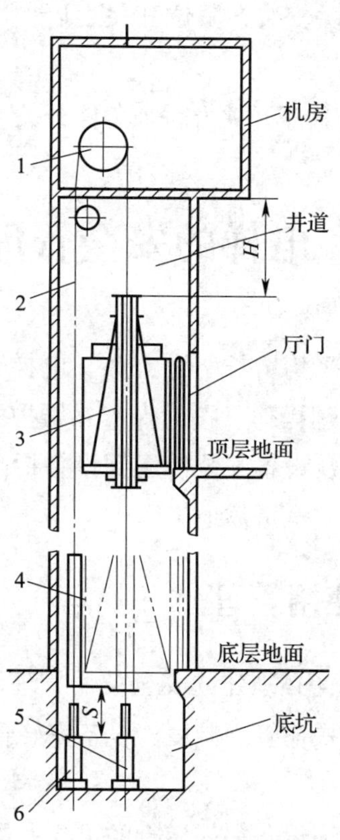

图 5—8　缓冲器的安装位置

1—曳引机　2—曳引钢丝绳　3—轿厢　4—对重　5—轿厢缓冲器　6—对重缓冲器

三、超载限制装置

超载限制装置的功能是防止轿厢超载运行，一般电梯超载时能发出声光信号，载重量达到额定载重量的 110% 时，切断电梯控制电路，使电梯停止运行。对于集选控制电梯，当载重达到额定载重量的 80% ~90% 时，仍能接通直驶电路，但运行中电梯不应答厅外信号。

电梯的超载限制装置可以安装在轿厢底部、轿厢顶部和机器房中。根据工作原理可分为机械式和电气式超载限制装置。

 四、安全开关

（1）终端限位开关是防止轿厢越位而设置的。在上、下极限位置分别装设减速开关、终端限位开关、终端极限开关。

当电梯轿厢失控时，减速开关首先使其减速。终端限位开关迫使电梯轿厢停止运动，当终端极限开关动作时，电梯还能向反方向运动，例如，上终端限位开关动作时，电梯还可以下行。终端极限开关安装在限位开关之后，当极限开关动作时，切断电梯总电源，防止电梯冲顶或冲底。

（2）在电梯上还装有轿内急停开关、轿顶急停开关、底坑急停开关等安全开关。

第三节　电梯的安全管理及检验

近几年我国电梯产销量的平均增长率为15%，电梯安全必须建立在对人员的规范管理，对设备的正确使用、合理操作、按时保养、维护的基础之上。从设计开始，就对电梯设备的安全提出要求，从设备安装使用到设备拆除，时时有安全保证，只有这样才能使设备在全生命周期内安全可靠地工作。

 一、电梯的安全使用管理

为了保证电梯的安全使用，必须建立安全使用管理制度，包括岗位责任制、交接班制度、机房管理制度、安全操作管理制度、设备完好管理制度、技术档案管理制度。

1. 岗位责任制

在电梯的使用过程中，保证设备完好运行的重要人员是电梯司机和维护保养人员。对司机和维护保养人员的工作范围、承担的责任及其在岗位上完成工作的质量进行规范管理，是工作到位、操作认真的保证。其工作范围规定越具体，责任越明确，越有利于具体工作的执行和落实。所制定的责任制与具体的设备、环境条件、人员素质有一定关系，但必须以安全运行为宗旨，把安全的要求落实到具体工作细节上，使司机和维护保养人员明确工作范围及操作细则。

（1）学习在岗设备的工作原理、操作要求、安装情况、使用、维护等。司机和维护保养人员必须能读懂设备使用说明书、电气原理图、安装布置图、使用维护指导书，在上岗前通过上岗培训并拿到相应的合格证，方能上岗。

（2）对设备的备品备件，要认真清理、建档、登记，关于易损备件有详细的明

细，并及时采购备品备件。

(3) 对设备的技术文件进行建档，对设备在安装、调试、试验等过程的情况以及设备本身的技术资料归档管理，以便在使用过程中，对各设备情况进行了解。

(4) 依据单位具体情况以及设备使用环境、操作人员等现状，编写电梯设备的管理、使用、维护保养制度。

(5) 健全司机与维护保养人员安全技术培训计划。

2. 交接班制度

电梯运行中，如果是多班制，班与班之间必须建立交接班制度。交接班制度是交班人员把当班内设备运行情况、存在问题及可疑点告知接班人员，接班人员接班后，不仅要从前一班处得知上一班电梯运行情况及存在问题，还必须对提升机械空运行一个循环，以便对提升系统运行情况有较清楚的了解，同时也是为了对提升设备运行后出现问题的责任进行科学的划分。

(1) 交班前。双方应在现场共同查看电梯的运行状态，清点工具、备件和机房内配置的消防器材，当面交接清楚。

(2) 明确交接前后的责任。通常，在双方履行交接签字手续后再出现问题，由接班人员负责处理。若正在交接时电梯出现故障，应由交班人员负责处理，但接班人员应积极配合。若接班人员未能按时接班，在未征得领导同意前，待交班人员不得擅自离开岗位。

(3) 因电梯岗位一般配置人员较少，遇较大运行故障，当班人力不足时，已下班人员应在接到通知后尽快赶到现场处理。

3. 机房管理制度

机房的管理以满足电梯的工作条件和安全为原则，主要内容如下：

(1) 非机房工作人员未经管理者同意不得进入机房。

(2) 机房内配置的消防灭火器材要定期检查，放在明显易取的位置，经常保持完好状态。

(3) 保持机房照明、电话完好。

(4) 保持地面、墙面和顶部的清洁，机房内严禁吸烟，禁止堆放易燃、易爆物品及与机房管理无关的杂物。

(5) 保持机房良好的通风，保持通往机房的通道、楼梯间畅通。

(6) 注意电梯电源配电盘的日常检查，保证完好、可靠。

4. 安全操作管理制度

电梯是垂直运输的重要装备，对电梯的安全使用关系到设备运行安全。安全可靠地运行好电梯，必须有一套安全操作管理制度。依靠制度来约束人们更好地使用、操作电梯。安全操作管理制度的制定要以设备本身的性能特点、使用的环境条件以及使用人员的素质条件为依据。

电梯安全操作规程如下：

(1) 电梯司机、维护保养人员须经专门培训取得操作证，方能独立作业。

(2) 电梯每年须经特种设备监督检验机构检验合格，取得安全检验合格证并经质量技术监督安全监察机构注册登记后，才能正式投入使用。

(3) 电梯司机或维修人员每天在开启厅门进入轿厢之前，应看清轿厢是否确实停在该层站，切不可莽撞进入。

(4) 司机接班后，应对电梯进行班前检查和试运行，当电梯一切正常时，方能投入运行。

(5) 电梯严禁载易燃、易爆、剧毒等危险物品及超长、超宽、超重的物品，非载人电梯严禁载人。

(6) 乘客不能倚靠轿厢门乘梯，在停站期间不能在开启的电梯门之间停留。

(7) 司机应注意电梯运行状况，发现有不正常现象时，应停止运行，立即通知维修保养人员进行处理。

(8) 电梯的维修保养必须由有资格的的单位承担。

(9) 电梯正常运行时，严禁短接安全回路及门联锁回路。

(10) 工作时间内，司机不得擅自离岗，需暂时离开轿厢时，应切断电源，锁好设备。

(11) 工作结束时，司机应把电梯驶回基站，打扫卫生，关好电梯厅轿门，切断电源，锁好机房方可离去。

5. 设备完好管理制度

电梯的运行状态直接受设备自身的状态影响，要使运行装备的性能完好，必须加强对设备的维护、保养，按期、定时对电梯进行保养、维护是保证设备可靠运行，达到完好的保证。设备处于完好状态，与设备的完好管理密不可分。

(1) 保养制度。电梯的正常运转，离不开日常的维护、保养。每种设备都有它的具体使用要求，要做好维护、保养，必须与设备的设计要求、使用环境相适应。保养过多会耽误工作时间，保养时间间隔过长会错过保养的最佳时间段。因此，要把维护、保养的具体内容、具体方式、时间间隔确定下来，通过合理的维护、保养，使电梯处于良好的工作状态。

(2) 维修制度。维修制度是电梯安全运转的保证。电梯在运行中，某部分有可能有小问题，如果不及时维修，设备处于带病工作状态，很可能出现大故障甚至事故。对存在问题的机构、部件要及时进行维修，使电梯在完好的状态下运行。因此，必须制定电梯维修制度。对限定的关键部件，除了必需的维护、保养要求之外，还必须建立维修制度，保证关键部件出现问题能够及时处理。

6. 技术档案管理制度

电梯是建筑物中重要的大型设备之一，应对其技术资料建立专门的技术档案。

(1) 资料内容主要包括以下几个方面：

1) 土建资料、图纸及变更文件。

2) 所用产品保证、出厂检验单。

3) 使用维护说明书、布置图、原理图、电气控制原理图、接线图。

4) 安装调试、试验报告。

5) 工程验收记录。

(2) 建档要求。对上述资料要分类、分项建立档案。

(3) 运行记录。在设备使用中，要对提升机械的运行状况，分阶段进行记录保存，反映出设备的运转情况。

二、电梯的安全管理规程

1. 电梯的日常安全管理

(1) 电梯使用管理单位应当根据《特种设备安全法》《特种设备安全监察条例》及其他相关规定，加强对电梯运行的安全管理，做到制度、组织、人员“三落实”。电梯使用管理单位应根据本单位的实际情况，配备具备资质的电梯管理人员，落实每台电梯的责任人，配备必备的专业救助工具及24小时不间断的通信设备。

(2) 电梯使用管理单位应当与电梯维修保养单位签订维修保养合同，明确电梯维修保养单位的责任。

(3) 电梯使用管理单位应当制定电梯事故应急措施和救援预案。电梯维修保养单位应当建立严格的救助规程，配置一定数量的专业救援人员和相应的专业工具，确保接到报告后能及时赶到现场进行救助。

(4) 电梯发生异常情况时，电梯使用管理单位应当立即通知电梯维修保养单位，同时由本单位专业人员先行实施力所能及的处理。电梯维修保养单位专业人员应迅速赶到现场进行救助。

(5) 电梯使用管理单位应当每年进行至少一次电梯应急预案的演练，并通过电梯轿厢内张贴宣传品和标明注意事项等方式宣传使用电梯的常识。

(6) 电梯使用管理单位要加强对电梯设备的常规检查，保证电梯操作、照明、通讯系统的完好，保持轿厢内的整洁。

(7) 电梯轿厢内不得使用明火，严禁吸烟。

(8) 电梯使用人员应安全合理使用电梯，自觉维护设备的完好和整洁。确因自身不良行为而导致人身或设备损失的，责任人要承担相应责任。

2. 电梯的应急救援

（1）电梯乘客（使用人）在遇到紧急情况时，应当采取以下求救和自我保护措施：

1）通过警铃、对讲系统、移动电话或电梯轿厢内的提示方式进行救援。如果电梯轿厢内有病人或其他紧急情况，应当告知救援人员。

2）与电梯轿厢门（无论是关闭还是开启状态）保持一定距离，听从管理人员、救援人员指挥。

3）在救援人员到达现场前不得撬砸电梯轿厢门或攀爬安全窗，不得将身体的任何部位伸出电梯轿厢外。

4）保持镇静，可做屈膝动作，以减轻对电梯急停的不适应。

（2）电梯使用管理单位接到电梯紧急情况报告的处理程序如下：

1）值班人员发现所管理的电梯发生紧急情况或接收到求助信号后，应当立即通知本单位专业人员到现场进行处理，同时通知电梯维修保养单位。

2）值班人员应用电梯配置的通信对讲系统或其他可用方式，详细告知电梯轿厢内被困人员应注意的事项。

3）值班人员应当了解电梯轿厢所停楼层的位置、被困人数、是否有病人或其他危险因素等情况，如有紧急情况应当立即向有关部门和单位报告。

4）电梯使用管理单位的专业人员到达现场后可先行实施救援程序。如自行救援有困难，应当配合电梯维修保养单位实施救援。

（3）电梯乘客（使用人）在电梯轿厢被困后的解救程序如下：

1）到达现场的救援专业人员应当先判别电梯轿厢所处位置，再实施救援。

2）电梯轿厢高于或低于楼面超过0.5 m时，应当先执行盘车解救程序，再按照下列程序实施救援：

①确定电梯轿厢所在位置。

②关闭电梯总电源。

③用紧急开锁钥匙打开电梯厅门、轿厢门。

④疏导乘客离开轿厢，防止人员受伤。

⑤重新将电梯厅门、轿厢门关好。

⑥在电梯出入口处设置禁用电梯的指示牌。

（4）电梯使用管理单位的善后处理工作如下：

1）如果乘客重伤，应当按事故报告程序进行紧急事故报告。

2）向乘客了解事故发生的经过，调查电梯故障原因，协助做好相关的取证工作。

3）如属电梯故障所致，应当督促电梯维修保养单位尽快检查并修复。

4）及时向相关部门提交故障或事故情况汇报资料。

3. 紧急状态时对电梯的处理

（1）发生火灾时，应当采取以下应急措施：

1）立即向消防部门报警。

2）对于有消防功能的电梯，应按动消防按钮，使消防电梯进入消防运行状态，以供消防人员使用。对于无此功能的电梯，应当立即将电梯直驶至首层并切断电源或将电梯停于火灾尚未蔓延的楼层。在乘客离开电梯轿厢后，将电梯置于停止运行状态，用手关闭电梯轿厢厅门、轿门，切断电梯总电源。

3）井道内或轿厢发生火灾时，必须立即停梯疏导乘客撤离，切断电源，用灭火器灭火。

4）有共用井道的电梯发生火灾时，应当立即使其余尚未发生火灾的电梯远离火灾蔓延区，或交给消防人员用以灭火使用。

5）相邻建筑物发生火灾时，应当停梯，以避免因火灾停电造成困人事故。

（2）应对地震的应急措施如下：

1）已发布地震预报的，应依据当地政府发布的通知要求，决定电梯是否停止、何时停止。

2）震前没有发出临震预报而突然发生震级和强度较大的地震，一旦有震感，应当立即就近停梯，乘客迅速离开电梯轿厢。

3）地震后应当由专业人员对电梯进行检查和试运行，正常后方可恢复使用。

（3）发生湿水时，在对建筑设施及时采取堵漏措施的同时，应当采取以下应急措施：

1）当楼层发生水淹而使井道或底坑进水时，应当将电梯轿厢停于进水层站的上二层，停梯断电，以防止电梯轿厢进水。

2）当底坑、井道或机房进水较多时，应当立即停梯，断开电梯总电源，防止发生短路、触电等事故。

3）对湿水电梯应当进行除湿处理。确认湿水消除，并经过试梯无异常后，方可恢复使用。

4）电梯恢复使用后，要详细填写湿水检查报告，对湿水原因、处理方法、防范措施等记录清楚并存档。

4. 特别提示

当电梯因故停止运行时，电梯使用单位应在电梯口及时贴出告示告知原因，以免引起人们不必要的误解和恐慌。

三、电梯的安全检验

为确保电梯安全运行，国家主管部门制定了对电梯安全检验的细则。其目的在于通过对电梯进行安全检验，加强对电梯的安全管理。对于检验合格的电梯，颁发安全使用许可证，张贴合格标志，准予运行。对于已取得电梯安全运行许可的电梯，主管部门还要定期进行复查。复查不合格，取消运行资格。电梯的安全检验在保证电梯安全运行方面起到了极其重要作用。电梯安全检验项目内容见表5—1。

表5—1　　电梯安全检验项目内容

序号	检验项目	检验内容和要求
1	机房	门销、消防设施、通风设施、防潮设施、曳引墙与楼板孔四周距离、控制柜与门窗距离等符合国家有关规定和要求
2	曳引轮	垂直度、绳槽磨损符合国家技术指标或制造厂家的技术指标
3	制动器	制动力矩、闸瓦间隙、手动闸板手位置符合国家技术要求和规定
4	限速器	铅封、夹绳钳、超速开关、张紧装置、安全开关、动作速度等符合国家技术要求和规定
5	电源主开关	位置、标志、停止开关符合国家规定或制造厂家的要求
6	电气保护	零线、地线分开。电气设备接地或接零、电气设备绝缘、断相错相保护、过载保护等应符合国家规范或制造厂家要求
7	导轨及导轨支架	轿厢与对重导轨、导轨支架的距离、垂直度、水平度、安装要求应符合国家技术要求或制造厂家的技术要求
8	对重	安装要求和技术指标应符合国家标准或制造厂家的要求
9	井道电缆	安装及使用应符合国家规定
10	安全保护开关	极限开关、限位开关、强迫换速开关等安全保护开关的安装、使用、动作要求符合国家标准
11	轿厢	轿厢门、轿厢整体安装、光电保护、安全触板、门刀、门机构、门的开启、轿内操作箱各功能钮、开关信号显示、超载装置、通讯报告，以及轿厢顶上防护栏杆、绳头组合装置、操纵开关盒、照明、导靴与导轨顶面间隙、轿厢与对重装置之间距离、安全钳联动装置及开关、楔块与导轨间隙、提拉刀、安全窗开关、门电动机驱动装置、平层装置、电气线路及电气元器件等符合国家规定或制造厂家要求
12	钢丝绳	断丝数、磨损、锈蚀及其他局部损伤符合国家技术要求和规定
13	层门	各层层门的门锁、层门门缝运动情况及楼层信号显示、层外召唤按钮等符合国家有关规定
14	地坎	与地面高差、各层层门地块与轿门地块间距等应符合国家技术标准
15	缓冲器	与轿厢、对重行程底部极限位置、距离、动作、灵敏度情况等符合国家安全规范及技术要求
16	平层精度	根据梯型种类、梯速指标，平层准确度应符合国家规定的要求范围

续表

序号	检验项目	检验内容和要求
17	性能及安全试验	根据梯型种类、梯速指标、载荷量不同进行相应的静载、运行、超载试验以及安全钳可靠性试验，试验结果应符合国家技术标准
18	其他	地坑的照明、各种电气开关、排水装置以及对重侧防护栏等应符合国家规定

第四节　电梯的常见故障及其排除

电梯故障是指由于电梯机械零件或电气控制系统中的元器件发生异常，导致电梯不能正常工作或严重影响乘坐舒适感，甚至造成人身伤害或设备损坏的现象。

一、机械系统的故障与排除

电梯机械系统的故障在电梯全部故障中所占的比重比较少，但是一旦发生故障，可能会造成长时间的停机待修或电气故障，甚至会造成严重的设备和人身事故。进一步减少电梯机械系统故障是维修人员努力争取的目标。

1. 机械系统常见故障现象和原因

（1）由于润滑不良或润滑系统的故障造成部件传动部位发热烧伤和抱轴，导致滚动或滑动部位的零部件损坏而被迫停机修理。

（2）由于没有开展日常检查保养，未能及时检查发现部件的传动、滚动和滑动部件中有关机件的磨损程度和磨损情况，没能根据各机件磨损程度进行正确的修复，造成零部件损坏而被迫停机修理。

（3）电梯在运行过程中振动造成紧固螺栓松动，使零部件产生位移，失去原有精度，如果不能及时修复，将造成磨、碰、撞坏机件而被迫停机修理。

（4）由于电梯平衡系数与标准相差太远，造成过载电梯轿厢蹲底或冲顶，冲顶时限速器和安全钳动作而迫使电梯停止运行。

2. 处理方法

电梯机械系统发生故障时，维修人员应向电梯司机、管理员或乘客了解出现故障时的情况和现象。如果电梯仍可运行，可让司机或管理员采用点动方式让电梯上、下运行，维修人员通过耳听、手摸、测量等方式分析判断故障点。

故障发生点确定后，按有关技术规范的要求，仔细进行拆卸、清洗、检查测量，

通过检查确定造成故障的原因，并根据零部件的磨损和损坏程度进行修复或更换。

电梯零部件经修复或更换后，投入运行前需经认真检查和调试，才可交付使用。

二、电气控制系统的故障与排除

1. 电气控制系统常见故障

（1）从电梯电气故障发生的范围看，最常见的是门机系统故障和电气组件接触不良。造成门机系统和电气组件故障的原因，主要有元器件的质量问题、安装调试的质量问题、维护保养质量问题等。

（2）从电气故障的性质看，主要是短路和断路两类。

短路就是由于某种原因，使不该接通的回路连通或接通后线路内电阻很小。电梯常见短路故障原因有方向接触器或继电器的机械和电子联锁失效，可能产生接触器或继电器抢动作而造成短路；接触器的主接点接通或断开时，产生的电弧使周围电气组件的介质被击穿而短路；电气组件的绝缘材料老化、失效、受潮造成短路；由于外界原因造成电气组件的绝缘破坏以及外部材料入侵造成短路。

断路就是由于某种原因，造成应连通的回路不通。引起断路的原因主要有电气组件引入引出线松动；回路中作为连接点的焊接点虚焊或接触不良；继电器或接触器的接点被电弧烧毁；接点表面有氧化层；接点的弹簧片被接通或断开时产生的电弧加热，冷却后失去弹力，造成接点的接触压力不够；继电器或接触器吸合或断开时由于抖动使触点接触不良等。

2. 电气控制系统故障的判断和排除

判断电气控制系统故障的依据就是电梯控制原理。要迅速排除故障必须掌握电梯控制系统的电路原理图，搞清楚电梯从定向、起动、加速、满速运行、到站预报、换速、平层、开关门等全过程各环节的工作原理，各电气组件之间相互控制关系，各电气组件、继电器/接触器及其触点的作用等。

在判断电梯电气控制故障之前，必须彻底了解故障现象，才能根据电路图和故障现象，迅速准确地分析判断故障的原因并找到故障点。

三、电梯故障及一般排除方法

电梯故障及一般排除方法见表5—2。

表 5—2　　电梯故障及排除方法

故障现象	故障原因	排除方法
1. 局部回路熔丝经常烧断	1. 该组件或导线碰地	查出碰地点，酌情处理
	2. 某继电器绝缘垫被击穿	加强绝缘片绝缘性能或更换继电器
	3. 熔丝容量过小	按额定电流选用适当熔丝
2. 主回路熔丝经常烧断（或主回路开关经常跳闸）	1~3 同上	1~3 同上
	4. 启动、制动时间设定过长或过短	按电梯技术说明书调整启动、制动时间
	5. 启动、制动电抗器（电阻）接头压片松动	紧固接点
3. 闭合基站钥匙开关，基站电梯不能开门	1. 厅外开关门钥匙开关接触不良或损坏	更换钥匙开关
	2. 开门第一限位开关的接点接触不良	更换限位开关
	3. 基站厅外开关门控制开关接点接触不良或损坏	更换开关门控制开关
	4. 开门继电器损坏或其控制电路有故障	更换继电器或检查故障线路
4. 电梯到基站后不能开门	1. 开关回路熔丝烧断	更换熔丝
	2. 开门限位开关接点接触不良或损坏	更换限位开关
	3. 开门继电器损坏或其控制回路故障	更换继电器或检查回路
	4. 门机传动带松脱或断裂	调整或更换传动带
5. 开关门时冲击声很大	1. 开关门粗调电阻器调整不当	调整电阻器电环位置
	2. 开关门细调电阻调整不当或电环接触不良	调整电阻环位置或调整其接触压力
6. 按开关按钮不能自动关门	1. 开关门回路熔丝烧断	更换熔丝
	2. 关门继电器损坏或关门回路有故障	更换继电器或检查关门回路并修复
	3. 关门第一限位开关触点接触不良	更换限位开关
	4. 安全触板卡死或开关损坏	调整安全触板或更换触板开关
	5. 门区光电保护装置故障	修复或调整
7. 关门后电梯不能启动	1. 厅、轿门联锁开关接触不良或损坏	检查修复联锁开关
	2. 电源电压过低或缺相	检查并修复
	3. 制动器抱闸未松开	调整制动器
	4. 直流电梯励磁装置故障	检查并修复
8. 电梯启动困难或运行速度减慢	1. 电源电压过低或缺相	检查并修复
	2. 制动器抱闸未松开	调整制动器
	3. 直流电梯励磁装置故障	检查并修复
	4. 曳引电动机轴承润滑不良	补油或清洗更换润滑油脂
	5. 曳引机减速器润滑不良	补油或更换润滑油脂

续表

故障现象	故障原因	排除方法
9. 电梯运行时轿厢有异常或噪声	1. 导轨润滑不良	清洗导轨并加油
	2. 导向轮或反绳轮与轴套润滑不良	清洗更换润滑油脂
	3. 感应器与隔磁板碰撞	调整感应器或隔磁板位置
	4. 导靴靴衬磨损严重	更换靴衬
	5. 滚动靴轴承磨损	更换轴承
	6. 制动器间隙过大或过小	调整制动器间隙
	7. 轿顶挂件松动或井道有异物	紧固挂物、清除异物

复习思考题

1. 电梯主要由几部分组成，每部分功能是什么？
2. 电梯的安全装置有哪些？
3. 电梯的常见故障有哪些，如何排除？
4. 电梯安全管理规程有哪些？
5. 电梯安全检验内容是什么？

技能实训四　电梯结构及安全防护实训

一、实训目标

1. 了解电梯的主要组成部分，掌握电梯的安全保护装置。
2. 针对实际系统制定电梯使用、维护等有效的安全措施。

二、任务描述

电梯是一种特殊的运输机械，安全技术特别重要。由于电梯需频繁启动、制动、升降，所以电梯的各个部件都要求绝对安全可靠。尤其对电梯重要部位的机械强度和可靠性要求特别高，同时还要采取各种机械的、电气的安全保护措施，以确保设备、司乘人员的安全。

本实训在仿真电梯实训装置和实物电梯上进行。首先要求实地调查电梯的种类、差异以及主要的组成部分，了解电梯的安全保护装置以及工作原理，了解电梯使用过程中的常见故障及日常维护等。

在仿真电梯实训装置完成保护装置实训、电梯故障设置与排除操作实训等。

针对乘客电梯，提出安全实用的预防措施、施救方案等。

三、任务准备

任务准备包括3个方面：首先查资料了解关于电梯的相关内容，其次在仿真电梯实训室完成相关实训，最后去电梯使用场合完成电梯使用的相关调研工作。

四、知识要点

1. 电梯是一种复杂的机电产品，了解电梯的组成和实现使用功能的工作原理，是搜集机械基础信息程序的要求。这些信息对于确定机械作业危险区，分析工艺过程中人员暴露于危险作业区的时间和频次，以及作业人员介入的操作方式和性质，从而进行危险识别、安全风险评价，以及制定针对性的安全措施都是非常重要的。

2. 安全防护是指采用特定的技术手段，防止人们遭受不能由设计适当避免或充分限制的各种危险的安全措施。电梯作为运输设备，不但在结构设计方面具有极大的安全系数来保障运行安全，而且还专门设置了一些安全装置，在电梯发生意外故障和损害时起作用，使其避免危险。了解设备的安全装置，时刻保证其正常运行是风险预防有力的措施之一。

3. 实现系统安全必须综合采用各种安全措施，包括安全技术措施、安全教育措施和安全管理措施。

五、实训过程

1. 查资料了解电梯的组成、分类。

2. 去电梯使用现场，查阅电梯使用记录，了解电梯日常使用、维修、维护等管理措施及规定。

3. 在仿真电梯实训装置完成电梯基本结构的直观认识以及工作原理的学习。

4. 在仿真电梯实训装置完成保护装置操作、故障设置以及排除的实训。

5. 完成实训报告的书写。

六、注意事项

1. 在操作使用仿真电梯之前，请仔细阅读注意事项，并严格按使用说明进行操作，以避免造成不必要的损失。

2. 仿真电梯几乎具备了真实电梯的全部结构及功能，其运行控制方式相对较为庞大，初学者必须在专业老师指导下试验、调试。

3. 现场调研一定要注意安全。

七、总结与思考

1. 总结电梯的基本构成。

2. 总结电梯的主要安全装置。

3. 思考电梯的日常维护与管理内容。

第六章
起重机械安全技术

本章学习目标

1. 了解起重机械的类型、技术参数、基本组成结构及其特点。

2. 掌握起重机械安全防护装置的结构、类型及安全功能，熟知其安全防护装置的作用。

3. 了解起重机械重要零部件的安全技术及重要部件报废标准。

4. 掌握起重机械安全作业管理及检验方法。

5. 了解起重机械常见事故类型，掌握事故防范措施。

第一节　起重机械概述

起重机械是指用于垂直升降或者垂直升降并水平移动重物的机电设备，其范围规定为额定起重量大于等于0.5 t的升降机；额定起重量大于等于1 t，且提升高度大于等于2 m的起重机和承载形式固定的电动葫芦等。起重机械广泛应用于国民经济建设的各个部门，起着减轻体力劳动、节省人力、提高劳动生产率和促进生产过程机械化的作用。由于起重搬运机械的作业特点是将物品在一定范围内进行提升和搬运，如果设计、制造、安装、使用、维护等环节上稍微疏忽，就可能造成人身或设备事故，还可能造成很大的经济损失，因此了解起重机械的安全技术尤为重要。

一、起重机械的分类

起重机械可分为轻小起重设备、起重机和升降机。

轻小起重设备包括千斤顶、滑车、手动葫芦和电动葫芦。其特点是构造简单紧凑，一般只有一个升降机构，只能使重物做单一的升降运动。

起重机按起重机构，分为桥架起重机、绳索起重机和臂架型起重机。按起重机的取物装置，分为吊钩起重机、抓斗起重机和电磁起重机等。按起重的运移方式，分为固定起重机、运行起重机和爬升起重机等。按起重机工作机构的驱动方式，分为手动起重机、电动起重机和液压起重机等。

升降机主要指载物和载客电梯、连续工作的乘客升降机等。升降机虽然只有一个升降动作，但远比简单起重机复杂，尤其是载人的升降机，要求有完善的安全装置和其他附属装置。

二、起重机械的基本组成

起重机械不论结构简单和复杂，一般由金属结构、工作机构和电控系统三大部分组成。由于起重机械功能不同，各部分组成情况也有很大区别。

1. 金属结构

金属结构是起重机的骨架，其作用是承受和传递起重机负担的各种工作载荷、自然载荷以及自重载荷。由于超载或疲劳等原因，起重机金属结构局部或整体受力构件出现裂纹和塑性变形，这涉及强度问题。由于超载或冲击振动等原因，起重机金属结构的主要受力构件发生过大的弹性变形，或产生剧烈的振动，这涉及刚度问题。载荷移到悬臂端发生超载或变幅加速度过大，导致带有悬臂的起重机倾翻，这涉及整机倾覆稳定性问题。以上都与起重机金属结构的可靠性和安全性密切相关，因此金属结构必须具有足够的强度、刚度和稳定性，才能保证起重机的正常使用。

（1）桥式起重机的金属结构。桥式起重机如图 6—1 所示，它架设在建筑物固定跨间支柱的轨道上。桥式起重机的金属结构是指桥式起重机的桥架，由主梁、端梁、栏杆、走台、轨道和司机室等构件组成，如图 6—2 所示。桥式起重机的桥架主梁与端梁之间采用焊接或螺栓连接。端梁多采用钢板组焊成箱形结构。主梁截面结构形式多种多样，常用的为箱形截面梁或桁架式主梁。

（2）门式起重机的金属结构。门式起重机与桥式起重机的主要区别在桥梁部分，门式起重机在主梁的两端有两个高大的支腿，大车行走车轮装在支承腿的地梁上，沿着铺设在地面上的轨道纵向运行。其金属结构主要由主梁、端梁、马鞍、支腿、下横梁以及小车架等部分组成。根据门架的结构特点，金属结构可分为无悬臂式、双悬臂式（图 6—3）和单悬臂式等。

（3）塔式起重机的金属结构。塔式起重机的金属结构是指塔式起重机的塔架，自升塔式起重机的金属结构如图 6—4 所示，是塔式起重机的典型产品。

自升塔式起重机的塔架由塔身、臂架、平衡臂、爬升套架、附着装置及底座等构件组成，其中塔身、臂架和底座是主要受力构件，臂架和平衡臂与塔身之间通过销轴

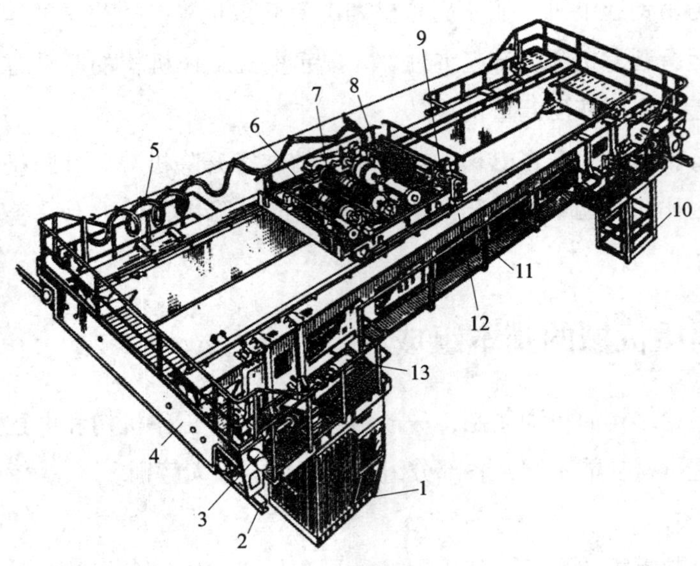

图 6—1　桥式起重机

1—司机室　2—大车轨道　3—缓冲器　4—大梁　5—电缆　6、7—主、副起升机构　8—起重小车　9—小车运行机构　10—吊笼　11—走台栏杆　12—主梁　13—大车运行机构

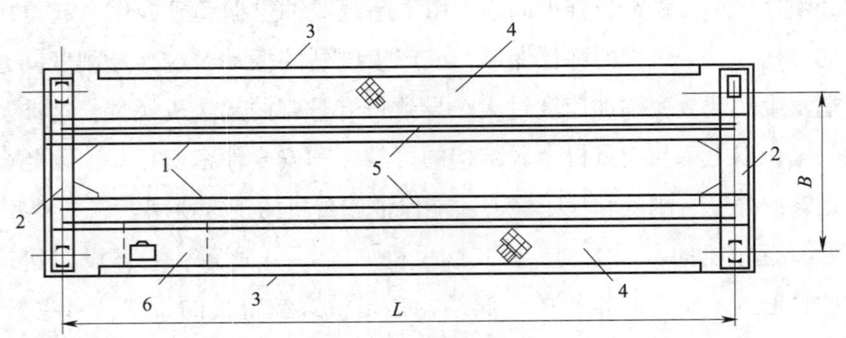

图 6—2　桥式起重机桥架

1—主梁　2—端梁　3—栏杆　4—走台　5—轨道　6—司机室

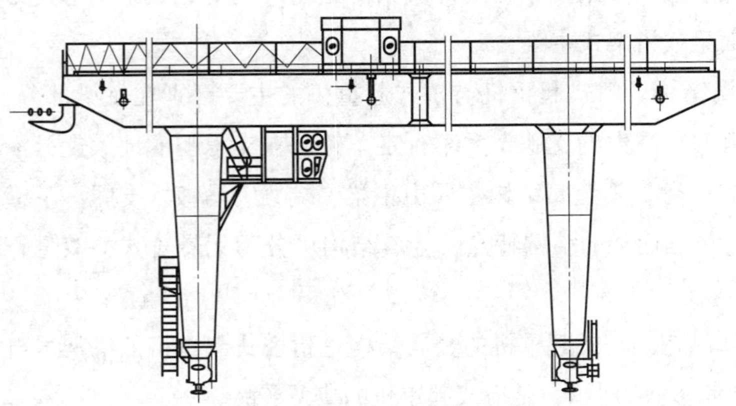

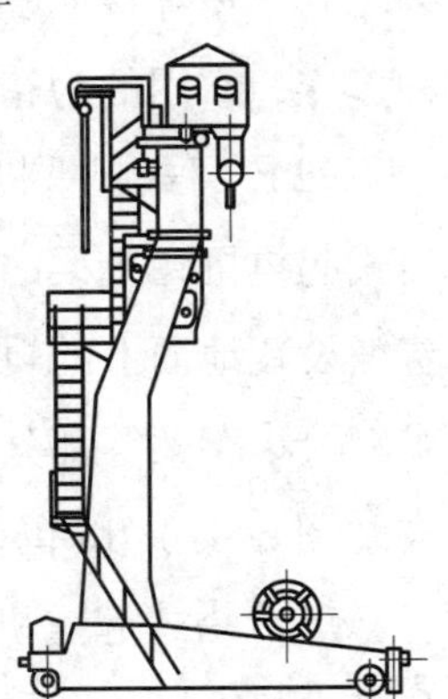

图 6—3　双悬臂式门式起重机

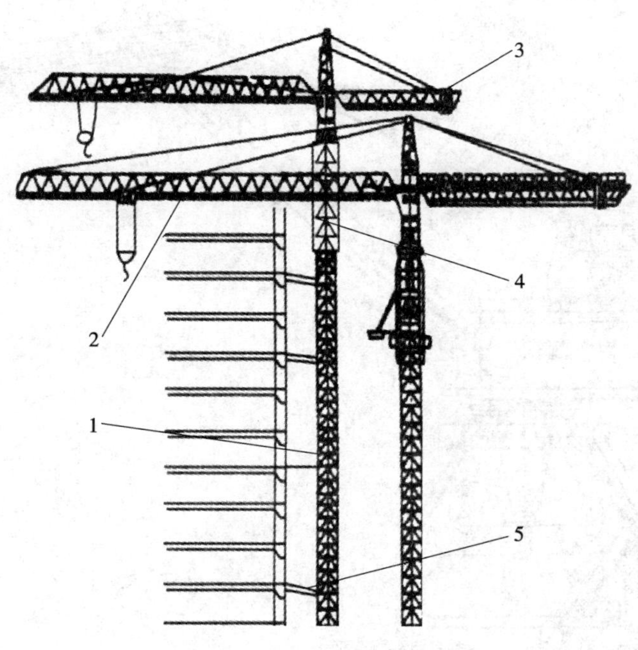

图 6—4　自升塔式起重机

1—塔身　2—臂架　3—平衡臂　4—爬升套架　5—附着装置

相连接，塔身与底座之间通过螺杆连接固定。图 6—4 所示自升塔式起重机属于上回转式中的自升附着型结构形式。塔身是截面为正方形的桁架式结构，由角钢组焊而成。臂架为受弯臂架，截面多为矩形或三角形桁架式结构，由角钢或圆管组焊而成。

（4）门座起重机的金属结构。刚性拉杆式组合臂架式门座起重机的金属结构由交叉式门架、转柱、桁架式人字架与刚性拉杆组合臂架等构件组成，如图 6—5 所示。其中门架、人字架和臂架是主要受力构件，各构件之间采用销轴连接或螺栓连接固定。

（5）流动式起重机的金属结构。它包括汽车起重机（图 6—6）、轮胎起重机（图 6—7）、履带起重机（图 6—8）的金属结构，主要由吊臂、转台和车架等构件组成。

吊臂结构形式分为桁架式和伸缩臂式，桁架式吊臂由型钢或钢管组焊而成，伸缩臂式为箱形结构。吊臂是主要受力构件，它直接影响起重机的承载能力、整机稳定性和自重的大小。

转台分为平面框式和板式两种结构形式，均为钢板和型钢组合焊接构件。转台用来安装吊臂、起升机构、变幅机构、旋转机构、配重、电动机和司机室等。

车架又称为底架，分为平面框式和整体箱形结构。车架用来安装底盘与运行部分。

2. 工作机构

为了满足起重运输作业的要求，一般起重机要实现升降、移动、旋转、变幅、爬升以及伸缩等动作，这些动作由相应的机构完成。起重机最基本的四大机构为起升机构、运行机构、变幅机构和回转机构（又称旋转机构）。

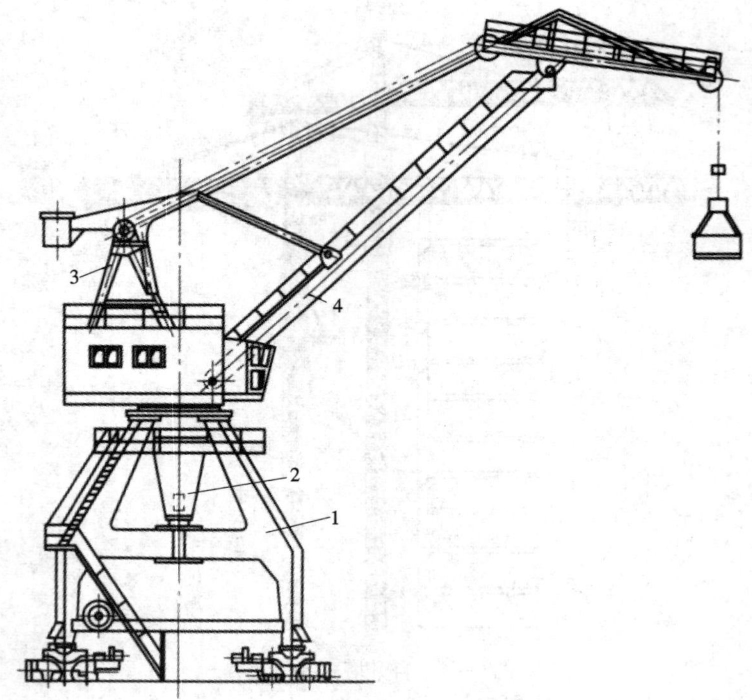

图 6—5　刚性拉杆式组合臂架式门座起重机

1—交叉式门架　2—转柱　3—桁架式人字架　4—刚性拉杆组合臂架

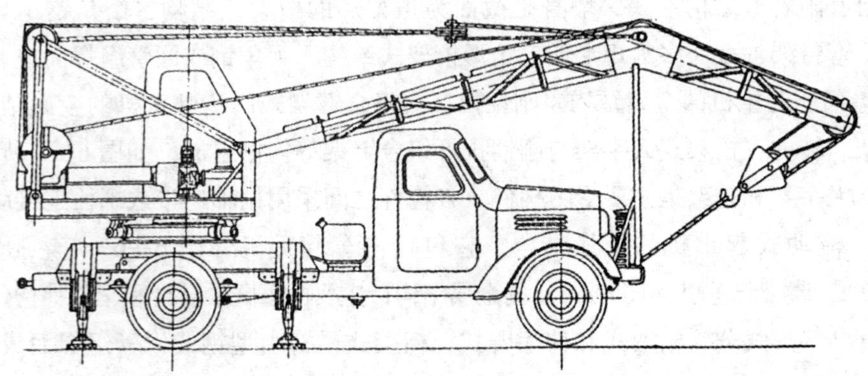

图 6—6　汽车起重机的钢结构

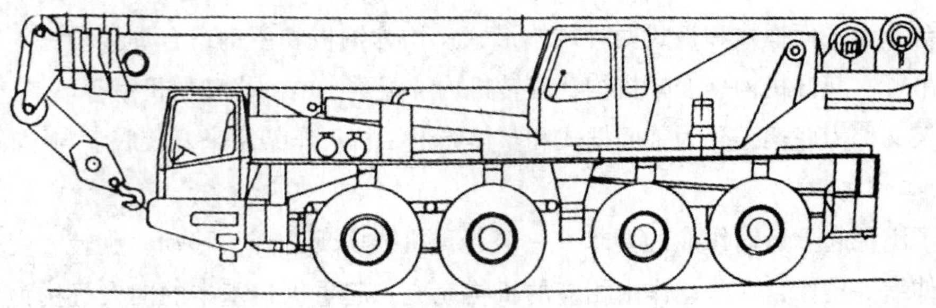

图 6—7　轮胎起重机的钢结构

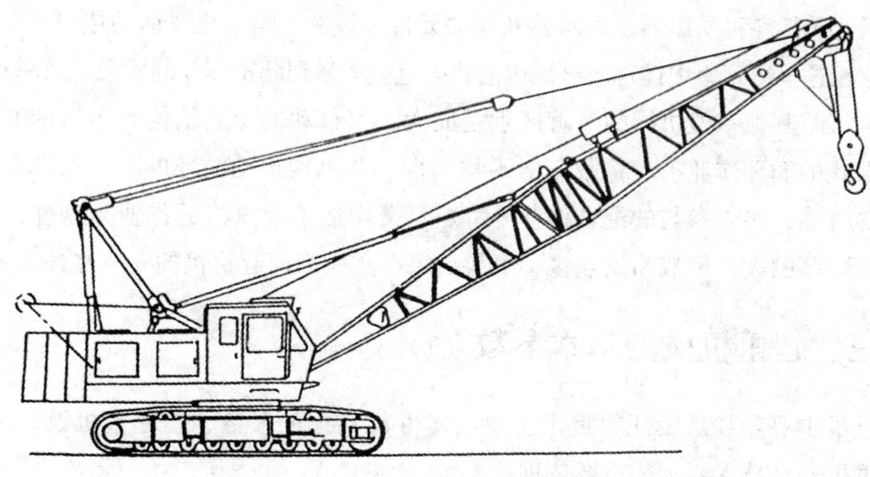

图 6—8　履带式起重机的金属结构

（1）起升机构。起升机构由驱动装置、制动装置、传动装置和取物缠绕装置组成，用来实现物料的垂直升降，是任何起重机不可缺少的部分，因而是起重机最主要、最基本的机构。

（2）运行机构。运行机构是通过起重机或起重小车运行来实现水平搬运物料的机构，有无轨运行和有轨运行之分，按其驱动方式不同，分为自行式和牵引式两种。起重机的运行机构可分为集中驱动和分别驱动两种形式。集中驱动是由一台电动机通过传动轴驱动两边车轮转动运行的运行机构形式，只适合小跨度的起重机或起重小车。分别驱动是两边车轮分别采用两套独立、无机械联系的驱动装置的运行机构形式。

（3）变幅机构。变幅机构是臂架起重机特有的工作机构。变幅机构通过改变臂架的长度和仰角来改变作业幅度。

（4）回转机构。回转机构由驱动装置、制动装置、传动装置和回转支承装置组成。其作用是使臂架绕着起重机的垂直轴线做回转运动，在环形空间运移物料。

起重机通过某一机构的单独运动或多机构的组合运动来达到搬运物料的目的。

起重机的每个机构均由四种装置组成：驱动装置、制动装置、传动装置以及与机构的作用直接相关的专用机构，如起升机构的取物缠绕装置、运行机构的车轮装置、变幅机构的变幅装置和回转机构的旋转支承装置等。

常见的驱动装置有电力驱动、内燃机驱动和人力驱动等。电力驱动是现代起重机的主要驱动类型。

制动装置是制动器，根据不同类型起重机的需求，采用块式、盘式、带式等。

传动装置是指减速器、联轴器、传动轴等。减速器有定轴齿轮、蜗轮和行星等形式。

3．电控系统

通过电气、液压系统控制操纵起重机各机构及整机的运动，进行各种起重作业。控

制操纵系统包括各种操纵器、显示器及相关元件和线路，是人机对话的接口。安全人机学的要求在这里得到集中体现。该系统的状态直接关系到起重作业的质量、效率和安全。

起重机与其他一般机械的显著区别是庞大、可移动的金属结构和多机构的组合工作。间歇式的循环作业、起重载荷的不均匀性、各机构运动循环的不一致性、机构负载的不等时性、多人参与的配合作业等特点，又增加了起重机的作业复杂性，安全隐患多，危险范围大，事故易发点多，事故后果严重，因而起重机的安全格外重要。

三、起重机械的基本参数

起重机主要参数是表征起重机主要技术性能指标的参数，是起重机设计的依据，也是起重机安全技术要求的重要依据。

1．起重量 G

起重量指被起升重物的质量，单位为 kg 或 t，可分为额定起重量、最大起重量、总起重量、有效起重量等。

（1）额定起重量 G_n。额定起重量为起重机能吊起的物料连同可分吊具或属具（如抓斗、电磁吸盘、平衡梁等）质量的总和。起重机标牌上标定的起重量，通常都是指起重机的额定起重量。对于臂架类型起重机，其额定起重量是随幅度而变化的，其起重特性指标用起重力矩来表征。标牌上标定的值是最大起重量。

（2）总起重量 G_z。总起重量为起重机能吊起的物料连同可分吊具和长期固定在起重机上的吊具和属具（包括吊钩、滑轮组、起重钢丝绳以及在起重小车以下的其他起吊物）的质量总和。

（3）有效起重量 G_p。有效起重量为起重机能吊起的物料的净质量。

2．起升高度 H

起升高度是指起重机运行轨道顶面（或地面）到取物装置上极限位置的垂直距离，单位为 m。通常用吊钩时，计算到吊钩钩环中心；用抓斗及其他容器时，算到容器底部。

（1）下降深度 h。当取物装置可以放到地面或轨道顶面以下时，其下放距离称为下降深度，即吊具最低工作位置与起重机水平支承面之间的垂直距离。

（2）起升范围 D。起升范围为起升高度 H 和下降深度 h 之和，即吊具最高和最低工作位置之间的垂直距离，即 $D=H+h$。

3．跨度 S

跨度指桥式类型起重机运行轨道中心线之间的水平距离，单位为 m。

桥式类型起重机的小车运行轨道中心线之间的距离称为小车的轨距。地面有轨运行的臂架式起重机的运行轨道中心线之间的距离称为该起重机的轨距。

4. 幅度 L

旋转臂架式起重机的幅度是指旋转中心线与取物装置铅垂线之间的水平距离，单位为 m。非旋转类型的臂架起重机的幅度是指吊具中心线至臂架后轴或其他典型轴线之间的水平距离。当臂架倾角最小或小车位置与起重机回转中心距离最大时的幅度为最大幅度，反之为最小幅度。

5. 轨距或轮距 K

对于臂架式起重机，轨距为轨道中心线或起重机行走轮踏面（或履带）中心线之间的水平距离。对于铁路起重机，轨距为运行线距两钢轨头部顶面下内侧 16 mm 处的水平距离。对于起重小车，轨距为小车轨道中心线之间的距离。起重机两侧为双轨道线路时，轨距为双轨几何中心线之间的距离。

6. 工作速度 v

工作速度是指起重机工作机构在额定载荷下稳定运行的速度。

（1）起升速度 v_q。起升速度是指起重机在稳定运行状态下，额定载荷的垂直位移速度，单位为 m/min。

（2）大车运行速度 v_k。大车运行速度是指起重机在水平路面或轨道上带额定载荷的运行速度，单位为 m/min。

（3）小车运行速度 v_t。小车运行速度是指稳定运动状态下，小车在水平轨道上带额定载荷的运行速度，单位为 m/min。

（4）变幅速度 v_1。变幅速度是指稳定运动状态下，在变幅平面内吊挂最小额定载荷，从最大幅度至最小幅度的水平位移平均线速度，单位为 m/min。

（5）行走速度 v。行走速度是指在道路行驶状态下，流动式起重机吊挂额定载荷的平稳运行速度，单位为 km/h。

（6）旋转速度 ω。旋转速度是指稳定运动状态下，起重机绕其旋转中心的旋转速度，单位为 r/min。

臂架式起重机的主要技术参数还包括起重力矩等。对于轮胎、汽车、履带、铁路起重机，其爬坡度和最小转弯半径也是主要技术参数。对于某些类型的起重机而言，生产率、轨距、基距、最大轮压、自重、外形尺寸等也是重要的参数。

四、起重机的工作级别

1. 起重机利用等级

利用等级表征起重机在其有效生命周期的使用频繁程度，用总的工作循环次数 N 表示。根据总的工作循环次数 N，把起重机利用等级分为 $U_0 \sim U_9$ 共 10 级，见表 6—1。

表 6—1　　　　起重机的利用等级

利用等级	总的工作循环次数 N	备注
U_0	1.6×10^4	不经常使用
U_1	3.2×10^4	
U_2	6.3×10^4	
U_3	1.25×10^5	
U_4	2.5×10^5	经常清闲地使用
U_5	5×10^5	经常中等地使用
U_6	1×10^6	不经常繁忙地使用
U_7	2×10^6	繁忙地使用
U_8	4×10^6	
U_9	$>4\times10^6$	

2. 起重机的载荷状态

根据起重机的使用场合和服务对象，有的起重机经常轻载，偶然满载，有的起重机频繁满载。起重机受载的轻重程度称为起重机的载荷状态，分为 4 级，见表 6—2。

表 6—2　　　　起重机的载荷状态

载荷状态	载荷谱系数 K_P	说明
Q_1—轻	$K_p\leqslant0.125$	很少起升额定载荷，一般起升轻微载荷
Q_2—中	$0.125<K_p\leqslant0.250$	有时起升额定载荷，一般起升中等载荷
Q_3—重	$0.250<K_p\leqslant0.500$	经常起升额定载荷，一般起升较重载荷
Q_4—特重	$0.500<K_p\leqslant1.000$	频繁起升额定载荷

3. 起重机工作级别

根据起重机的 10 个使用等级和 4 个载荷状态级别，起重机整机的工作级别划分为 $A_1\sim A_8$ 共 8 个级别，见表 6—3。

表 6—3　　　　起重机整机的工作级别

载荷状态级别	载荷谱系数 K_p	起重机的使用等级									
		U_0	U_1	U_2	U_3	U_4	U_5	U_6	U_7	U_8	U_9
Q_1	$K_p\leqslant0.125$	A_1	A_1	A_1	A_2	A_3	A_4	A_5	A_6	A_7	A_8
Q_2	$0.125<K_p\leqslant0.250$	A_1	A_1	A_2	A_3	A_4	A_5	A_6	A_7	A_8	A_8
Q_3	$0.250<K_p\leqslant0.500$	A_1	A_2	A_3	A_4	A_5	A_6	A_7	A_8	A_8	A_8
Q_4	$0.500<K_p\leqslant1.000$	A_2	A_3	A_4	A_5	A_6	A_7	A_8	A_8	A_8	A_8

根据机构的 10 个使用等级和 4 个载荷状态级别，机构单独作为一个整体进行分级的工作级别，划分为 $M_1\sim M_8$ 共 8 级，见表 6—4。

表 6—4　　机构的工作级别

载荷状态级别	载荷谱系数 K_m	机构的使用等级									
		T_0	T_1	T_2	T_3	T_4	T_5	T_6	T_7	T_8	T_9
L_1	$K_m \leqslant 0.125$	M_1	M_1	M_1	M_2	M_3	M_4	M_5	M_6	M_7	M_8
L_2	$0.125 < K_m \leqslant 0.250$	M_1	M_1	M_2	M_3	M_4	M_5	M_6	M_7	M_8	M_8
L_3	$0.250 < K_m \leqslant 0.500$	M_1	M_2	M_3	M_4	M_5	M_6	M_7	M_8	M_8	M_8
L4	$0.500 < K_m \leqslant 1.000$	M_2	M_3	M_4	M_5	M_6	M_7	M_8	M_8	M_8	M_8

第二节　起重机械安全防护装置

为保证起重机械设备与人员的安全，各类起重机均设有多种安全防护装置。常见的起重机械安全防护装置有各种类型的限位器、缓冲器、防碰撞装置、防偏斜和偏斜指示装置、夹轨器、超载限制器和力矩限制器等。起重机安全防护装置按安全功能大致可分为安全装置、防护装置、指示报警装置及其他安全防护措施。

一、超载限制器

超载作业对起重机危害很大，既可能造成起重机主梁下挠，主梁上盖板及腹板失稳、出现裂纹或焊缝开裂，也可能造成起重机臂架或塔身折断等重大事故。超载会破坏起重机的整体稳定性，有可能发生整机倾覆等恶性事故。超载作业所产生的过大应力可以使钢丝绳拉断、传动部件损坏、电动机烧毁，或由于制动力矩相对不足，导致制动失效等。超载限制器也称起重量限制器，是一种超载保护安全装置。其功能是当载荷超过额定值时，使起升动作不能实现，从而避免超载。

（1）超载保护装置按其功能可分为自动停止型、报警型和综合型等。

1）自动停止型超载限制器。当起升质量超过额定起重量时，能停止起重机向不安全方向继续动作，同时允许起重机向安全方向动作。向安全方向动作是指吊载下降、收缩臂架、减小幅度及这些动作的组合。自动停止型一般为机械式超载限制器，多用于塔式起重机。其工作原理是通过杠杆、偏心轮、弹簧等反映载荷的变化，根据这些变化与限位开关配合起到保护作用。

2）报警型超载限制器。该类装置能显示出起重量，并当起重量达到额定起重量的95%～100%时，能发出报警的声光信号。

3）综合型超载限制器。该类装置能在起重量达到额定起重量的95%～100%时发出报警的声光信号，当起升重量超过额定起重量时，能停止起重机向不安全方向继续动作。

（2）超载限制器按结构形式可分为机械型、液压型和电子型等。

1）机械型的超载限制器有杠杆式和弹簧式等。

2）电子超载限制器的逻辑框图如图 6—9 所示。电子超载限制器属于电子类型载荷限制器，可以根据事先调节好的起重量来报警，一般将报警起重量调节为额定起重量的 90%，将自动切断电源的起重量调节为额定起重量的 110%。

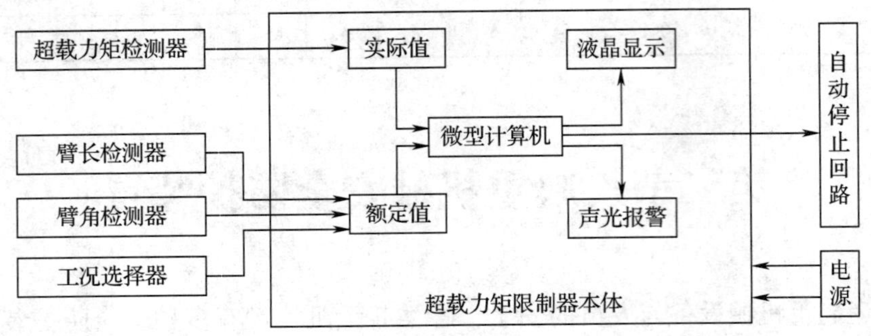

图 6—9　电子超载限制器框图

二、力矩限制器

臂架式起重机的工作特点是工作幅度具有可变性，工作幅度是臂架式起重机的重要参数。臂架式起重机是用起重力矩特性来反映载荷状态的，而力矩值是由起重量、幅度（臂长与臂架倾角余弦的乘积）和作业工况等多个参数决定的。当起重力矩大于允许的极限力矩时，轻者造成臂架折弯或折断，重者造成起重机整机失稳而倾覆。《起重机械安全规程》规定：起重量等于或大于 16 t 的汽车起重机、轮胎起重机应装力矩限制器；起重能力等于或大于 25 t · m 的塔式起重机应装力矩限制器。

常用的起重力矩限制器为机械式和电子式等。电子式起重力矩限制器由载荷检测器、臂长检测器、角度检测器、工况选择器和微型计算机构成。当起重机进入工作状态时，将实际各参数的检测信号输入计算机，经过运算、放大、处理后，显示相应的数值，并与事先存入的额定起重力矩值比较。当实际值达到额定值的 90% 时，发出预警信号；当超载时，则一边发出警报信号，同时起重机停止向危险方向（如起升、伸臂、降臂、回转）继续动作。

三、缓冲器

设置缓冲器的目的是吸收起重机的运行动能，以减缓冲击。因为当运行极限位置限制器或制动装置发生故障时，由于惯性的原因，起重机将运行到终点与止挡体相撞。缓冲器设置在起重机或起重小车与止挡体相碰撞的位置。在同一轨道上运行的起重机之间，以及在同一起重机桥架上双小车之间也应设置缓冲器。

1．缓冲器的类型

缓冲器类型较多，常用的缓冲器有弹簧缓冲器、橡胶缓冲器和液压缓冲器等。

2．缓冲器的选择计算

缓冲器在碰撞之前，一般应切断运行极限位置限制器的限位开关，使机构在断电且制动状况下发生碰撞，以减小对起重机的冲撞和振动。因此行程开关设置的距离显得非常重要，需要设计计算后确定。缓冲器的选择计算如下：

（1）缓冲器的冲击动能可用式（6—1）表示。

$$E = mU_p^2/2 - \sum P_r s \tag{6—1}$$

式中　m——冲击质量，kg；

s——缓冲距离，m；

$\sum P_r$——包括制动器作用的总运行阻力，N；

U_p——运行速度，m/s。

（2）缓冲距离可用式（6—2）计算。

$$s = U_p^2/\alpha_{max} \tag{6—2}$$

式中　α_{max}——允许的最大减速度，取 $4m/s^2$。

已知 E、s、α_{max} 后，可以从缓冲器样本中选择合适的缓冲器型号。

四、限位器

限位器是用来限制各机构在某范围内运转的一种安全防护装置，但不能利用限位器停车。限位器包括两种类型：一类是保护起升机构安全运转的上升极限位置限制器和下降极限位置限制器；另一类是限制运行机构的运行极限位置限制器。

1．上升极限位置限制器和下降极限位置限制器

上升极限位置限制器用于限制取物装置的起升高度。当吊具起升至上极限位置时，为防止吊钩等取物装置继续上升拉断起升钢丝绳，限位器能自动切断电源，使起升机构停止，避免发生重物坠落事故。

下降极限位置限制器在取物装置下降至最低位置时，能自动切断电源，使起升机构下降，运转停止，此时应保证钢丝绳在卷筒上缠绕余留的安全圈不少于 3 圈。

2．运行极限位置限制器

运行极限位置限制器由限位开关和安全尺式撞块组成。其工作原理是，当起重机运行到极限位置后，安全尺触动限位开关的传动柄或触头，带动限位开关内的闭合触头分开而切断电源，起重机将在允许的制动距离内停车，即可避免因硬性碰撞止挡体对运行的起重机产生过度的冲击碰撞。凡是有轨运行的各种类型的起重机，均应设置

运行极限位置限制器。

 五、防碰撞装置

同层多台或多层设置的桥式类型起重机容易发生碰撞。在作业情况复杂、运行速度较快时，单凭司机判断来避免事故是很困难的。为了防止起重机在轨道上运行时碰撞邻近的起重机，运行速度超过 120 m/min 时，应在起重机上设置防碰撞装置。其工作原理是，当起重机运行到危险距离范围时，防碰撞装置便发出警报，进而切断电源，使起重机停止运行，避免起重机之间的相互碰撞。

防碰撞装置有多种类型，均利用光或电波传播反射的测距原理，在两台起重机相对运动到设定距离时，自动发出警报，并可以同时发出停车指令。目前的产品主要有激光式、超声波式、红外线式和电磁波式等类型。

 六、防偏斜装置

大跨度的门式起重机和装卸桥的两边支腿，在运行过程中，当出现相对超前或滞后的现象时，起重机的主梁与前进方向就会发生偏斜，轻者造成大车车轮啃轨道，重者会导致桥架被扭坏，甚至发生倒塌事故。为了防止大跨度的门式起重机和装卸桥在运行过程中产生过大的偏斜，应设置偏斜限制器、偏斜指示器或偏斜调整装置等，以保证起重机支腿在运行中不出现超偏现象，即通过机械和电气的联锁装置，将超前或滞后的支腿调整到正常位置，以防桥架被扭坏。当桥架偏斜达到一定量时，应能向司机发出信号或自动进行调整；当超过许用偏斜量时，应能使起重机自动切断电源，使运行机构停止运行，保证桥架安全。

常见的防偏斜装置有钢丝绳式防偏斜装置、凸轮式防偏斜装置、链式防偏斜装置和电动式防偏斜指示及自动调整装置等。

 七、夹轨器和锚定装置

《起重机械安全规程》规定：露天工作的起重机应设置夹轨器、锚定装置或铁鞋。对于在轨道上露天工作的起重机，其夹轨器、锚定装置或铁鞋应能保证非工作状态下在最大风力时不至于被吹倒。

1. 手动式夹轨器

手动式夹轨器包括垂直螺杆式夹轨器和水平螺杆式夹轨器。手动式夹轨器结构简单、紧凑，操作维修方便，但由于受到螺杆夹紧力的限制，安全性能差，且遇到大风袭击时，往往不能及时上钳夹紧，仅适用于中小型起重机。

2. 电动式夹轨器

电动式夹轨器有重锤式、弹簧式和自锁式等类型。

楔形重锤式电动夹轨器的优点是操作方便，工作可靠，易于实现自动上钳。缺点是自重大，重锤与滚轮间易磨损。

重锤式自动防风夹轨器能够在起重状态下使钳口始终保持一定的张开度，并能在暴风突然袭击的情况下起到安全防护作用。它具有一定的延时功能，在起重机制动完成后才起作用，这样可以避免由于突然制动而造成过大的惯性力。它与楔形重锤式夹轨器相比，具有自重小、对中性好的优点，可以自动防风，安全可靠，应用广泛。

3. 电动、手动两用夹轨器

电动、手动两用夹轨器主要通过电动工作，同时也可以通过转动手轮使夹轨器上的夹钳夹紧。当采用电动机驱动时，电动机带动减速锥齿轮，通过螺杆和螺母压缩弹簧产生夹紧力，使夹钳夹紧，电气联锁装置工作，终点开关断电，自动停止电动机运转。该夹轨器可以在运行机构使螺母退到一定行程后触动终点开关，运行机构方可通电运行。螺杆上装有手轮，当发生电气故障时，可以手动上钳或松钳。

4. 锚定装置

通常在轨道上每隔一段距离设置一个锚定装置，它的作用是将起重机与轨道基础固定。当大风袭击时，将起重机开到设有锚定装置的位置，用锚柱将起重机与锚定装置固定，能起到抗风防滑、保护起重机的作用。

八、防止起重机臂触电和支腿自动调平安全装置

防止起重机臂触电装置是采用电磁感应的原理制成的，由发射机和接收机两部分组成。发射机安装在起重机臂端，而接收机安装在司机室内。发射机的电源是自动控制的，当起重机臂抬起 10°时，电源自动接通，发射机处于工作状态。接收机的电源采用车体电源，只要司机接通动力，接收机即处于工作状态，同时与限位电磁阀连接。当起重机臂距离电力线（220 ~ 380 V）1.5 m 时则能发出警报，并且能切断继续向危险方向运动的动力源。

汽车式起重机在作业时，必须打支腿并且保证 4 个支腿在一个水平面上，否则就有可能发生翻车事故。如果装有支腿自动调整装置，则可避免这类事故的发生。支腿的自动调平装置由水平检测器、PC 控制器、换向阀、开关阀等组成。重力摆式水平检测器由重力摆和金属桶体构成，金属桶体安装在回转支承平面上，当车体（支腿）水平时，重力摆铅垂，和各触头不接触，支腿液压缸停止工作。当车体（支腿）倾斜时，重力摆会与支腿较低一侧的触头接触，于是产生一个电信号，并且输入 PC 控制器，自动驱动电磁阀，使低位支腿液压缸的活塞伸出，经过几次调整，车体将处于水平自动状态，重力摆与 8 个方向的触头均脱离接触，并且发出信号，起重机可以正常作业。重力摆放在硅油池中，增加阻尼，缩短重力摆的衰减时间。

第三节　起重机械重要零部件安全技术

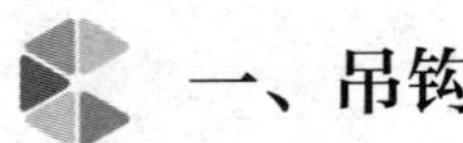

一、吊钩

吊钩是起重机最常使用的取物装置，与动滑轮组合成吊钩组，通过起升机构的卷绕系统将被吊物料与起重机联系起来。

吊钩在起重作业中频繁受到冲击重载荷的反复作用，一旦发生断裂，可导致重物坠落，造成重大人身伤亡事故。因此，吊钩应有足够的承载力，同时要求有一定韧性，避免突然断裂的危险，以保证作业人员安全和被吊运物料不受损害。

1. 吊钩的种类

目前常用的吊钩按形状分为单钩和双钩，按制造方法分为模锻钩和叠片钩（板式钩）。

锻造钩用 20 钢，经过锻压和冲压、退火处理，再进行机械加工而成。模锻单钩在中小起重机（起重量在 80 t 以下）上广泛采用。模锻双钩制造较单钩复杂，但受力对称，钩体材料更能被充分利用，主要在大型起重机（起重量在 80 t 以上）上采用。板式钩一般用在起重量较大的起重机上，一般用 Q345 钢，由厚度为 30 mm 的成形板片重叠铆合而成。叠片式吊钩一般不会同时整体断裂，故工作可靠性比整体锻造吊钩高。缺点是只能做成矩形截面，钩体材料不能充分利用，自重较大，主要用于大起重量起重机或冶金起重机（如铸造起重机）上。

2. 吊钩的结构和危险断面

吊钩的结构以锻造单钩为例说明。吊钩可以分为钩身和钩柄两部分。钩身是承受载荷的主要区段，制成弯曲形状，并留有钩口以便挂吊索。它最常见的截面形状是梯形，最合理的受力截面是 T 形（锻造工艺复杂）。钩柄常制有螺纹，便于用吊钩螺母将钩子支承在吊钩横梁上。

对吊钩进行检验，必须知道吊钩的危险截面所在，而危险截面是根据受力分析找出来的。吊钩的危险截面有 3 个，如图 6—10 所示。下面按平面弹性曲杆理论对吊钩的受载状况进行受力分析。

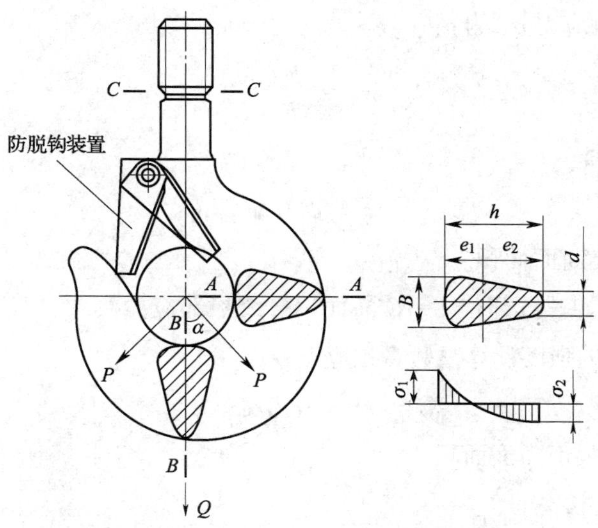

图 6—10　铸造单钩危险截面分析

（1）水平断面 A—A。A—A 断面受力最大。起升载荷 P_Q 对 A—A 断面的作用为偏心拉力，在断面上形成弯曲和拉伸组合应力作用。断面内侧应力为最大拉应力 σ_1，断面外侧为最大压应力 σ_2，可用式（6—3）和式（6—4）计算。

$$\sigma_1 = \frac{\psi_2 Q_2 e_1}{F_A KD \leqslant [\sigma]} \tag{6—3}$$

$$\sigma_2 = \frac{\psi_2 Q_2 e_2}{F_A K(D+2h) \leqslant [\sigma]} \tag{6—4}$$

式中　$[\sigma]$——吊钩许用应力；

ψ_2——起升载荷动载系数；

Q_2——额定起重量的重力；

F_A——A—A 断面面积；

K——曲杆断面的形状系数；

e_1，e_2——断面形心至钩内、外侧的距离；

h——梯形断面的高；

D——钩口直径。

（2）钩身垂直断面 B—B。B—B 断面虽然受力不如 A—A 断面大，却是吊索剧烈磨损的部位。随着断面面积减小，承载能力下降，应按实际磨损的断面尺寸计算。危险的受力情况是当系物吊索分支的夹角较大时，吊索每分支受力 P 为：

$$P = \frac{Q}{2\cos\alpha} \tag{6—5}$$

分解此力，偏心拉力为 $P\sin\alpha = Q/2\tan\alpha_{max}$，切力为 $P\cos\alpha = Q/2$，其中 α 为分支受力与重力的夹角。偏心拉力产生与 A—A 断面相似的受力情况，按 $\alpha_{max} = 45°$ 考虑，

$B—B$ 断面的内侧拉应力 σ_3 为：

$$\sigma_3 = \frac{\psi_2 Q_2 e_1}{F_B KD} \tag{6—6}$$

切应力 r 为：

$$r = \psi_2 Q / F_B \tag{6—7}$$

式中　F_B——$B—B$ 断面面积。

（3）钩柄尾部的螺纹部位 $C—C$ 断面。螺纹根部应力集中，容易受到腐蚀，会在缺陷处断裂。螺纹的强度计算只验算拉应力 σ_4：

$$\sigma_4 = \psi_2 Q / F_C \tag{6—8}$$

式中　Fc——螺纹根部断面面积。

3．吊钩的安全检查

经常和定期进行安全检查是保证吊钩安全的重要环节，危险断面是安全检查的重点。安装使用前应检查新吊钩合格证明，做负荷试验，并测量吊钩的原始开口度尺寸。3 个危险断面应用煤油清洗，检查吊钩的表面状况，通过探伤装置检查吊钩的内部状况。必须安装防止吊物意外脱钩的安全装置。

4．吊钩的报废标准

吊钩出现下列情况之一时应予报废：①裂纹；②危险断面磨损达原尺寸的 10%；③开口度比原尺寸增加 15%；④钩身扭转变形超过 10′；⑤吊钩危险断面或吊钩颈部产生塑性变形；⑥吊钩螺纹被腐蚀；⑦片钩衬套磨损达原尺寸的 50% 时应更换衬套；⑧片钩心轴磨损达原尺寸的 5% 时应更换心轴。

二、钢丝绳

钢丝绳是起重机上应用最广泛的挠性构件，也是起重机械安全生产三大重要构件（制动器、钢丝绳、吊钩）之一。在正常情况下使用的钢丝绳不会发生突然破断，但可能会因为承受的载荷超过其极限破断力而破坏。钢丝绳的破坏是有前兆的，一般从断丝开始，极少出现整条绳突然断裂的现象，钢丝绳的破坏会导致严重的后果。

1．钢丝绳的种类

钢丝绳是由多层钢丝捻成股，再以绳芯为中心，由一定数量股捻绕成螺旋状的绳。钢丝是碳素钢或合金钢通过冷拉或冷轧而成的圆形（或异形）丝材，常用绳芯包括有机纤维（如麻、棉）、合成纤维、石棉芯（高温条件）或软金属等材料。

（1）钢丝绳捻向。按钢丝绳的捻向，钢丝绳可分为右捻绳（Z）和左捻绳（S）。

（2）钢丝绳捻向与绳股捻向的关系。按照钢丝绳的捻向与绳股捻向的关系，可分为交互捻和同向捻钢丝绳。

交互捻（逆捻）：其丝捻成股与股捻成绳的方向相反。由于股与绳的捻向相反，使用中不易扭转和松散，在起重机上广泛使用。

同向捻（顺捻）：其丝捻成股与股捻成绳的方向相同，挠性比交互捻绳好，使用寿命长，但因其易扭转、松散，一般只用来做牵引绳。

根据捻向和捻法的关系，钢丝绳有右交互捻、右同向捻、左交互捻、左同向捻 4 种。右交互捻表示绳为右捻，而绳股的捻向与绳的捻向相反，即绳股为左捻。

（3）按绳股内各层钢丝的接触状态，可分为点接触、线接触、面接触。

1）点接触钢丝绳采用等直径钢丝捻制。由于各层钢丝的捻距不等，各层钢丝与钢丝之间形成点接触。受载时钢丝的接触应力很高，容易磨损、折断，使用寿命较短，优点是制造工艺简单、价廉。点接触钢丝绳常作为起重作业的捆绑吊索，也用于起重机的工作机构。

2）线接触钢丝绳采用直径不等的钢丝捻制。将内外层钢丝适当配置，使不同层钢丝与钢丝之间形成线接触，受载时钢丝的接触应力降低。线接触绳承载力高、挠性好、使用寿命较长。常用的线接触钢丝绳有西尔（X）型、瓦林吞（W）型（也称粗细型）、填充（T）型等。推荐性国家标准《起重机设计规范》（GB/T 3811—2008）规定在起重机的工作机构中优先采用线接触钢丝绳。

3）面接触钢丝绳通常以圆钢丝为股芯，最外一层或几层采用异形断面的钢丝，层与层之间是面接触，用挤压方法绕制而成。其特点是表面光滑、挠性好、强度高、耐腐蚀，但制造工艺复杂，价格高，起重机上很少使用，常用作缆索起重机和架空索道的承载索。

2. 钢丝绳的安全系数及选用

钢丝绳承受的最大拉力与钢丝总截面的面积和钢丝的公称直径有密切的联系。当负荷超过其所承受的最大拉力时，钢丝绳会被拉断。实际起重机作业中，钢丝绳受力是很复杂的，除了承受吊物重量及自重的静载荷外，还要受到因弯曲、工作速度变化而产生的动载荷。因此在钢丝绳受力计算和选择钢丝绳时，必须考虑钢丝受力不均、负荷不准确、计算方法不精确等因素，给钢丝绳留有一定的储备能力，这就是安全系数。

安全系数的选择与工作机构的级别、使用场合、作业环境和滑轮与卷筒直径对钢丝绳直径比值等因素有关。

在选用钢丝绳时，先按所受最大工作静拉力计算，然后验算卷筒、滑轮直径与绳径的比值。起重机钢丝绳的选用应考虑环境和作业的繁重程度。

3. 钢丝绳的报废

起重机工作时，钢丝绳绕过滑轮吊物，钢丝在强大应力下反复弯曲、挤压、摩擦，引起金属疲劳与磨损，表面的钢丝逐渐折断。起重机超载会加速钢丝绳破断。当钢丝绳的断丝数和变形发展到一定程度时，钢丝绳无法保证正常安全工作，就应该及时报废、更新。

钢丝绳使用安全程度由下述各项标准考核：断丝的性质与数量、绳端断丝情况、断丝的局部密集程度、断丝的增长率、绳股折断情况、绳径减小和绳芯折断情况、弹性降低情况、外部及内部磨损程度、外部及内部腐蚀程度、变形情况、由于热或电弧而造成的损坏情况、塑性伸长的增长率等。

钢丝绳有下列情况之一应报废：

（1）钢丝绳在任何一段节距内断丝数达到表6—5的数值时，应当及时报废、更新。

表6—5　　钢丝绳报废断丝数

<table>
<tr><td rowspan="4">安全系数</td><td colspan="4">钢丝绳结构</td></tr>
<tr><td colspan="2">绳 6×19</td><td colspan="2">绳 6×37</td></tr>
<tr><td colspan="4">一个节距中的断丝数</td></tr>
<tr><td>交互捻</td><td>同向捻</td><td>交互捻</td><td>同向捻</td></tr>
<tr><td><6</td><td>12</td><td>6</td><td>22</td><td>11</td></tr>
<tr><td>6～7</td><td>14</td><td>7</td><td>26</td><td>13</td></tr>
<tr><td>>7</td><td>16</td><td>8</td><td>30</td><td>15</td></tr>
</table>

（2）钢丝绳断股、绳芯外露、钢丝绳直径减小达7%，应报废。

（3）钢丝绳径向磨损或腐蚀超过原直径的40%应报废。当达不到40%时，可按表6—6所列折减系数报废。

表6—6　　折减系数

钢丝表面磨损或锈蚀量（%）	10	15	20	25	30～40	>40
折减系数（%）	85	75	70	60	50	0

（4）吊运灼热金属或危险品的钢丝绳，报废断丝数应取一般起重机钢丝绳报废断丝数的一半，其中包括钢丝表面磨蚀进行的折减。

（5）出现整股断裂时，应报废。

（6）如断丝现象集中发生在局部时，或在6倍钢丝绳直径长度内断丝集中发生在一股上时，应按表6—5所规定数值的一半进行报废。

（7）钢丝绳有明显的内部腐蚀时，应报废。

（8）局部外层钢丝绳伸长呈“笼”形时，应报废。

（9）钢丝绳纤维芯的直径增大较严重时，应报废。

（10）钢丝绳发生扭结、弯折塑性变形，麻芯脱出，电焊渣或高温作业影响钢丝绳的性能指标时，应报废。

4．钢丝绳的维护、保养和使用

钢丝绳的安全使用在很大程度上取决于良好的维护和定期的检验。

（1）钢丝绳开卷时，要防止打结、扭曲。安装时，应在清洁的地方拖线。

（2）钢丝绳切断时，应有防止绳股及钢丝绳松散的措施。

（3）钢丝绳使用时，每月要润滑一次，保持良好的润滑状态，所有润滑剂应符合该绳的要求。

（4）钢丝绳应防止磨损、腐蚀或其他物理条件造成的性能降低。

（5）钢丝绳应每天进行检查，包括端部连接部位，特别是滑轮附近处钢丝绳的检验，并做出安全判断。

（6）钢丝绳不得接长使用。

（7）吊运熔化和灼热金属的钢丝绳，要有防止高温损坏的措施。

（8）钢丝绳应有日常检查、定期检查和特殊检查。检查项目与要求按相关规定执行。

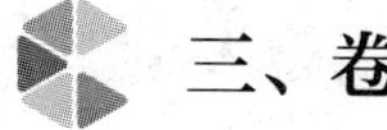

三、卷筒

1. 卷筒的作用和结构

卷筒用来卷绕钢丝绳，并把原动机的驱动力传递给钢丝绳，同时将原动机的旋转运动变为直线运动。

卷筒由筒体、连接盘、轴以及轴承支架等构成。按筒体形状，卷筒可分为长轴卷筒和短轴卷筒。按制造方式，卷筒可分为铸造卷筒和焊接卷筒。按卷筒的筒体表面是否有钢丝绳的绳槽，卷筒可分为光面和螺旋槽面卷筒。按钢丝绳在卷筒上卷饶的层数，卷筒可分为单层缠绕卷筒和多层缠绕卷筒。一般起重机大多用单层缠绕卷筒，多层缠绕卷筒用于起身高度特大或要求机构紧揍的起重机，如汽车起重机。

钢丝绳的末端应牢固地固定在卷筒上，除了保证工作安全可靠外，还便于检查和更换钢丝绳。钢丝绳在卷筒上的固定结构用摩擦力将钢丝绳末端压在卷筒的壁上。

2. 卷筒的报废和安全检查

（1）卷筒出现下列情况之一时，应报废：

1）起升卷筒有裂纹时应报废。

2）起升卷筒有损害钢丝绳的缺陷时应报废。

3）因磨损使绳槽底部减小量达到钢丝绳直径的50%时，或筒壁磨损达到原壁厚的20%时，卷筒应报废。

4）悬吊型卷筒外壳焊缝有开焊部分，悬挂吊板螺杆和吊杆连接孔磨损量达原尺寸的10%时，卷筒外壳及螺杆应报废。

（2）卷筒的安全检查包括以下内容：

1）卷筒上钢丝绳尾端的固定装置，应有防松或自紧的性能。对钢丝绳尾端的固定情况，应每月检查一次。在使用的任何状态，必须保证钢丝绳在卷筒上保留足够的安全圈。

2）多层缠绕卷筒的筒体端部应有凸缘。凸缘应比最外层钢丝绳或链条高出 2 倍的钢丝绳直径或链条的宽度。单层缠绕的单联卷筒也应满足上述要求。

四、制动器

为了保证起重机械运行的安全、可靠、准确，动力驱动的起重机，其起升、变幅、运行、旋转机构都必须装设制动器。人力驱动的起重机，其起升机构和变幅机构必须装设制动器或停止器。制动器是否完好可靠是安全检查的重点。

1. 制动器分类

根据制动器的构造，分为块式制动器、带式制动器、盘式制动器、圆锥式制动器。根据操作情况，分为常闭式、常开式、综合式。起升机构和变幅机构的制动器必须是常闭的。

2. 制动器的结构、工作原理、特点

（1）带式制动器。带式制动器由制动带、制动轮和松闸器杠杆系统组成，如图 6—11 所示。制动轮安装在机构的转动轴上，带式制动器的钢制制动带紧包在制动轮的表面上，一端与机架固定部分铰连，另一端与松闸器杠杆铰连。带式制动器上闸依靠坠重来实现，松闸依靠电磁铁来实现。

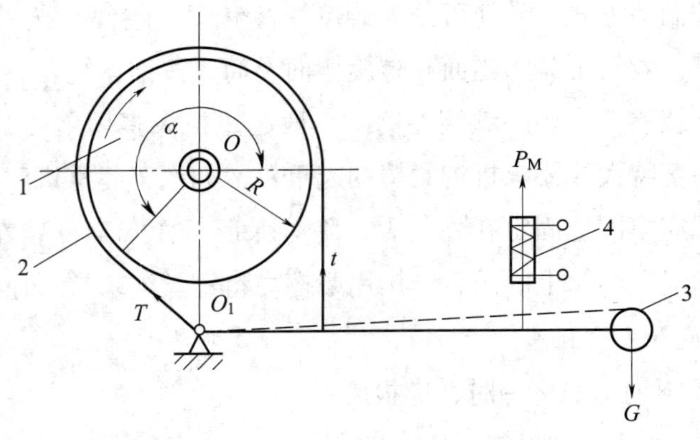

图 6—11　带式制动器

1—制动轮　2—制动带　3—坠重　4—电磁铁

带式制动器结构简单、紧凑，并能随包角的增加而产生较大的制动力矩，在制动过程中冲击小。但带式制动器制动轴受弯曲力的作用，摩擦片磨损不均匀，某些制动器不适用于逆转机构。

（2）块式制动器。块式制动器由制动瓦块、制动臂、制动轮和松闸器组成。块式制动器常把制动轮作为联轴器的一个半体安装在机构的转动轴上，对称布置的制动臂与机架固定部分铰连，内侧附有摩擦材料的两个制动瓦块分别活动铰接在两制动臂上，在松闸器上闸力的作用下，成对的制动瓦块在径向抱紧制动轮而产生制动力矩。

以短行程电磁铁块式制动器（图6—12）为例，说明块式制动器的工作原理。在接通电源时，电磁松闸器的铁芯吸引衔铁压向推杆，推杆推动左制动臂向左摆，主弹簧被压缩。同时，解除压力的辅助弹簧将右制动臂向右推，两制动臂带动制动瓦块与制动轮分离，机构可以运动。当切断电源时，铁芯失去磁性，对衔铁的吸引力消除，因而解除衔铁对推杆的压力。在主弹簧张力的作用下，两制动臂一起向内收摆，带动制动瓦块抱紧制动轮产生制动力矩，同时辅助弹簧被压缩。制动力矩由主弹簧力决定，辅助弹簧保证松闸间隙。块式制动器的制动性能在很大程度上是由松闸器的性能决定的。

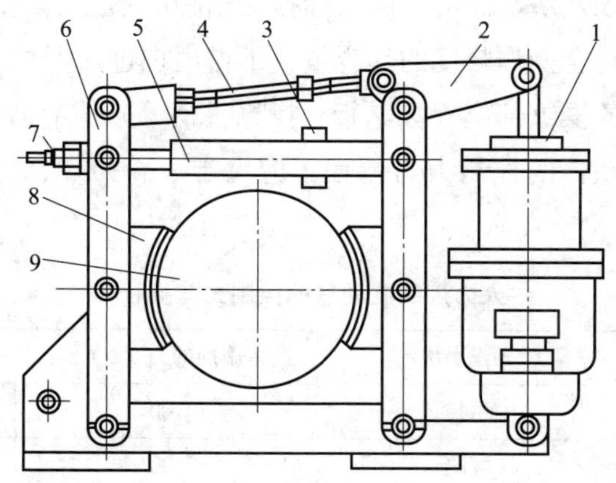

图6—12　短行程电磁铁块式制动器

1—液压电磁铁　2—杠杆　3—挡板　4—钉　5—弹簧架

6—制动臂　7—拉杆　8—瓦块　9—制动轮

块式制动器的特点是构造简单，安装方便，成对瓦块产生的压力平衡，使制动轮轴不受弯曲载荷作用。块式制动器在起重机中使用广泛。

3．制动器的安全检验

（1）起升机构不宜采用重物自由下降的机构，如采用重物下降机构，应有可操作的常闭式制动器。

（2）吊运灼热金属或其他危险品的起升机构，以及发生事故可能造成重大危险或损失的起升机构，每套独立的驱动装置都应装设两套支持制动器。

（3）每套制动器的安全系数，应不小于表6—7的规定。

表6—7　　制动器的安全系数

机构	使用情况	安全系数
起升机构	一般	1.50
	重要	1.75
	具有液压制动作用的液压传动	1.25

续表

机构	使用情况	安全系数
吊运灼热金属或危险物品的起升机构	装有两套支持制动器时，对每一套制动器	1.25
	彼此有刚性联系的两套驱动装置，每套装置装有两套支持制动器时，对每一套制动器	1.10
非平衡变幅机构		1.75
平衡变幅机构	在工作状态时	1.25
	在非工作状态时	1.15

(4) 制动带或制动瓦块与制动轮的实际接触面积应不小于理论接触面积的70%。

(5) 制动器应有符合操作频度的热容量，不得出现过热现象。

(6) 控制制动器的操纵部位（如踏板、操纵手柄等）应有防滑性能。

(7) 人力控制制动器的控制力与行程不应大于表6—8的要求，超过要求就应进行必要的调整。

表6—8　人力控制制动器的控制力与行程

要求	操作手法	施加的力（N）	行程（mm）
宜采用值	手控	100	400
	脚踏	120	250
最大值	手控	200	600
	脚踏	300	300

4. 制动器的报废

(1) 制动器的零件出现下述情况之一时，应报废、更换或修整：

1) 裂纹。

2) 制动带或制动瓦块摩擦垫片厚度磨损达原厚度的50%。

3) 弹簧出现塑性变形。

4) 铰接小轴或轴孔直径磨损达原直径的5%。

(2) 制动轮出现下述情况之一时，应报废：

1) 裂纹。

2) 起升、变幅机构的制动轮轮缘厚度磨损达原厚度的40%。

3) 其他机构的制动轮轮缘厚度磨损达原厚度的50%。

4) 轮面凹凸不平度达1.5 mm时，如能修理，在修复后轮缘厚度应符合上述第2)、3)项的要求。

五、起重机械安全防护装置的报废

起重机安全防护装置如因磨损、疲劳、变形及老化、腐蚀等使破坏损伤达到一定程度时应报废，以防安全防护装置的安全保护机能失效而发生事故。

1. 限位器的报废

（1）升降限位器开关触点有损伤，磨损量达到原尺寸的30%，或因损伤、磨损造成限位器机能失效时，应报废。

（2）重锤式起升限位器内的拉弹簧因疲劳失去弹力时，弹簧应报废。

（3）螺旋式起升限位器的螺杆或蜗杆磨损量达到原尺寸的20%时，螺杆或蜗杆应报废。

（4）运行行程开关动作失灵，触点磨损量达到原尺寸的30%，或不能可靠断电时，应报废。

2. 缓冲器的报废

（1）弹簧缓冲器因碰撞疲劳造成弹簧失去弹性或断裂，弹簧应报废。壳体因碰撞冲击出现裂纹时，壳体应报废。

（2）橡胶或聚氨醋缓冲器因老化失去弹性或因碰撞而破损时应报废。

（3）液压系统缓冲器因弹簧疲劳失去弹性，或液压活塞及缸体磨损造成严重泄漏时，应报废。

3. 防碰撞装置的报废

激光式、超声波式、红外线式和电磁波式防碰撞装置，因剧烈碰撞造成损伤而失去光或电波传播反射的能力，经修复仍不能恢复原有的机能时应报废。

4. 防偏斜装置的报废

钢丝绳式、凸轮式和链轮式防偏斜装置的钢丝绳、凸轮和链轮的磨损量达到原尺寸的30%时应报废。

5. 夹轨器与锚定装置的报废

（1）夹轨器的螺杆因变形或磨损而严重影响夹紧力时应报废。

（2）电动夹轨器的弹簧因疲劳失去弹性时，弹簧应报废。因风力吹动造成夹轨器各零部件有疲劳、变形或裂纹伤害时，该零部件应报废。

（3）锚定装置的固定部分如有松动，经修复仍不能保证牢固固定而有脱销的危险或隐患时，锚定装置应报废。

6. 超载限制器的报废

（1）经修复仍不能灵敏可靠动作的超载限制器应报废。

（2）超载限制器的综合误差大于10%时应报废。

7. 力矩限制器的报废

(1) 经修复仍不能灵敏可靠动作的力矩限制器应报废。

(2) 力矩限制器的综合误差大于10%时应报废。

8. 其他安全装置的报废

(1) 联锁保护开关的联锁机能失效时应报废。

(2) 登机信号按钮无显示，经检修仍不能恢复机能时应报废。

(3) 倒退报警装置不能发出报警信号时应报废。

(4) 扫轨板因碰撞障碍物有严重变形或开裂损伤时应报废。

(5) 止挡装置因碰撞造成固定连接焊缝开裂或固定连接螺栓松动变形而失去固定能力，或止挡装置有严重变形、破损等，止挡装置应报废。

第四节 起重机械的安全管理

起重吊运方面的法规是进行起重吊运管理和保证安全作业的依据。现行的相关法规有国家标准《起重机械安全规程第1部分：总则》(GB 6067.1—2010)、特种设备安全技术规范《特种设备作业人员考核规则》(TSG Z6001—2013)、国家标准《起重吊运指挥信号》(GB 5082—1985) 等。

 一、安全管理措施

1. 起重机械安全保护装置设置要求

起重机械应配备相应的安全保护装置，包括超载限制器、力矩限制器、上升极限位置限制器、下降极限位置限制器、运行极限位置限制器、偏斜调整和显示装置、极限力矩限制装置、缓冲器、夹轨钳和锚定装置、风速风级报警器、支腿回缩定位装置、回转定位装置、登机信号按钮、防倾翻安全钩、检修用吊笼、扫轨板和支承架、轨道端部止挡、导电滑线防护板、倒退报警装置、电气设备防雨罩等25种。

起重机械上的电气设备必须保证传动性和控制性能准确，在紧急情况下能切断电源安全停车。电气设备上应设置主隔离开关、紧急断电开关、短路保护、失压保护、零位保护、失磁保护、过电流保护、超速保护和接地保护9种保护装置。

2. 起重机械设备管理

起重机械的管理，主要指制造管理和使用管理两个方面。

(1) 设备制造的管理包括以下内容：

1) 起重机械制造厂应对起重机的金属结构、零部件、外购件、安全防护装置等质

量全面负责，产品质量应不低于专业标准和其他有关标准的规定。

2）对于自制或改造的起重机械，应该先提出设计方案、图纸、计算书和所依据的标准、质量保证措施，报主管部门审批，同级安全部门备案后，方可投入制造或改造。

3）起重机械制造和改造后，应按起重机械试验规程的要求试验合格。

4）起重机械的专业制造厂必须具备保证产品质量所必需的设备、技术力量、检验条件和管理制度，起重机械产品应向安全部门委托的单位登记，检验并取得合格证。

5）起重机械发生重大事故，如确属设计、制造原因引起的，制造厂应承担责任。对产品不能满足安全要求的制造厂应吊销合格证。

（2）设备的购置与管理包括以下内容：

1）购置要求。必须在指定的、并有相关部门发给合格证的制造厂选购。起重机的安全防护装置应齐全、完善，并有产品合格证。

2）规程与制度。使用单位应根据所使用的起重机种类、复杂程度以及使用的具体情况，严格执行《特种设备注册登记与使用管理规则》等，并建立相关管理制度及规程，主要包括交接班制度、设备档案制度、设备检修制度、安全技术操作规程、绑挂指挥规程。

3）金属标牌。标牌须有下列内容：起重机名称、型号，额定起重能力，制造厂名、出厂日期，其他所需的参数和内容。

4）起重机与建筑物（固定设备）的间隙。起重机无论在停止状态或转动状态，与周围建筑物或固定设备等均应保持一定的间隙。凡有可能通行的间隙不得小于400 mm。

（3）设备的检验与检查包括以下内容：

1）设备检验。遇有下列情况，应按国家标准要求试验合格。正常工作的起重机，每两年进行一次检验。经过大修、新安装及改造过的起重机，在交付使用之前应进行检验。闲置时间超过一年的起重机，在重新使用之前应进行检验。经过暴风、大地震、重大事故后，可能使速度、刚度、构件的稳定性、机构的重要性能等受到损害的起重机，应进行检验。

2）经常性检查。经常性检查应根据工作繁重程度、环境恶劣程度确定检查周期，但不得少于每月一次，一般应包括起重机正常工作的技术性能，所有的安全、防护装置，线路、罐、容器、阀、泵、液压或气动部件的泄漏情况及其工作性能，吊钩、吊钩螺母及防松装置，制动器性能及零件的磨损情况，钢丝绳磨损和尾端的固定情况，链条的磨损、变形、伸长情况，捆绑、吊挂链、钢丝绳及其他辅具等。

3）定期检查。定期检查应根据工作繁重、环境恶劣程度确定检查周期，但不得少于每年一次，一般应包括上述经常性检查所包括的各项内容，金属结构的变形、裂纹、腐蚀及焊缝、铆钉、螺栓等连接情况，主要零部件的磨损、裂纹、变形等情况，指示装置的可靠性和精度，动力系统和控制器等。

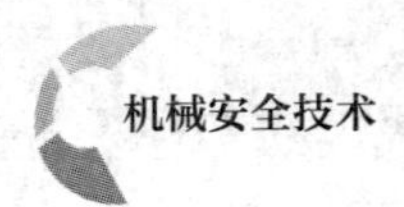

（4）设备维修包括以下内容：

1）起重机械的维修应符合下列要求：维修更换的零部件应与原零部件的性能和材料相同；结构件需焊修时，所用的焊条材料等应符合原结构件的要求，焊接质量应符合安全规定；起重机处于工作状态时，不得进行保养、维修及人工润滑。

2）维护时的注意事项。将起重机移至不影响其他机械设备的位置。因条件限制，不能做到以上要求时，应有可靠的保护措施，或设置监护人员。将所有的控制器手柄置于零位。切断主电源，加锁或悬挂标志牌，标志牌应放在有关人员能看清的位置。

3. *起重机械安全管理制度*

（1）岗位责任制内容如下：

1）起重机司机岗位责任制的主要内容。严格遵守各项规章制度、岗位职责及设备安全操作规程。树立良好的职业道德，服从领导，听从指挥，团结协作，完成任务。当班司机应严守工作岗位，不得无故擅自离开起重机。起重机司机应密切注意起重机的运行和吊装状况，若发现机件、零件、吊具、索具、安全装置等有故障或异常现象时，应及时设法排除故障或进行维修，必要时应立即向单位领导或检修人员报告，待查清原因，排除故障后方可继续操作。起重机司机发现起重机有较大隐患，危及人身安全时，应停止起重作业。起重机司机要认真钻研业务技术，懂得设备的构造、原理，了解设备维修基本知识，学习诊断处理本机型的一般故障。精心维护保养设备，开机前对设备进行认真检查。认真填写“交接班记录”和“操作留言”，操作中的隐患、故障及存在的问题，一定要填写清楚，并当面将有关问题向接班者交代清楚。

2）起重指挥和司索人员岗位责任制的主要内容。严格遵守各项规章制度、岗位职责及岗位（工种）安全技术操作规程。树立良好的职业道德，统一指挥，团结协作。当班起重、司索人员应坚守工作岗位，不得擅自离开工作场所。起重人员要认真钻研业务技术，懂得起重设备、工具、吊具的基本构造、原理和操作方法，做到熟练操作，作业前对吊、索具和设备进行认真检查。重大吊装作业应按起重吊装技术方案进行操作，不盲目指挥，不盲目起吊，尊重科学，确保安全。起重作业人员发现起重设备和吊、索具有较大隐患，危及人身安全时，应停止起重作业。起重作业人员应密切注意起重机的运行和吊装状况，若发现机件、零件、吊具、索具、安全装置等有故障或异常现象，应及时设法排除或进行维修，必要时应向单位领导或检修人员报告，待查清原因，排除故障后方可继续作业。认真维护保养起重机具、吊具、索具等，使起重机具、工具处于良好的运行状态。认真填写“交接班记录”“操作留言”，当面将有关问题向接班者交代清楚。

（2）起重作业交接班制度内容如下：

1）交接班项目。起重作业人员应认真执行交接班制度。交接班包括填写日常工作记录、交班记录。交班记录中应有如下内容：设备检查情况，设备运转状态，设备维护保养情况，发生的人身、设备、操作事故或未遂事故情况以及隐患整改情况等。交班人员应签名，并注明日期班次。

2）交班内容。起重作业结束后，交班起重作业人员应认真向接班者交班，讲清本班起重作业状况、任务完成情况、安全生产情况、设备运转状况、维护保养及故障情况等。

3）接班内容。接班人员应认真听取上一班工作情况介绍，主动问清情况，了解上一道工序情况，阅读检查上一班“交接班记录”和“操作留言”。检查起重设备操纵系统、制动装置等是否良好，检查吊具、索具等的隐患情况，进行空载运转，发现问题，双方要立即共同讨论研究。在上述共同交接班检查中，双方认为正常无误，接班人在交接班记录上签字或双方口头交接认可后，交班人员方可正式离开岗位或现场。

4．起重机械司机安全技术考核标准

为加强对起重机械作业人员的管理，《特种设备作业人员监督管理办法》中对起重司机的培训、考核和发证作了规定。

5．起重吊运指挥信号

许多起重机的安全吊运取决于现场指挥人员、吊装工、单独的信号员或监督员和起重机司机的共同努力。在作业中，应只有一人向司机发出信号。吊装工、司机和信号员都应该接受特种作业培训并考试合格。指挥信号包括手势信号和音响信号。

二、安全操作

1．安全操作的一般要求

（1）起重机安全操作的基本要求如下：

1）起重作业人员班前、班中严禁饮酒。起重作业人员操作时必须精神饱满，精力集中，操作时不准吃东西、看书报、闲谈、打瞌睡、开玩笑等。

2）起重作业人员接班时，应进行例行检查，发现装置和零部件不正常时，必须在操作前排除。

3）开车前，必须鸣铃或报警。操作中起重机接近人时，亦应给以断续铃声或报警。

4）操作应按指挥信号进行，对紧急停车信号，不论何人发出，都应立即执行。

5）非起重机司机不准随便进入起重机司机室，检修人员得到起重机司机许可后，方可进入司机室。

6）当确认起重机上或其周围无人时，才可以闭合主电源，如电源断路装置上装锁或有标牌时，应由有关人员摘掉后才可以闭合主电源。

7）闭合主电源前，应使所有的控制器手柄置于零位。

8）起重机上有两人工作时，事先没有互相联系和通知，起重机司机不得擅自开动或脱离起重机。

9）驾驶起重机应使用手柄操作，停起重机时不要用安全装置关机，不许用人体其他部位转动控制器，以防在异常工作时来不及采取紧急安全措施。

10）工作中突然停电时，应将所有的控制器手柄扳回零位，在重新工作前应检查起重机动作是否正常。因停电重物悬挂半空时，起重作业人员应通知地面人员紧急避让，并立即将危险区域围起来，不准任何人进入危险区。

（2）起重机停止作业时的安全操作要求如下：

1）起重机停止作业时，应将重物稳妥地放置于地面。

2）多人挂钩操作时，驾驶人员应服从预先确定的指挥人员的指挥。吊运中发生紧急情况时，任何人都可以发出停止作业的信号，驾驶人员应紧急停车。

3）起重机起吊重物时，一定要进行试吊，试吊高度 H 应小于0.5 m，经试吊发现无危险时方可进行起吊。

4）在任何情况下，吊运重物不准从人的上方通过，吊臂下方不得有人。

5）在吊运过程中，重物一般距离人头顶0.5 m以上，吊物下方严禁站人，在旋转起重机工作地带，人员应站在起重机动臂旋转范围之外。

6）在轨道上露天作业的起重机，当工作结束时，应将起重机锚定住。

7）起重作业人员进行维护保养时，应切断主电源并挂上标志牌或加锁，如有未消除的故障应通知接班人员。

8）控制器应逐步开动，不要将控制器手柄从顺转位置直接猛转到反转位置（特殊情况下例外），而应先将控制器转到零位，再转到反方向，否则吊起的重物容易晃动摇摆或因销子、轴等受力过大而发生事故。

9）起重机工作时不得进行检查和维修，不得在有载荷的情况下调整起升、变幅机构的制动器。

10）不准利用极限位置限制器停车，无下降极限位置限制器的起重机，吊钩在最低工作位置时，卷筒上的钢丝绳必须保证推荐性国家标准《起重机设计规范》（GB/T 3811—2008）所规定的安全圈数。

（3）起重机作业时的安全操作要求如下：

1）起重机作业时，臂架、吊具、索具、辅具、缆风绳及重物等与输电线的最小距离必须符合有关规定。

2）自行式起重机，工作前应按使用说明书的要求清理停车场地，牢固可靠地打好支腿。

3）对无反接制动性能的起重机，除紧急情况外，不准利用打反车进行制动。

4）用两台或多台起重机吊运同一重物时，钢丝绳应保持垂直。各台起重机的升降、运行应保持同步。各台起重机所承受的载荷均不得超过各自的额定起重能力，如达不到上述要求，应降低额定起重能力至80%。细高件吊装时，每台起重机的额定起重量降至75%。

5）有主、副两套起升机构的起重机，主、副钩不应同时开动（对于设计允许同时使用的专用起重机除外）。

2. 起重操作“十不吊”

（1）指挥信号不明或乱指挥不吊。

（2）物体质量不清或超负荷不吊。

（3）斜拉物体不吊。

（4）重物上站人或有浮置物不吊。

（5）工作场地昏暗，无法看清场地、被吊物及指挥信号不吊。

（6）工件埋在地下不吊。

（7）工件捆绑、吊挂不牢不吊。

（8）重物棱角处与吊绳之间未加垫衬不吊。

（9）吊具、索具达到报废标准或安全装置失灵不吊。

（10）六级以上大风和雷暴雨等恶劣天气时不吊。

3. 安全操作的特殊要求

起重作业人员除了执行起重作业一般要求及本企业、本机型安全技术操作规程外，还要执行安全操作特殊要求。起重作业安全操作特殊要求主要包括：

（1）接受吊装任务前，必须编制起重吊装技术方案，作业前应进行技术交底，强调安全操作技术，全面落实安全措施。

（2）对使用的起重机械、机具、工具、吊具和索具进行检查，确认符合安全要求后方可使用，必要时要经过验证或试验认可。

（3）起重作业人员在操作中要登高作业时，必须办理登高作业安全许可证，并采取可靠的安全措施后方可进行。

（4）两人以上从事起重作业，必须有一人任起重指挥，现场其他起重作业人员或辅助人员必须听从起重指挥统一指挥，但在发生紧急危险情况时，任何人都可以发出符合要求的停止信号和避让信号。

（5）起重作业时，起重吊具、索具、辅具等一律不准与电气线路交叉接触。

（6）运输吊运大型、重型设备时，事先要测量道路是否安全无阻，对道路上空和两侧的输电线、架空管道、地下设施、道路两侧的建筑物必须采取有效安全措施。

（7）严禁将钢丝绳、缆风绳拴在易燃易爆有毒管道、化工压力容器、电气设备、电线杆等物体上。

（8）吊起的重物在空中运行时不准碰撞任何其他设备或物体，禁止物体冲击式落

地，吊物不得长时间在空中停留。

(9) 运输重物要在道路中停放时，停放位置不能堵塞交通，夜间要设置红灯信号。重物要通过铁道道口时，事先要与有关部门和看道人员取得联系并得到许可后，方可在规定时间内通过。

(10) 运输重物上、下坡时，要有防滑措施。运输板材、管材或超长物体时，要有安全标志和防惯性伤害的安全措施。搬运易碎物品，应使用专用工具，小心轻放。装运易燃、易爆物品，严禁吸烟和动用明火，不得穿带有铁钉的鞋，必须轻装、轻卸，不得猛烈撞击，不得乱抛乱扔。在石油化工区内从事起重作业，必须遵守厂区内的其他各项安全规定。认真穿戴好个人护防用品，作业前必须戴好安全帽等。

第五节　起重机械的常见事故及防范

起重机械事故是指进行各种起重作业（包括吊运、安装、检修、试验等）中发生的重物（包括吊具、起吊物或吊臂）坠落、夹挤、物体打击、起重器倾翻、触电等事故。根据不完全统计，在事故多发的特殊工种中，起重作业事故的发生次数多，事故后果严重，伤亡人数比例大。

一、起重作业中的危险性及危险要素

起重作业属于特种作业，起重机械属于危险的特种机械设备。

从安全角度看，起重机械的功能是将重物提升到空间进行装卸吊运。为满足作业需要，起重机械具有特殊的机构和结构形式，使起重机和起重作业方式本身存在着诸多危险因素。

(1) 起重搬运过程是重物在高空中的悬吊运动。被搬运的物料种类繁多、尺寸大，质量均达数吨，同时形态各异，有成件、散料、液体、固液混合等。

(2) 起重运动是多种运动的组合。四大机构组成多维运动，体型高大金属结构的整体运动，大量结构复杂、形状不一、运动各异、速度多变的可动零部件，形成了起重机械危险点多且分散的特点，增加了安全防护的难度。

(3) 作业范围大。起重机横跨车间或作业场地，在其他设备、设施和施工人员的上方，起重机带载后可以部分或整体在较大范围内移动运行，使危险的影响范围加大。

(4) 多人配合的群体作业。起重作业的程序是地面司索工捆绑吊物、挂钩，起重司机操纵起重机将物料吊起，并按地面指挥，通过空间运行将吊物放到指定位置，再摘钩、卸料。每一次吊运循环，都必须由多人合作完成，无论哪个环节出问题，都可能发生意外。

（5）作业条件复杂多变。在车间，地面设备多，人员集中；在室外，起重作业易受气象条件和场地的影响，特别是流动式起重机还受地形和周围环境等诸多因素的影响。

总之，重物在空间的吊运、起重机的多机构组合运动、庞大金属结构整体移动，以及大范围、多环节的群体运作，使起重作业的安全问题尤其突出。

二、起重机常见事故类型

1. 重物坠落

吊具或吊装容器损坏、物件捆绑不牢、挂钩不当、电磁吸盘突然失电、起升机构的零件故障（特别是制动器失灵、钢丝绳断裂）等都会引起重物坠落。起重机的金属机构件失效、破坏、坠落都可能造成严重后果。

2. 起重机失稳倾翻

起重机失稳有两种类型：一是由于操作不当（如超载、臂架变幅或旋转过快等）、支腿未找平或地基沉陷等原因使倾翻力矩增大，导致起重机倾翻；二是由于坡度或风载荷作用，使起重机沿路面或轨道滑动，导致脱轨翻倒。

3. 挤压

起重机轨道两侧缺乏良好的安全通道，或与建筑物之间未留出足够的安全距离，使运行或回转的金属结构对人员造成夹挤伤害。运行机构的操作失灵或制动器失灵引起溜车，造成碾压伤害。

4. 高处跌落

人员在离地面大于 2 m 的高处进行起重机的安装、拆卸、检查、维修或操作等作业时，从高处跌落造成的伤害。

5. 触电

起重机在输电线路附近作业时，其任何组成部分或吊物与高压带电体距离过近，感应带电或触碰带电物体，都可能引发触电伤害。

6. 其他伤害

其他伤害是指人体与运动零部件接触引起的绞、碾、戳伤害；液压起重机的液压元件破坏造成高压液体喷射伤害；飞出物体的打击伤害；装卸高温液体金属、易燃易爆、有毒、腐蚀等危险品时，由于坠落或包装捆绑不牢破损引起的伤害等。

三、事故防范

起重伤害事故的原因是多方面的，通过多个事故案例的分析可知，这些事故是物的不安全状态和人的不安全行为共同作用所引发的结果。

1. 物的不安全状态

物的不安全状态主要是由于设备未按要求进行设计、制造、安装、维修和保养，特别是未按要求进行检验，带病运行，设备安全保护装置未装或失效。如起升高度限位器、起重量限制器、力矩限制器、吊钩防脱钩装置、运行极限限位器等未装或失效，设备接地或接零不可靠，漏电保护不可靠等，从而埋下安全隐患。

2. 人的不安全行为

人的不安全行为主要是由于管理者或使用者心存侥幸、图省事和逆反等心理原因，从而产生非理智行为。主要表现为领导不重视安全，安全法规贯彻不力，管理混乱，以及操作人员违反操作规程、违章指挥和违反劳动纪律的“三违”行为。

3. 综合防范措施

针对起重机事故的各种起因，使用单位应与制造、安装和维修单位以及起重机械监察部门、监督检验机构密切配合，加强管理工作，贯彻各项检验制度，消除安全隐患，最大限度减少事故发生的可能性。使用单位必须做好以下几个方面：

(1) 认真贯彻“安全第一，预防为主，综合治理”的方针。切实加强安全教育培训工作，从安全工作人员到操作、维修和检查人员都要培养安全意识，自觉避免不安全行为。

(2) 加强安全管理。建立健全各项规章制度，严禁违章指挥和违章作业。在制订施工计划的同时要制订相应的安全计划，布置生产工作的同时要布置安全工作，检查工作进度的同时要检查安全是否落实。定期组织安全检查，查出重大问题和事故隐患要及时处理，把执行安全生产责任制与奖惩制度结合起来。

(3) 加强起重司索、指挥作业人员的安全管理和培训，不断提高培训质量，对操作人员进行特种作业培训、考核，要求全员持证上岗。树立遵章守法作业的良好作风。

(4) 起重作业现场施工必须设专职安全监督员，环视整个施工现场，纵观全面，随时发现和消除不安全因素，制止不安全行为。

(5) 起重作业人员本身应加强对安全的重视。增强自我保护意识和群体相互保护意识，在作业中各司其职，密切协作，相互关照，达到“四不伤害（不伤害自己，不伤害他人，不被他人伤害，保护他人不受伤害)”。

(6) 建立科学的设备维护保养和检查制度，保持设备处于良好的运行状态。

复习思考题

1. 起重机械由哪几部分组成，每部分作用是什么？
2. 起重机械的主要技术参数有哪些，各表示什么含义？
3. 起重机械的安全防护装置有哪些，它们各起什么作用？
4. 起重机的常见事故与预防措施有哪些？

5. 起重机的日常安全检查、维护内容有哪些？

6. 起重机械的一般安全要求是什么？

技能实训五　起重机安全检查实训

一、实训目标

1. 了解各类起重机械的结构，掌握其安全防护的作用。

2. 针对实际系统存在的问题，制定有效的安全防护措施。

二、任务描述

起重机械在现代化生产中起着重要作用。随着生产的发展，起重机械的数量越来越多。由于起重机械的作业特点是将物品在一定的空间范围内进行提升运输，因此，如果起重机械的设计、制造、安装、使用和维护等环节稍有疏忽，就有可能造成人身或设备事故，造成很大的经济损失。

要求实地了解起重机的工作环境，对起重机进行全面的安全检查，提出确保起重机械安全使用的预防措施，从而有效地预防和控制企业的安全生产风险，从被动防范事故向主动控制危险源头，实现本质安全方向转变。

三、任务准备

1. 查资料了解起重机械的结构、安全防护装置及《特种设备安全法》《特种设备安全监察条例》中对起重机械的规定，了解起重机的安全检查管理知识。

2. 对起重机械的使用环境、现场安全操作规程、规定初步了解。

3. 制定检查步骤、检查规章，制定安全检查表格等。

四、实训过程

1. 第一小组，检查综合管理等，检查内容见表6—9。

表6—9　　起重机械安全检查表一

检查单位　　　　　　　　　　　　　　检查时间　　年　月　日

序号	检查内容与标准		存在的问题	整改时限
1	综合管理	建立、健全起重机机械制度、档案、登记台账		
2		按期检验合格、有登记使用证，合格标志应当附着于该特种设备显著位置，且在有效期内		
3		安全附件、安全保护装置固定校验、检修记录		
4		起重量等安全标识齐全清晰		
5		设备大修记录，检修、维修单位资质		
6		与检修单位签订安全协议、施工合同，约定检修和维修设备操作和安全防护措施等		

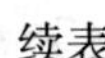
续表

序号	检查内容与标准		存在的问题	整改时限
7	综合管理	设备日常、定期安全检查记录，以及对异常情况的处理结果		
8		起重设备事故应急措施和救援预案		
9		起重机械作业人员及其相关管理人员特种作业人员证书		
10		……		

2. 第二小组，检查内容见表6—10。

表6—10　　起重机械安全检查表二

检查单位　　　　　　　　　　　　　　　　　　检查时间　　年　月　日

序号	检查内容及标准		存在的问题	整改时限
1	安全装置	各部联锁保护装置齐全可靠		
2		高度、行程、起重量等限制器完好灵敏		
3		各部缓冲器完整牢固		
4		声、光报警器装置良好有效		
5	钢丝绳	钢丝绳固定牢固、不跳槽		
6		钩头落地时，卷筒钢丝绳应不少于2圈		
7		钢丝绳扭结、压扁、畸变抽丝、断股、绳芯挤出、磨损严重等应报废		
8		吊运熔融金属应使用石棉或钢芯钢丝绳		
9	吊钩	危险截面磨损达到原尺寸10%应报废		
10		产生扭转或塑性变形应报废		
11		吊钩开口度比原尺寸增加15%应报废		
12	滑线	按照规定涂色，安装带电指示灯		

五、注意事项

1. 通过实地调查和文献分析，了解起重机械的组成、工作原理和安全特性。
2. 掌握起重机械相关安全技术、安全规程、检验规范以及检查方法。
3. 检查期间一定注意安全。

第七章
索道安全技术

本章学习目标

1. 了解索道的基本知识、类型、基本技术参数、组成及其特点。

2. 掌握索道安全防护装置的类型及安全功能，熟悉安全防护装置的作用。

3. 掌握架空客运索道线路、运行、运载工具及其他装置，掌握关键部件的安全技术要求。

4. 了解架空客运索道安全管理、安全检验及安全营救的要求。

第一节　索道基本知识

索道又称吊车、缆车（缆车又可以指缆索铁路），是交通工具的一种，通常在崎岖的山坡上运载乘客或货物上下山。我国是使用架空索道最早的国家之一。

根据我国于 2007 年 2 月 1 日开始实施的《索道术语》（GB/T 12738—2006）的规定，索道是指由动力驱动，利用柔性绳索牵引运载工具运送人员或物料的运输系统，包括架空索道、缆车和拖牵索道等。我国的索道建设，尤其是客运索道，近几年发展迅猛。

一、索道的分类

1. 架空索道

架空索道是指以架空的柔性绳索承载，用来输送物料或人员的索道。根据架空索道的行走方式，索道可分为往复式和循环式。

（1）往复式索道。往复式索道是索道发展史上最早出现的类型，包括单承载单牵引、单承载双牵引、双承载单牵引、双承载双牵引及单侧运行和双侧运行等形式。

往复式索道主要用于跨越大江、大河和峡谷，跨度可达 1 000 m 以上，并具有一定的抗风能力，可以适应非常复杂的地形，并且爬坡能力强，坡度能超过 45°。往复式的原理是由密封式的钢丝绳构成轨道索（承载索），由牵引索带动两辆（或两组）吊厢在轨道索上往复运行。双承载双牵引往复式索道如图 7—1 所示。

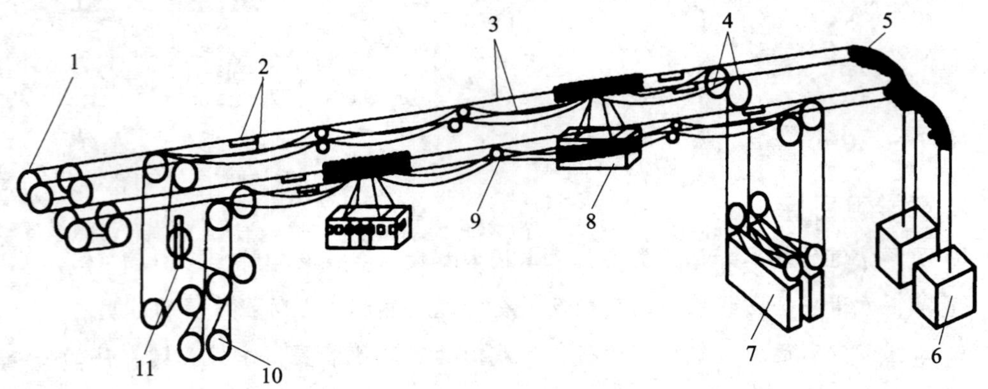

图 7—1　双承载双牵引往复式索道

1—承载索锚固管　2—承载索鞍座　3—承载索　4—导向轮　5—承载索滚子链　6—承载索重锤

7—牵引索重锤　8—客车　9—支索器　10—驱动装置　11—牵引索调节器

（2）循环式索道。循环式索道上会有多辆吊车，拉动的钢索是一个无极的圈，套在两端的驱动轮及迂回轮上。当吊车或吊椅由起点到达终点后，经过迂回轮回到起点循环。单线式索道如图 7—2 所示。

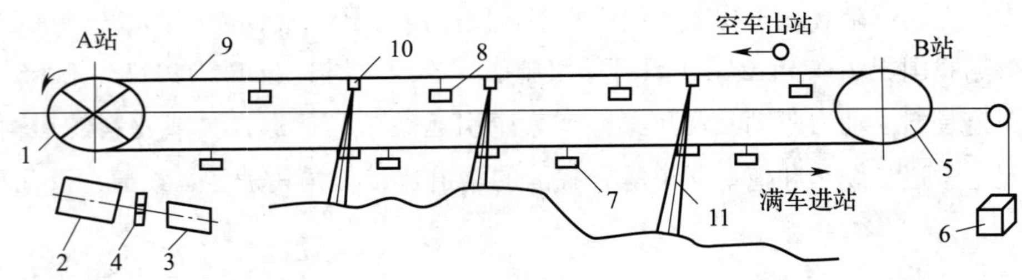

图 7—2　单线式索道

1—驱动轮　2—减速器　3—电动机　4—联轴器　5—迂回轮　6—重锤　7—满载货车

8—空载货车　9—钢索　10—托索轮　11—机架

2. 拖牵索道

依靠架空的钢丝绳作为拖动装置，在地面上从低处向高处运输乘客的一种设备，如图 7—3 所示。拖牵索道一般是单线形式，不允许反向运行。按照拖牵索的高度分为高位拖牵索道和低位拖牵索道。

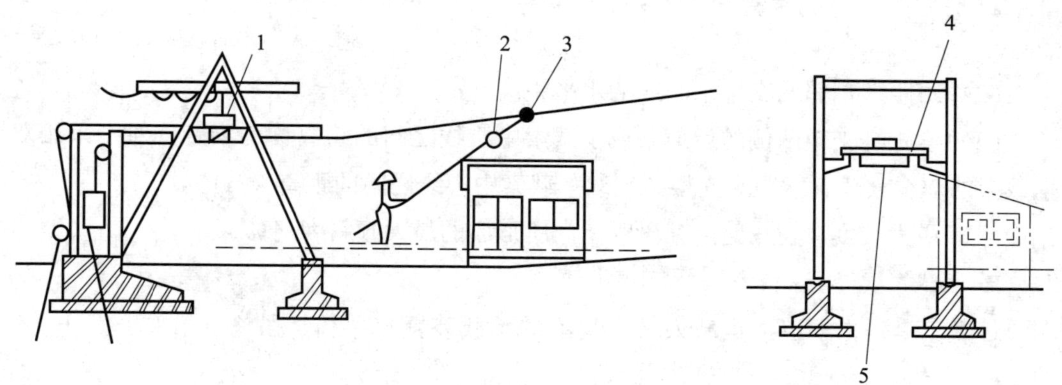

图 7—3 拖牵索道

1—驱动机 2—拖牵盒 3—抱索器 4—移动平台 5—驱动轮

3. 缆车

缆车是采用钢丝绳牵引，沿固定轨道行驶的地面轨道载客车辆，如图 7—4 所示。缆车轨道坡度一般以 15°～25°为宜。根据运输量、地形、运距等条件，线路可设计成单轨、双轨、单轨中间加错车道或换乘站等多种形式。缆车车厢的运行速度一般不大于 13 km/h。为适应线路的地形条件和乘坐舒适，载人车厢的座椅应与水平面平行并呈阶梯式，以便于人员上下或货物装卸。当车厢在运行中发生超速、过载、越位、停电、断绳等事故时，要有相应的安全措施保证乘客安全。由于缆车对地形的适应性较差，建设费用高，长距离运输效率低，因此它的应用和发展受到限制。

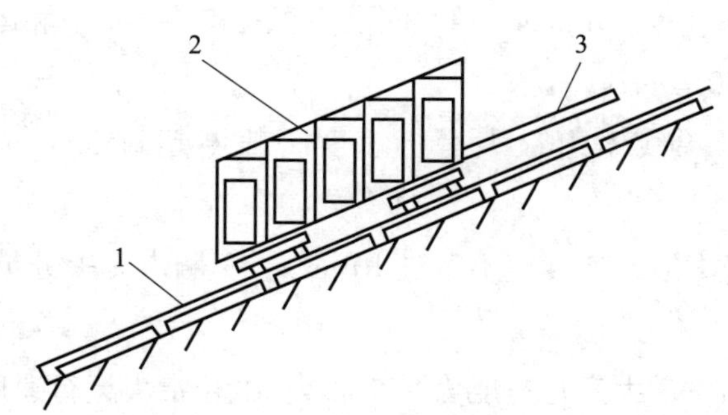

图 7—4 缆车

1—轨道 2—车辆 3—牵引索

二、索道的基本参数

1. 线路参数

线路是索道运载工具能顺利通行的路线。涉及线路的主要参数有以下几种：

（1）水平长度。索道从起点站口到终点站口或部分区段内的水平投影的长度（m）。

（2）跨距。相邻两支架中心线的水平距离（m）。

（3）索距。支架两侧的运载索或承载索中心线之间的距离称为索距。对于采用双承载索的双线索道，索距为支架两侧双承载索中心线之间的距离（m）。

（4）最大坡度。在线路上某段距离内所形成的最大倾斜度（%）。

2. 运载工具参数

运载工具是指索道上运载人员和货物的承载装置（吊椅、吊篮、吊厢、客车等）的总称。

（1）吊椅。单线循环式客运索道上用的运载工具。吊椅按容量分为单人、双人、3 人、4 人、6 人及 8 人，我国以双人吊椅为主。

（2）吊篮。单线循环式客运索道上用的一种半封闭的运载工具。吊篮容量一般为双人，少量为 4 人。

（3）吊厢。容量一般在 12 人以下，多为双人、6 人和 8 人，少量为 4 人，厢体为封闭式运载工具。

（4）客车。多线往复式索道和地面缆车上所用的运载工具，容量可达百人以上，包括运行小车、吊架和厢体。

3. 运行速度

运行速度是指在正常情况下牵引索或运载索的运行速度（m/s）。

（1）固定抱索器单线索道最大运行速度。单线往复式索道在跨间运行时速度为 6.0 m/s，过支架时速度为 4.0 m/s。单线间歇循环式和脉动式吊厢运行速度为 4.0 m/s，上下车时慢行速度为 0.4 m/s。

（2）脱钩抱索器单线索道最大运行速度一般不超过 5.0 m/s，最大可提高到 6.0 m/s。

（3）地面缆车最大运行速度应不超过 10 m/s。车厢内无乘务员时，运行速度不允许超过 5.0 m/s。

（4）拖曳索道高位最大运行速度为 3.5 m/s，低位最大运行速度为 1.5 m/s。

4. 输送能力

输送能力指单向每小时输送的人数。

三、索道的组成

完整的索道装置主要由装载站、卸载站、支架、承载索、牵引索、驱动装置、货车（运载工具）、锚固装置和张紧装置、电气设备等部分组成，如图 7—5 所示。

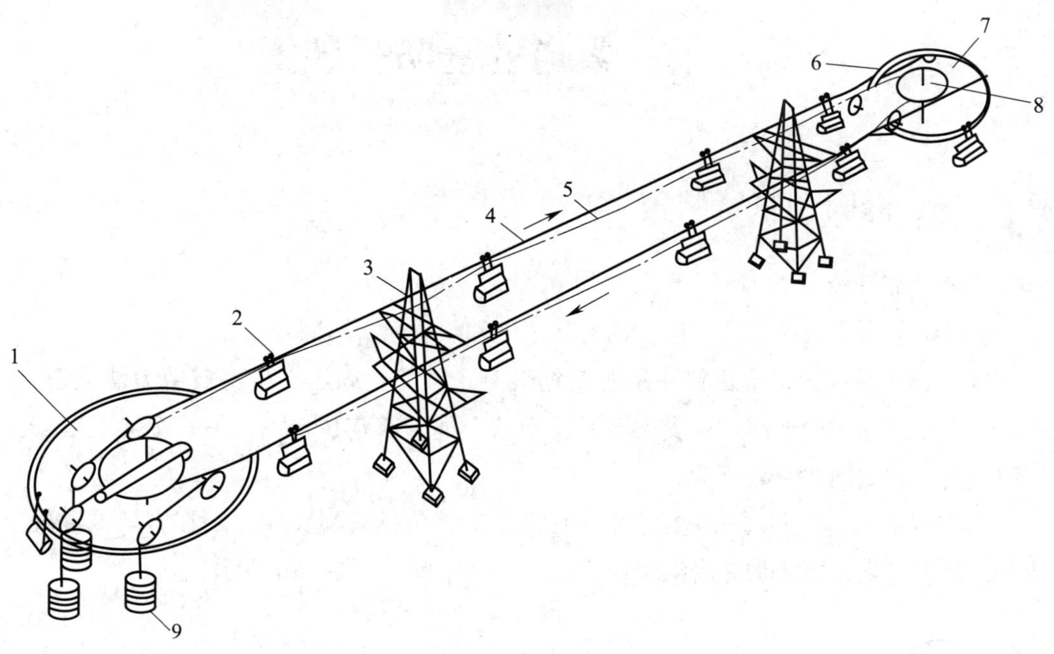

图 7—5　双线循环式货运索道

1—卸载站　2—货车（承重装置）　3—支架　4—承载索　5—牵引索　6—架空扁轨
7—装载与驱动站　8—锚固装置　9—重锤张紧装置

不论是哪种类型的架空索道，都可分为以下 5 个组成部分：

（1）驱动装置。驱动装置主要包括电动机、减速器、联轴器、驱动轮、制动器以及支承机架等。

（2）迂回装置。迂回装置包括迂回轮、支承支架。

（3）线路设备。线路设备包括承载索、牵引索、支架、拖（压）索轮、运载工具等。

（4）张紧装置。张紧装置包括张紧驱动轮或迂回轮、张紧小车、拉紧重锤等。

（5）电气设备。电气设备涉及供电系统、电气拖动系统、安全检测及自控系统、信号的传输和通信系统、防雷接地系统。

对于往复式索道还有锚固装置，拖挂索道还有站内加减速装置等。

索道的工作原理是，钢索回绕在索道两端（上站/下站或装载站/卸载站）的驱动轮和迂回轮上，两站之间的钢索由设在索道线路中间的若干支架支托在空中，随着地形的变化，支架顶部装设的托索轮或压索轮组将钢索托起或压下。运载工具通过抱索器吊挂在钢索上，驱动装置驱动钢索，带动运载工具沿线路运行，达到运输的目的。张紧装置用来保证在各种运行状态下钢索张力近似恒定。

第二节　索道安全防护装置

一、锚固和张紧装置

1. 承载锚固索

承载锚固索有两种锚固方法：锚固筒锚固和双重绳卡锚固。

（1）锚固筒锚固。锚固筒一般为钢筋混凝土圆筒，固定在机房或剪力墙侧壁上，在钢丝绳自由端用绳卡固定在支架上，其中两个绳卡起定位作用，另一个绳卡起安全作用，其布置如图 7—6a 所示。

（2）双重绳卡锚固。双重绳卡锚固用绳卡直接将钢丝绳夹住固定在支架或混凝土柱上，为了安全，再增加一套绳卡作为备用，其布置如图 7—6b 所示。

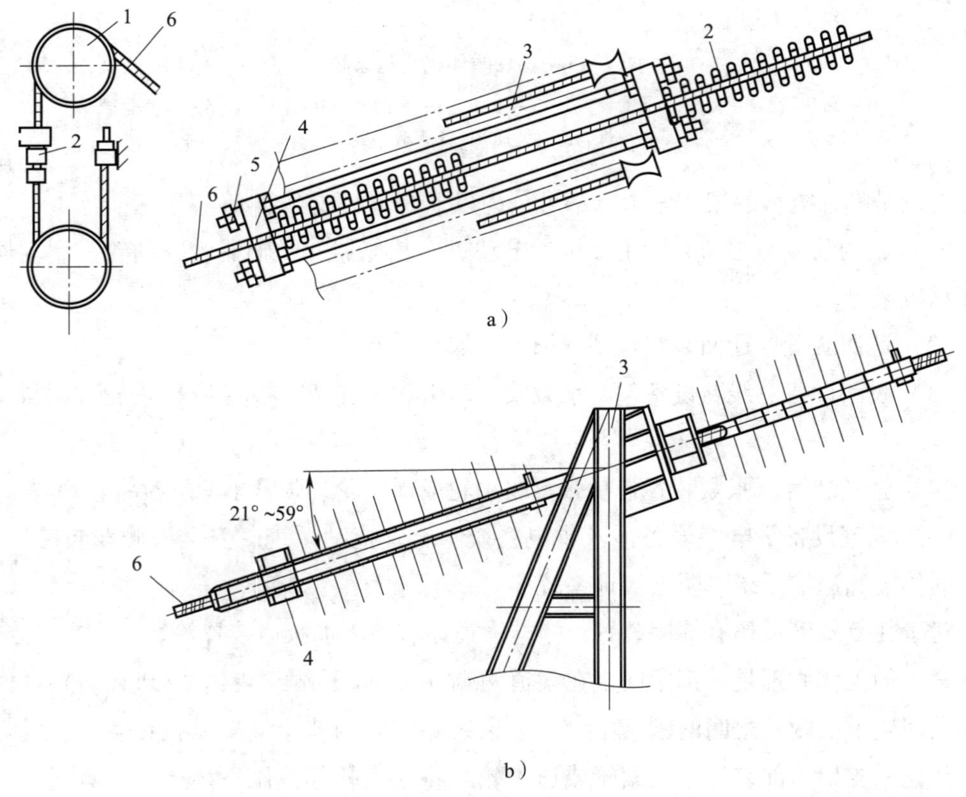

图 7—6　承载索锚固装置

a）锚固圆筒锚固　b）绳卡锚固

1—锚固筒　2—绳卡　3—支架　4—支座　5—螺杆　6—承载索

锚固筒锚固结构简单，投资省，占地面积少，故使用较多，但因筒径大，钢丝绳缠绕较困难。双重绳卡锚固的索距不受机房限制，但机械设备多，占地面积大。

2. 拉紧装置

承载索的拉紧方式有两种：一种是承载索用滚子链向后直接与重锤连接，如图 7—7 所示。二是承载索在尾部改为用挠性大的张紧索，用大导向轮转向后与重锤连接。

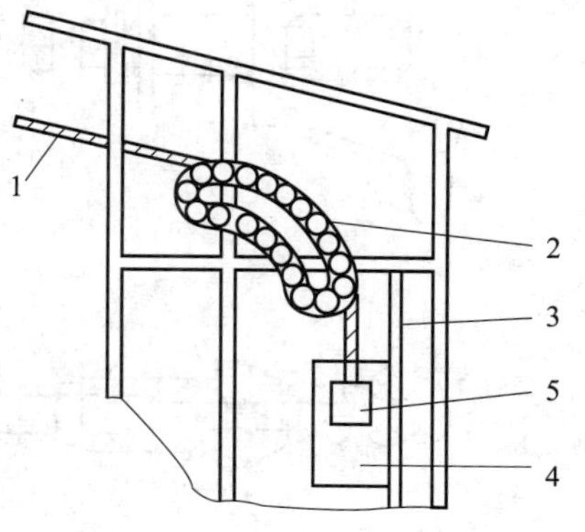

图 7—7　承载索与重锤直接连接

1—承载索　2—滚子链　3—导轨

4—套筒　5—重锤

承载索直接与重锤连接也有两种方式：一是将重锤做成圆柱形，承载索直接缠绕在重锤上；二是用浇铸套筒与重锤相连。

直连的方式具有环节少、安全性能好等优点，特别是承载索直接缠绕在重锤上，不用套筒浇铸，更为安全可靠，是最合理的方式。缺点是滚子链结构较复杂，费用高，更换困难。另外有设计中，将承载索在尾部改为张紧索，通过大导向轮与重锤连接，为了安全，承载索增加了一套双重连接装置。这种方式具有运行阻力小、导绕方式灵活等优点，但环节多，安全性能差。单承载的小型索道可以采用有导向轮的连接方式，双承载或大型索道应优先采用承载索道直连的方式。

 二、抱索器

抱索器是使运载工具与运载索或牵引索相连接的装置。进、出站时无需从钢丝绳上脱开和挂结的抱索器，称为固定式抱索器。进、出站时需要从钢丝绳上脱开、挂结的抱索器，称为脱挂式抱索器。按照连接方式的不同，抱索器有重力式抱索器、弹簧式抱索器、螺旋式抱索器、四连杆抱索器等。

客运索道常用固定式抱索器，如图 7—8 所示，由外抱卡、内抱卡、顶轴、弹簧罩、蝶形弹簧以及单向翼等主要部件组成。固定抱索器有不同的机构型式，按产生夹紧力的方式不同，可分两种，一种依靠螺旋杆直接将内、外钳口紧固在运载索上（图 7—8a），另一种依靠预紧压缩的弹簧将内、外钳口紧固在运载索上（图 7—8b）。弹簧的压紧力通过顶杆传递给内抱卡。此外，还有弹簧的压紧力直接作用在内抱卡上的固定式抱索器。该抱索器的夹紧力不易控制，安全性差。

 三、脱挂器

脱挂器由一组曲轨组成，视抱索器的结构不同而不同。一般利用抱索器上装的脱

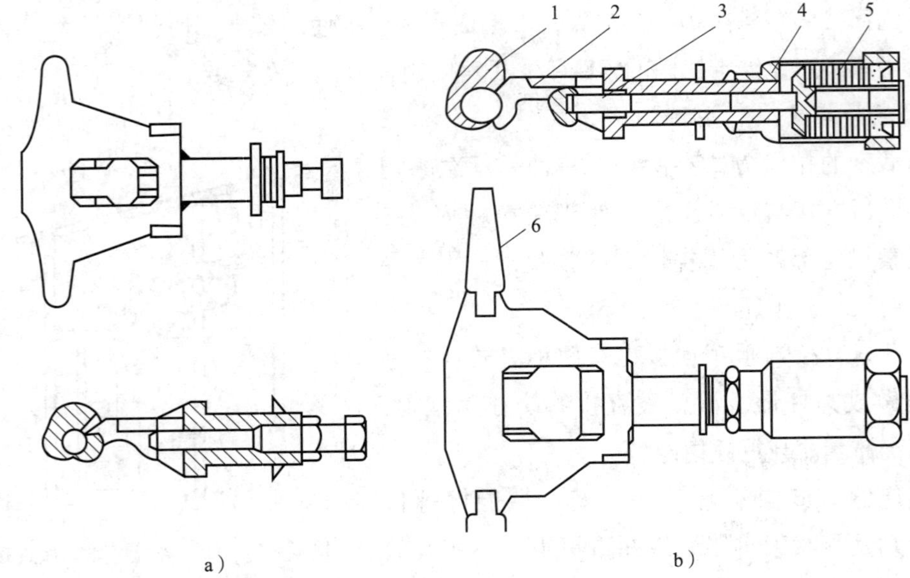

图 7—8　两种形式的固定抱索器

a）螺旋夹紧式　b）蝶形弹簧式

1—外抱卡　2—内抱卡　3—顶轴　4—弹簧罩　5—碟形弹簧　6—导向翼

挂压轮在曲轨上运动时，受曲轨压下或抬起使抱索器的弹簧松开和压紧，达到钳口开闭抱紧钢丝绳的目的。脱挂器结构如图 7—9 所示。

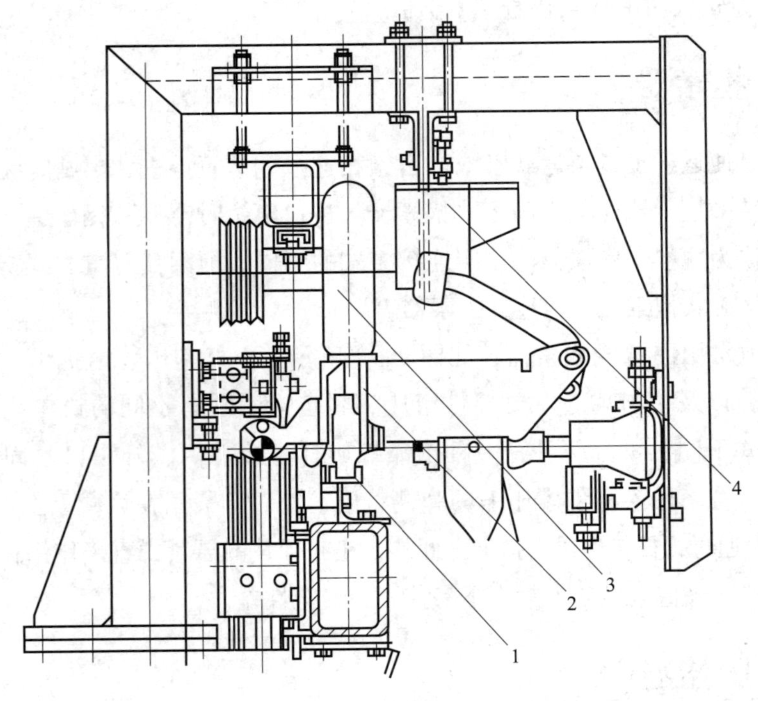

图 7—9　脱挂器结构

1—轨道　2—抱索器　3—加减速器　4—脱挂器

四、支索器

支索器是在往复式索道上使用的线路装置，是用于支承牵引索，达到减少挠度和行程的专用设备。支索器是焊接的框架结构，中间安放拖绳辊，整个框架用夹钳固定并悬吊在承载索下方。整个支索器允许客车自由通过，在索道全线上每隔一定距离装设一个支索器，每个支索器一般有 4 个或 6 个夹钳固定在承载索下方。支索器结构如图 7—10 所示。

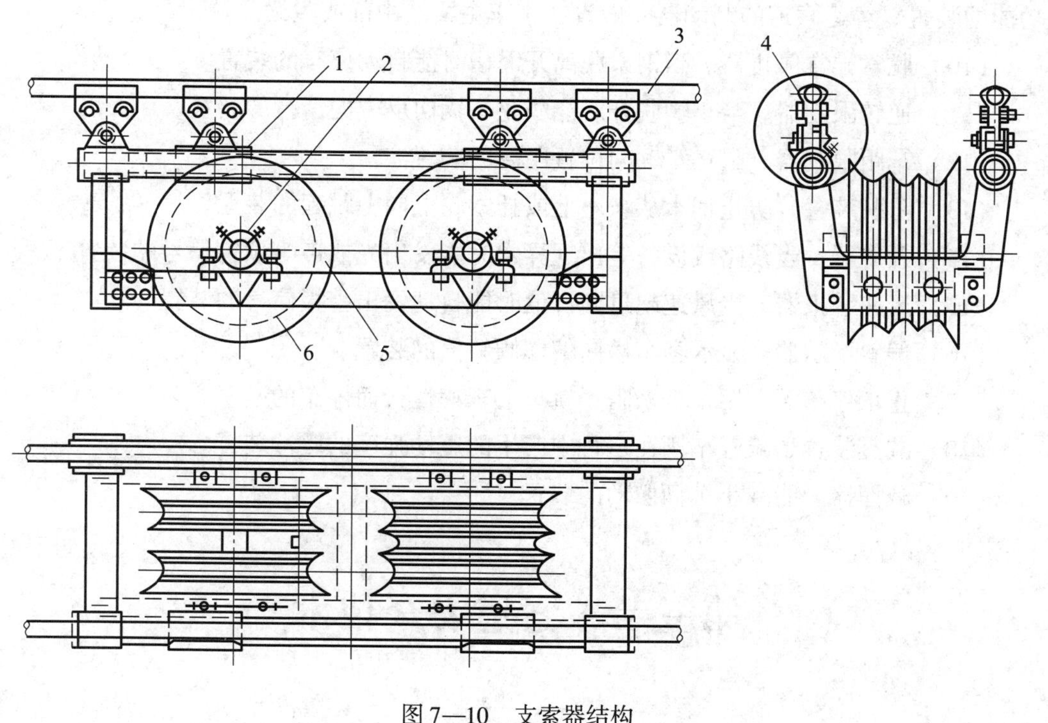

图 7—10　支索器结构

1—滑动套　2—托辊轴承　3—承载索　4—固定钳口　5—支架　6—托辊

五、通用安全装置

（1）车辆行程限位器。当车辆到达其极限位置时能自动停车的装置。

（2）速度限制器。当运行速度超过额定速度一定值时，能使驱动机自动停车的装置。

（3）超载限制器。当客车所载乘客的总重超过其额定载重量时，能使客车不起动的装置。

（4）力矩限制器。当起动力矩或运行力矩大于额定力矩某一规定值时，能使驱动机自动停止起动或停止运行的保护装置。

（5）承载索和牵引索重锤行程检测装置。在承载索和牵引索行程的极限位置上安装极限开关，当重锤行程超越范围时，开动开关，索道停车。

（6）抱索异常停止器。抱索器几何状态不正确或夹紧力未达到额定值时，能使索道自动停止运行的保护装置。

（7）钢索松弛停车器。当牵引索松弛超过规定值时，能自动停止运行的装置。

（8）下车位置限位器。当车辆超过下车位置时能自动停车的装置。

（9）制动器。使索道运行小车（或其他运动部件）减速、停止或保持停止状态等功能的装置。客运索道的制动器一般设在小车主梁的中部或主梁两端。

（10）脱索异常停止器。当钢索脱离开绳槽时能自动停车的装置。

（11）逆转限制器。当车辆脱开后能防止车辆向反方向滑行的装置。

（12）车距限制器。限止车辆间位置距离的装置。

（13）防跳装置。防止钢索从鞍座上或托索轮上向上跳起的装置。

（14）预警器。当线路或设备等出现异常时能发出光或声等预警信号的装置。

（15）风速警报器。当风速超过允许值时能自动发出警报信号的装置。

（16）偏斜指示器。显示客车横向偏摆倾斜值的装置。

（17）止爪停车器。用止爪来阻止轨道上车辆运行而停车的装置。

（18）减震装置。减轻车辆在运行中产生的震动强度的缓冲装置。

（19）减摆器。能减小车辆摆动的装置。

第三节　索道安全技术

 一、关键部件安全技术要求

1. 钢丝绳

（1）索道承载索应采用整根的，且全部由钢丝捻制而成的密封型钢丝绳，不应采用敞开式螺旋型和有任何类型纤维芯的钢丝绳作为承载索。

牵引索、平衡索、运载索应选用线接触、面接触、同向捻带纤维芯的股式结构钢丝绳，在有腐蚀环境中推荐选用镀锌钢丝绳。

张紧索应采用挠性好、耐弯曲的钢丝绳，不宜采用多层的钢丝绳，按规定用在大直径的张紧轮（或滚子链）时除外。

（2）钢丝绳抗拉安全系数的确定。新钢丝绳的抗拉安全系数即钢丝绳的最小破断拉力与钢丝绳最大工作拉力之比。各种钢丝绳的抗拉安全系数见表 7—1。

表 7—1　　钢丝绳的抗拉安全系数

钢丝绳的种类	载荷情况	安全系数
承载索	正常运行载荷	3.15
	考虑了客车制动器作用力的影响	2.7
	考虑了停运时风和冰作用力的影响	2.25
牵引索、平衡索、制动索	带客车制动器的往复式索道	4.5
	没有客车制动器的往复式索道	5.4
	双线循环式索道	4.5
运载索		4.5
张紧索		5.5
救护索	封闭环线的钢丝绳（运行状态）	3.5
	封闭环线的钢丝绳（停运状态）	3.0
	在绞车上的钢丝绳	5.0
信号索和锚拉索	没有考虑结冰的情况	3.0
	考虑结冰的情况	2.5

注：当采用两根或多跟平行的张紧索时，每根的安全系数要提高 20%。

2. 制动器

（1）所有的驱动装置（主驱动、辅助驱动）应配备两套彼此独立的能自动动作的制动器，即工作制动器和安全制动器。如果索道在任何负荷情况下运行都不产生负力，断电后能自然停车，并且停车后不会倒转，允许只配备一套制动器。各种驱动装置可以有共同的制动器。

（2）每一套制动器应能使索道在最不利载荷情况下停车，每一套制动器应根据相应的最小平均减速度计算停车行程。对于固定抱索器单线循环式索道，其最小平均减速度取 0.3 m/s^2，其他索道的最小平均减速度取 0.5 m/s^2。

（3）当制动器的制动力减少 15% 时，仍能使设备停车。

（4）对于循环式索道，制动系统制动减速度不得大于 1.25 m/s^2；对于往复式、脉动式索道，制动系统制动减速度不得大于 2.0 m/s^2。

（5）工作制动器和安全制动器不应同时动作（会直接造成重大事故时除外）。

（6）应采取措施防止制动块及刹车面沾上液压油、润滑油脂和水。

（7）制动器所有部件的屈服极限安全系数不得小于 3.5。

（8）制动器应符合下列要求：

1）正向和反向制动动作应相同。

2）制动力应均匀地分布在制动块上。

3）应能补偿制动片的磨损。

4）制动行程应留有余量。

5）在选择制动弹簧时，弹簧的工作行程不得超过其有效行程的80%。

6）在选择制动弹簧特性时，应做到在无自动调整的情况下，制动片磨损1 min时，制动时间的延长不得超过给定值的10%。

7）闸瓦间隙的分布应均匀，并在允许的范围之内。

8）制动块的压紧力应由重力或压力弹簧产生，其力的传递应为机械式的。

9）对气动、液压制动器，还应检查其开启、闭合位置和相应的压力。

（9）安全制动器应直接作用在驱动轮上，或作用在具有足够缠绕圈数的卷筒上，或作用在一个与驱动轮或卷筒连接的制动盘上。

（10）安全制动器应能在控制台上或其他控制位上手动控制。

3. 张紧装置

（1）承载索采用两端锚固时，应可以测量（通过测量角度或油压压力）和调整钢丝绳张力。张紧装置的行程至少为以下各项之和：

1）温差60℃而引起的长度变化。

2）承载索0.5‰的永久伸长，或运载索、牵引索1.5‰的永久伸长。

3）各种运行载荷情况下，钢丝绳垂度不同而产生的长度变化。

4）各种运行载荷情况下，钢丝绳的弹性伸长，对于运载索和牵引索的弹性模数可取80 kN/mm^2（新绳）和120 kN/mm^2（旧绳）进行计算。

（2）当张紧重锤的位置或液压张紧装置的位置可以调节时，可按30℃的温度差计算张紧行程，不考虑钢丝绳的永久伸长，调节装置应满足各种运行情况下钢丝绳垂度不同而产生的长度变化。

（3）重锤张紧装置应符合下列要求：

1）应保证在气候条件不好的情况下也能正常运动。

2）应采用机械限位的方式限制行程，在正常运行的情况下，不应达到终端位置。

3）张紧装置运动部分的末端应装设行程限位开关并对其进行监控。

4）应在张紧小车上设有指针，在相应固定机架上画上刻度表，刻度表上的零点应为张紧小车在站口侧的极限停车位置。

5）张紧重锤和张紧小车的导向装置应保证张紧重锤和张紧小车即使在钢丝绳振动或撞击到缓冲器上时也不会发生脱轨、卡住、倾斜或翻倒现象。

6）驱动装置和张紧装置设在同一站时，张紧小车和张紧重锤的运动应不受扭矩影响。

7）张紧绳轮应镶有衬垫，其弹性模数应小于10 kN/mm^2，绳槽的深度不得小于1/3的钢丝绳直径，绳槽的半径不得小于钢丝绳半径，绳轮的轮缘高度（绳轮外圆半径与轮衬槽底半径之差）不得小于钢丝绳直径。

8）重锤张紧装置应具备起吊装置，以便于进行维修工作。

9）张紧重锤的支承结构、钢绳的附件和端点连接处应便于检查、检修和更换。

10）张紧重锤的支承结构、钢绳的附近和端点连接处应防止锈蚀。

（4）液压张紧装置应符合下列要求：

1）应设置安全阀，安全阀应有单独的卸压回路。

2）液压管路和连接元件的破裂安全系数应不小于3。

3）油压系统应设手动泵，在使用紧急或辅助驱动时，液压张紧系统应能够运行。

4）应设油压显示装置。

5）在低温地区工作的液压张紧装置应有防冻措施。

6）液压缸的固定点应采用球铰。

4. 脱挂器

（1）应在规定的速度脱开和挂结，并应能降低运行速度反向运行。

（2）应保证在脱开、挂结区段仅有一辆车。

（3）应将有效载荷提高50%进行设计。

（4）应防止雨雪侵蚀妨碍脱挂过程。

（5）运行时应便于检查和维修。

（6）应能调整抱索器和钢丝绳的相对位置。

5. 缓冲器

（1）双线往复式索道运行轨道的末端应装设缓冲器，并计算缓冲器允许的压缩行程。

（2）缓冲器的结构应保证车辆的运行机构不从缓冲器上碾过。

二、运行速度的安全规定

运载工具在线路上的最大运行速度见表7—2。

表7—2　　运载工具在线路上的最大运行速度

<table>
<tr><th>索道类型</th><th colspan="3">使用条件</th><th>最大运行速度（m/s）</th></tr>
<tr><td rowspan="5">双（多）线往复式索道</td><td rowspan="2">车厢内有乘务员</td><td colspan="2">在跨间时</td><td>12.0</td></tr>
<tr><td colspan="2">过支架及在硬轨上运行时</td><td>10.0</td></tr>
<tr><td rowspan="3">车厢内无乘务员</td><td colspan="2">在跨间时</td><td>7.0</td></tr>
<tr><td rowspan="2">通过支架时</td><td>单承载索</td><td>6.0</td></tr>
<tr><td>双承载索</td><td>7.0</td></tr>
<tr><td rowspan="2">单线往复式索道</td><td colspan="3">在跨间时</td><td>6.0</td></tr>
<tr><td colspan="3">通过支架时和车厢内无乘务员时</td><td>5.0</td></tr>
<tr><td rowspan="2">双线间歇循环式索道</td><td colspan="3">车厢内无乘务员时</td><td>5.0</td></tr>
<tr><td colspan="3">车厢内有乘务员时</td><td>7.0</td></tr>
</table>

续表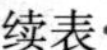

索道类型	使用条件		最大运行速度（m/s）
双线连续循环式脱挂抱索器索道			6.0
单线连续循环式脱挂抱索器索道	1 根运载索		6.0
	2 根运载索		7.0
单线脉动（间歇）循环式固定抱索器索道			5.0
单线连续循环式固定抱索器索道	敞开吊椅式	运送滑雪者	2.5
		运送乘客	1.5

运载工具在站内的最大运行速度见表 7—3。

表 7—3　　运载工具在站内的最大运行速度

索道类型	使用条件		最大运行速度（m/s）
循环式脱挂抱索器索道	封闭式运载工具		0.5
	敞开式运载工具上车和下车时	滑雪者	1.3
		人从前面上	1.0
		人从侧面上	0.5
循环式固定抱索器索道	运送滑雪者	单人座或双人座吊椅	2.5
		3 人座或 4 人座吊椅	2.3
		6 人座吊椅	2.0
	运送乘客	单人座或双人座吊椅	1.5
		大于双人座吊椅	1.2
		双人座吊篮（吊厢）	1.1
		大于双人座吊篮（吊厢）	1.0
脉动循环式索道	封闭式运载工具		0.5

 三、运载工具的安全技术

1. 运载工具的最小间隔时间

（1）对于固定抱索器吊椅式索道，吊椅之间的最小间隔时间为运行速度的倍数，用秒来表示，见表 7—4。

表 7—4　　固定抱索器吊椅式索道吊椅之间的最小间隔时间

索道类型	允许的最小间隔	
单人乘坐	3 倍运行速度且不小于 5 s	
双人乘坐	两人同时上下时	4 倍运行速度且不小于 8 s
	两人不同时上下时	6 倍运行速度且不小于 10 s
运送滑雪者	为（4 + n/2）s，且不小于 6 s，n 为每个吊具座位数	

（2）对于运送滑雪者的脱挂抱索器吊椅索道，吊椅之间的最小间隔时间应不小于5 s。

（3）对于固定抱索器双人吊厢、双人吊篮式索道，吊厢（或吊篮）之间的最小间隔时间为8倍运行速度且不小于12 s。

（4）对于脱挂抱索器吊厢索道，吊厢之间的最小间距应不小于正常制动行程的1.5倍，且不小于9 s。

2. 车厢有效面积和允许载客人数

（1）车厢有效面积。少于6人车厢的站立面积，每人0.3 m^2；6人及6人以上的车厢，站立面积不得小于（$0.18n+0.4$）m^2，n为车厢定员。

（2）允许载客人数

1）循环式索道：采用单固定式抱索器，最多载客6人；采用单脱挂式抱索器，最多载客8人。

2）往复式索道：车内无乘务员时，最多载客15人。

3. 线路计算和钢丝绳计算的作用力

（1）自重。钢丝绳和运载工具的自重根据制造厂的说明，实际质量与设计质量的偏差不应大于3%，实际质量应与进行线路计算和钢丝绳计算所取的值相符。

（2）有效载荷。定员15人以下时，平均每人重力按740 N计算。定员16人以上时，平均每人重力按690 N计算。对于运送滑雪者的索道，还应每人加上50 N装备的重力。

4. 动态作用力（惯性力）

（1）启动加速度最小为0.15 m/s^2时的惯性力。

（2）减速度为下列值时的惯性力：

工作制动减速度最小为0.4 m/s^2，紧急制动减速度最大为1.5 m/s^2。

（3）特殊情况应验证下列动态作用力：

1）当设备有两根或多根牵引索时，由于一根牵引索破断引起的动态作用力。

2）设备有客车制动器，当客车制动器制动之后在整个牵引索环线的动态作用力。

5. 风载荷

计算风载荷时，按下述风载荷乘以体型系数：

运行时风载荷取0.25 kN/m^2；停止运行时，风载荷取0.8 kN/m^2，风速大于36 m/s的地区，应按当地的风压值。

对于体型系数，密封式钢丝绳取1.15，多股钢丝绳取1.25，行走机构及吊架取1.6，矩形车厢取1.3，带圆角的矩形车厢取$1.3-2r/L$（r为车厢倒角半径，L为车厢长度），托索轮取1.6，圆管形支架取1.2，方管及轧制型材支架取2。

对于没有外罩的空吊椅，体型系数与迎风面积的乘积为0.2+0.1 n（m^2）；满载吊椅为0.4+0.2 n（m^2）。其中。n为每个吊椅的人数，风力的方向与吊椅运行的方向垂直。

6. 雪载荷及冰载荷

（1）如果高度在海拔2 000 m以下，应按照式（7—1）计算覆盖面上每平方米的雪载荷，且每平方米的雪载荷应不小于0.9 kN/m²。

$$S = [1 + (h_0/350)^2] \times 0.4 \tag{7—1}$$

式中 S——每平方米的雪载荷，kN/m²；

h_0——地勘部门所提供的海拔高度，m。

当该地海拔在2 000 m以上，或该地降雪量丰富时，应根据当地气象部门提供的数据确定雪载荷。

（2）结冰的地区应考虑钢丝绳或支架上的冰载荷，冰层厚度按25 mm计算，容积质量按600 kg/m³ 计算。

承载索计算时应考虑停运时风载和冰载同时作用，风载荷按0.8 kN/m² 计算，冰载荷取上述计算值的0.4倍。

7. 固定抱索器和脱挂抱索器

一个运载工具上所有抱索器防滑力之和ΣF_{eff}应达到运行时最大下滑力F_{max}的3倍：

$$\Sigma F_{eff} \geqslant 3F_{max} \tag{7—2}$$

一个运载工具上所有抱索器防滑力之和应至少等于运载工具允许的最大总重量：

$$\Sigma F_{eff} \geqslant (G+Q)_{max} \tag{7—3}$$

运载工具上有两个或者两个以上抱索器时，每一个抱索器上的防滑力必须满足式（7—4）和式（7—5）的要求。

$$F_{eff} \geqslant 3F_{max}/n \tag{7—4}$$

$$\Sigma F_{eff} \geqslant \max(G+Q)/n \tag{7—5}$$

其中，n为抱索器数量，不允许超过10。

 四、其他装置安全技术

1. 驱动装置安全技术要求

为了确保索道的安全运行，驱动装置除设主驱动系统外，还应设辅助或紧急驱动系统，当主电源、主电机或主电控系统不能投入工作时，辅助或紧急驱动系统应能及时投入运行。驱动装置应有0.3～0.5 m/s的检修速度。双牵引索道的驱动装置，应设机械差动或电气同步装置。运行速度小于等于3 m/s的小型双牵引索道，可不设机械

差动或电气同步装置。

2. 乘员装置安全技术要求

（1）吊厢安全技术要求如下：

1）吊厢的外面应装备长条板或缓冲件。

2）运送站立乘客车厢的护板（或护栏）距地板的高度应大于1.1 m。运送坐着乘客的车厢，护板（或护栏）距座椅面的高度应大于0.35 m。

（2）往复式索道车厢安全技术要求如下：

1）运送站立乘客的车厢，车厢内净空高度不得小于2.0 m，并应设拉杆和扶手。

2）车厢的顶部和底部应设有人孔及可通到车厢顶部的梯子。人孔的大小应能通过直径为0.60 m的球体。当使用底部人孔时，人孔周围2/3以上的区域应有保护装置。

3）在车厢底部的人孔处应有放绳设备的固定位置，此固定位置应能便捷、安全地进行放绳操作。

4）车厢内应贴有准乘人数的说明，其有效载荷以吨计。

5）配备有救援车的索道，车厢端部应设门或活动窗。

（3）车厢门安全技术要求如下：

1）车厢应装有不易误开的门。门应能闭锁，闭锁的位置应可以检查。

2）自动操作门的要求为，门的锁紧力不得大于150 N，门的边框上应装有软边，当自动操作机构失灵时，门应能手动开启。在无乘务员的车厢内，不允许乘客自行打开厢门，厢门不得由于撞击或大风的影响而自动开启。

（4）吊椅安全技术要求如下：

1）吊椅应带有靠背、扶手和一个向上翻起的封闭护栏。护栏应可由乘客操作而不受到伤害（挤压和剪伤），操作护栏的力不应超过100 N，护栏应与脚蹬相连。

2）吊椅下部前边缘不得有凸出、锋利的棱角。

3）座椅面应全部承载，并向后倾斜25%～35%，其深度应为0.45～0.50 m。

4）每一个吊椅应装备靠背，靠背高不得小于0.35 m，靠背下缘与座椅面的间隔不得大于0.15 m。

5）吊椅外罩应能与护圈分别动作，打开护栏应打开外罩。外罩应可由乘客操作而不受到伤害（挤压和剪伤），操作外罩的力不应超过100 N。

五、救援技术要求

（1）所有架空索道在发生设备停车的故障时，操作负责人应先通知并安抚乘客，优先考虑恢复运行。若不能恢复运行，应按照制定的应急救援预案，实施对乘客的救援。

(2) 救援时间。一般应在3.5 h内将乘客从索道上救至安全区域。

(3) 救援设备。夜间救援时，应考虑照明设施。救援设备应有完整清晰的使用说明。

(4) 垂直救援。以下情况下，允许采用垂直救援方式将乘客救援到地面。

1) 救援高度在允许的最大离地高度范围内。

2) 地形条件适合垂直救援或进行了相应的准备工作。

垂直救援设备应按要求使用、保存、维护、检查、测试和报废，对所有替换部件或备件的可互换性进行确认，救援设备应该具有完整、清晰的使用说明。

(5) 水平救援（沿钢丝绳进行救援）。若索道线路的全部或部分不能够将乘客直接救援到地面，则应提供全部或部分沿钢丝绳进行救援所需的设备。相应的机械设备应作为永久设备装配到位，在救援计划中应清晰地注明合理的操作人员数量和所需要的最长时间。救援设备应该具有一个独立于主驱动的驱动系统或者具有一个可自行提供动力的车辆。

第四节　索道安全管理

一、客运索道建设过程的安全管理

1. 设计、测量、施工单位

(1) 要选择正规、有相应资质的单位，设计文件一定要通过国家客运架空索道安全监督检验中心的审查。

(2) 土建施工前，施工单位必须持相关资质证书到地方城市建设主管部门办理告知手续。

(3) 设备要委托取得相应客运索道制造许可的生产厂家来制造，生产厂家必须把好出厂检验关。客运索道的驱动机、抱索器、运载车辆、钢丝绳、减速器等主要部件出厂时，必须附有制造企业关于该部件的出厂合格证、使用维护说明书等随机文件。

(4) 对于国外企业在我国境内销售境外制造的客运索道的，必须明确我国境内注册的代理商，并由代理商承担相应的安全责任。

2. 安装、改造、维修

(1) 客运索道的安装、改造、维修应委托具有相应级别客运索道安装改造维修许可证的单位进行。施工前，应把相关资质证书、作业人员上岗证、相关审批手续、安装设备资料等在质量监督管理部门备案。

（2）整个工作结束后，施工单位应当在验收30日内将有关涉及安全性能参数的技术资料移交使用单位，并存入该设备的技术档案。

二、客运索道验收检验过程的安全管理

（1）客运索道施工结束后，索道站（公司）或者索道运营单位应制定一套切实可行的索道运营安全管理制度，然后向所在地省级特种设备安全监察机构提出运营申请报告。

（2）经由该安全监察机构的相关部门组成的审查组按照统一制定的“客运索道安全管理监督检验记录表”的有关内容及填写要求进行审查、填写，审查结论合格后，才能请国家客运索道监督检验机构进行最终检验验收。对于客运拖曳索道的安装，监督检验由省级具备资质的机构进行。

（3）施工项目检验合格，由检验机构发安全检验合格标志，索道方可投入运营。

客运索道在投入使用前应当核对是否附有《特种设备安全法》《特种设备安全监察条例》规定的相关文件、安全规范要求的设计文件、产品质量合格证明、安装及使用维修证明、监督检验证明等文件，同时，投入使用后30日内，使用单位应向质量检验检疫部门办理使用登记，并取得使用登记证。

三、客运索道使用过程的安全管理

1. 技术资料的存档

客运索道安全技术档案应当包括以下内容：

（1）项目批复文件、设计文件、制造单位、产品质量合格证明、使用维护说明书、安装技术文件和记录资料以及各种鉴定验收文件。

（2）客运索道定期检验和自行检查的记录。

（3）客运索道的日常使用状况记录。

（4）客运索道以及安全附件、安全保护装置、测量调控装置及有关附属仪器仪表的日常维护保养记录。

（5）客运索道运行故障和事故记录。

对于在日常维修或设备改造中所做的任何修改都应在存档资料上进行更正或留下记录。

2. 人员要求

索道站（公司）应由三部分人员组成：管理人员（站长或经理、安全员等）、作业人员（司机、机械及电气维修人员等）、服务人员（售票员、站内服务人员等），其中管理人员、作业人员应当按照国家有关规定经特种设备监督管理部门考核合格，取得国家统一格式的资格证书，方可从事相应的作业或管理工作。

（1）对站长（经理）的要求如下：

1）应根据该索道类型制定索道正常运行和安全操作各项措施，建立岗位责任制和应急救援制度，对索道的正常运营、维修、安全负责。

2）要保证以下各项内容能正确贯彻执行：

①管理机关所规定的定期检验制度。

②信号系统的检查制度。

③救护规则。

④自动停车、紧急停车及其安全设备动作时的设备状态下，排除故障及重新运行的措施（只有当安全有了保证时才允许重新运行）。

⑤安全电路断电时的设备状态下，需要再运行时的措施（紧急情况下运转时，索道站站长或其代表一定要在场，才允许在事故状态下再开车，以便将乘客运回站房，此时站与站之间也应能通信联系）。

⑥机械设备、钢丝绳、运载工具等发生故障时，排除故障的措施。

⑦风速超过规定值或天气条件威胁到运行安全时，停车处理措施。

⑧能见度不足时的运行措施。

⑨夜间运行的措施。

⑩清除钢丝绳或机械部件上的冰和积雪的措施。

⑪如果索道站站长不在场，其职责转给其代理人的条件及方法。

3）每年要向单位领导和上级安全管理机关提交运行报告，如遇特殊事故发生，要及时提出报告。

4）应对索道工作人员进行安全教育和培训，使他们具备必要的特种设备安全作业知识。此外还要对参加救护的人员进行定期演习和培训。

（2）对司机的要求如下：

1）索道站司机房内应配备两名司机，其中一名为主司机。

2）司机应熟悉以下知识：

①所操纵的索道各部件的构造和技术性能。

②本索道的安全操作规程和安全运行要求。

③安全保护装置的性能和电气方面的基本知识。

④保养和维修的基本知识。

3. 乘客乘坐要求

（1）禁止携带易燃、易爆和有腐蚀性、刺激性气味的物品上车。

（2）游客在乘坐索道前，应观察该索道是否有特种设备监督检验机构颁发的安全检验合格证。应乘坐经检验合格的索道，不要乘坐超期未检的客运索道，以确保自身的安全。

（3）乘坐前先阅读乘客须知。心脏病、高血压、恐高症患者及精神不正常者不要乘坐。年老体弱、行动不便及未成年人乘坐索道必须由成人陪同。

（4）在客运索道车厢内，应听从工作人员指挥，按顺序上下，坐稳扶好，严禁吸烟，不嬉戏打闹，不将头、手伸出窗外，不向外抛撒废弃物品。

（5）严禁摇摆吊椅吊篮，严禁站立在吊椅吊篮上或蹲在座位上。禁止擅自打开吊椅护栏和吊篮车门。

（6）乘客不得从椅（篮、厢）上跳离或爬上去，如跳下可能导致脱索或吊椅振动太大而损坏。如遇索道发生故障，不要惊慌，在原位置等待，注意听广播，等待工作人员救援，切勿自行采取自救措施。

（7）严禁乘客乘坐吊椅（吊篮、吊厢）通过驱动轮和迂回轮。未经许可，乘客不得擅自进入机房或控制室。

4. 客运索道站的安全管理要求

（1）应急预案。建立完善的具有可操作性的应急预案，设立应急救援组织，配备相应的救援装备和急救物品，定期组织应急演练。

（2）消防责任如下：

1）履行索道经营辖区内的消防安全责任，消防工作应遵守国家和地方相关消防安全管理的规定。

2）索道经营辖区内的消防设施应保持完好状态，安全通道应保持畅通无阻。

3）应建立消防预警机制及消防安全管理制度，有效控制经营辖区内和运营过程中可诱发火灾的危险源，治理火灾隐患，预防火灾发生。

4）应制定乘客和工作人员安全疏散、自救互救与火灾救援等应急预案。

5）索道工作人员应经过消防培训，正确使用消防器材，熟练掌握安全疏散与自救互救方法。

（3）工作人员要求如下：

1）年满18周岁，身体健康。

2）具备与岗位职责相对应的处置问题的能力。应培训合格后上岗，掌握索道安全服务相应的知识和技能，具备良好职业道德和综合素质，遵守服务守则。

（4）卫生要求。候车室内和封闭式交通工具的卫生环境、空气质量、噪声、湿度、照度等卫生标准应达到国家相关规定。

（5）索道设备要求如下：

1）运行。客运索道运行应遵守运营工作程序和操作规程，严格执行开机、关机检查确认程序，做好运行纪录。在无应急驱动安全保障的情况下，不应运送乘客。在主机故障时，不允许利用应急驱动装置继续运营运送乘客。不应超负荷运营和安全设施带隐患运行，发现事故征候应当及时处理。应保持车容与服务设施完好，外观或功能受损的服务设施不应投入运营。索道需夜间运营时应符合安全规范要求。索道临时停车，应及时通过广播系统安抚滞留在线路上的乘客，消除乘客的不安和恐慌情绪。

2）维修。设备维修时应严格遵守设备检修规程和设备维修制度，认真填写各项维修记录，确保设备完好。设备检修后，应及时清理维修现场。机架和支架上不应遗留有坠落危险的维修工具、零部件和杂物。设备维修的废弃物应及时分类处理。设备润滑工作后，应采取措施保障润滑油（脂）不会污损乘客身体和衣物。应保持检修工具、计量装置、安全备用系统及应急救援设备设施的完好。在运送乘客的过程中，不应安排影响正常运行的维修工作。停机检修应提前对外发布停运公告。

（6）故障处理及救援要求。在乘载工具或索道票上公布服务电话号码，方便乘客应急时使用。服务专线电话要有专人值守，遇有突发事件应及时向值班领导汇报并按程序启动相关的应急预案。救援方案应依据客运索道线路、地形特点，提供多种救援方式，保障救援组织安全、快捷、高效，满足不同乘客救援需求。

索道运营设备和应急设备发生故障时，值班领导应快速做出准确判断，依照相关规定，正确及时地处理突发事件。停电或主机故障，但索道线路正常时，应在 15 min 内启动辅助驱动装置或紧急驱动装置运送滞留在线路上的乘客。辅助驱动和紧急驱动装置故障时，应启动应急救援预案，并在 3. 5 h 内将索道线路上的乘客救援至安全区域。

在救援服务时，应通过广播系统安抚滞留在线路上的乘客，简要介绍救援方案。广播词应使用中、外文两种语言，广播内容应准确、清晰。救援人员在实施救援前应向乘客简要说明救援步骤和救援安全要领，抚慰受惊吓的乘客，防止救援过程中发生乘客受伤事故。

（7）事故处理。客运索道事故报告与事故处理应遵守国家管理部门的相关规定。对于风景旅游区的旅游索道事故，事故责任单位应协助景区管理部门按旅游安全事故管理规定，报告相关管理部门。事故责任单位应负责组织受伤乘客的现场救治、心理抚慰，或将受伤乘客送往医院治疗。应协助保险公司按相关规定处理伤亡乘客的救治、理赔等善后事宜。设立专人负责对外发布信息和各类宣传解释工作。乘客救援落地后，服务人员应将乘客护送回索道站房，做好善后工作。

四、安全检验

（1）客运索道安全检验合格标志 3 年有效期满后，需要继续运营的客运索道，应进行全面检验。在 3 年有效期内，每年进行 1 次年度检验。

（2）经特种设备安全监督管理部门考核合格，取得国家统一格式的特种作业人员证书，方可从事相应的检验作业或管理工作。

（3）实施现场检验时应当具备以下条件：

1）检验要求与方法中规定需要在现场检验前进行审核的技术资料已由规定的检验机构审核合格。

2）客运缆车设施应当有安全可靠的爬梯、平台等通道，使检验人员可以接近缆车设备，便于检验仪器设备正常工作。

3）输入客运缆车电气系统的电压波动应当在允许值以内。

4）温度、湿度应当保持在客运缆车正常运行及检验设备和计量器具正常工作所要求的范围内。

5）雪、风等室外气候条件应当能满足客运缆车正常运行的要求。

6）检验现场应保持清洁，不应当有与客运缆车工作无关的物品和设备，相关现场应当放置表明正在进行检验的警示牌。

（4）对于不具备现场检验条件的客运缆车，或者继续检验可能造成安全和健康危害时，检验人员可以终止检验，并且书面说明原因。

（5）现场检验过程中，检验人员应当做好原始记录。现场检验原始记录（以下简称原始记录）中，应当详细记录各个项目的检测情况及检验结果。原始记录表格由检验机构统一制定，在本单位正式发布使用。

（6）原始记录中有测试数据要求的项目必须填写现场实测数据。无测试数据要求但需要说明情况的项目，可以用简单的文字说明现场检验状况。原始记录必须注明检验日期，并且必须有检验及校核人员的签字。检验报告中有测试数据要求的项目，应当在检验结果一栏中填写实测或者经过统计、计算处理后的数据。

第五节　索道常见事故与救援

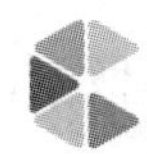

一、索道运行中的危险性及危险要素

索道的运行与安全紧密相连，互不可分。安全是实现运行所必需的保障。在不能保障安全的条件下，生产和经营将失去意义。客运架空索道是空中载人运输工具，其运行中的危险性和危险要素既有与其他运输工具相同之处，也有明显不同的特点。

1. 露天高处作业

架空索道大都建在野外露天场所，人们乘坐的吊椅、吊篮、吊厢往往悬挂在距地面几米、数十米乃至百余米的高空钢丝绳上。索道工每天沿线路巡检维护，也要攀登数十米高的驱动机台架、支架，在高空检修平台或检修小车上从事露天作业，风吹日晒，作业环境恶劣。

2. 钢丝绳的安全影响大

钢丝绳是客运索道最重要的关键部件，每一条架空索道都离不开钢丝绳。虽然在设计时按照一定的安全系数来选择钢丝绳的结构和规格，但钢丝绳在使用过程中不可避免会出现疲劳、变形、锈蚀、断裂等缺陷，从而导致强度降低，甚至突然失效。

钢丝绳在使用中发生破坏事故，其后果是非常严重的，轻者导致设备损坏，重者导致人员伤亡。

3. 设备使用条件变化大

由于地质、水文、气候、地形等自然条件多变，每一条客运索道的工艺路线、设备选型、布置都有自己的特点。即便是同一类型的索道，因地形条件的变化或运行要素的差异，其不安全要素也不同，对设备的要求也存在差异。

4. 环节多、关联性紧密

索道是一种机电一体化的现代化设备，其特点之一是结构复杂，包含机械、电气、液压等多种技术，大型索道几乎包含了现代机电工程、自动控制的最新技术。索道的第二个特点是规模庞大，整套设备分布达数百米至数千米，很多大部件的检查维护要用起重工具，需要多人协作完成。所以索道的安全是一个立体交叉、众多环节组成的系统工程，安全措施应该贯穿于索道设计、制造、安装、运行、维护和管理的全过程。

5. 职工误操作多，乘客和周边人员错误行为多

必须正确购置及安装使用电气操作设备，保证其安全无误地发挥功能，应防止误操作，并采取措施防止未经允许接触在安全技术中起重要作用的机械电气操作设备等。虽然诸多防止误操作的设施对保证索道安全运行发挥了重要作用，但误动作引发的事故依然存在。十多年来，我国先后发生多起人员伤亡事故和设备损坏事件，主要起因多属于职工误操作、违章作业或乘客误动作、错位行为等，人的因素对索道安全运行的影响应引起足够重视。

6. 营救难度大，社会影响大

架空索道在运行中一旦发生停车事故，必须把乘客从线路上及时营救下来，但由于营救难度大、救护线路长，而客运索道多建在野外，往返客流大，围观人员多，因而造成的社会影响比较大。

二、事故原因

从目前资料看，我国单线循环吊厢式客运索道占总量的3/4以上，是客运索道发展的主流。1999年10月贵州马岭河客运索道特大事故，14人死亡，22人受伤，是目前国内客运索道最严重的一起事故。另外，浙江温州晓坑索道牵引索断裂，造成5死

1伤；吉林通化玉皇山索道张紧索跑脱，造成1人死亡；重庆嘉陵江索道牵引索残酸腐蚀锈断，险些造成重大事故等。从设备的安全失效及索道的运行特点分析，事故一般由以下一个或多个方面的原因造成。

1. 设计匹配不合理

在设计索道时，应充分考虑极限气温、风载荷瞬时作用、客厢本身摇晃状况、负荷不均匀情况及站房和塔架之间的相互关系。选用不合理的结构、低质量的设备及不合适的材料都可能导致事故的发生。另外，索道设计应满足不同客户对功能的需求。

在设计中，系统设计不合理会导致整个系统安全性下降，一旦出现意外，整体安全无法保障。例如，马岭河客运索道卷扬形式的驱动系统（强制驱动），决定了该索道的安全性由制动器决定，而该系统只有工作制动，无紧急制动。当超载运行引起唯一的制动器失灵时，客厢下滑且逐渐加速，传动系统反向超速运转并打坏减速器，使得牵引索过载而发生断裂，客厢失控坠车，造成人员伤亡事故。

2. 质量控制不严、装配有误差

在索道出厂及定期检修中，必须对钢丝绳、抱索器等重要部件进行无损探伤检测，设备安装要正确无误，并且满足装配的工艺要求，因为任何错误都可能引发安全问题。

3. 维护检修不正常

索道系统维护和检修不正常可能会导致事故。索道系统中的重要零部件必须预检，即通过非破坏性的方法去检测缝隙、侵蚀和其他缺陷，工作人员也必须预先采用适当的设备去维护、修理等。

4. 操作规程不规范或不了解操作规程

制定正确的制造、安装、操作规程和规范对索道系统的维护检修及正常运行至关重要。操作规程应简明易懂，清楚、完整地提供给操作人员。

在对几起重大安全事故进行分析后发现，很多事故发生的原因是操作人员不了解操作程序，因此必须要求全体操作维修人员掌握安全操作规程。

三、客运索道事故应急救援

架空客运索道在运行中一旦发生停车事故而不能再继续运行时，必须把乘客从线路上及时救下来或救回站内去。救援困在架空索道上的乘客（吊椅，或吊车）是一项非常有针对性的活动，在实施过程中要求救援人员必须具备较高的高空作业经验，能够熟练操作救援器械，在吊车的钢缆上活动自如，并保证在所有的天气情况下都能快速救人。

救援时间关系到被救人员的生命安危，而一套完善并经过反复实践的成熟方案可以最大限度地缩短救援时间。时间就是生命，完善的救援方案正是对生命的最大保障，同时应针对具体情况选用不同的方法进行救援，几个救援队可以同时展开救援。

1. 救援注意问题

(1) 应根据地形情况配备救护工具和救护设施，沿线不能垂直救护时，应配备水平救护设施。救护设备应有专人管理，存放在固定的地点，并方便存取。救护设备应完好，在安全使用期内，绳索缠绕整齐。吊具距地面大于15 m时，应用缓降器救护工具，绳索长度应适应最大高度救护要求。

(2) 采用垂直救护时，沿线应有行人便道，由索道吊具中救下来的游客可以沿人行道回到站房内。

(3) 应有与救护设备相适应的救护组织，人员要到岗。

2. 救护组织

把索道站全体人员编入救护组织，必要时应与市或地区消防系统联合整编。

索道站除有严密的事故救护组织外，为了使全体人员了解和熟悉自己的岗位、救护方法和过程，救护组织负责人要组织救护人员定期进行救护演练，以备遇有事故时能按岗位各司其责，迅速、准确地完成救护工作。

救护组织内容见表7—5。

表7—5　　救护组织内容

总指挥	第一组：通信	广播：召集人员，传达通知，安定人心，解释救护方法
		电话：与本站及市、区外部联系
		旗语：必要时用作补充联系方式
	第二组：照明	备用柴油机发电或专用应急手电
		煤油灯：用桅灯（也叫马灯）或应急灯
	第三组：援救	空中作业（分若干组同时进行）
		地面协助
	第四组：医疗	临时处置
		送医院治疗
	第五组：消防	扑灭火灾
	第六组：公安	维持秩序，防止意外

在进行救护工作时，索道工作人员应通过广播做好宣传解释工作，安定乘客的情绪，讲解到达站房或地面的方法。工作人员要协助老幼乘客，并与广大乘客相互配合。

3. 救护方法与设施

(1) 两种不同故障情况的救护。影响索道停业运行的原因主要有停电、机械设备（包括驱动装置、尾部拉紧装置、索轮组和导向轮等）发生故障、牵引索跑偏或掉绳、进出站口系统有异常等。根据上述情况，可分别采取不同的营救方法。

当外部供电回路电源停电，或主电机控制系统发生故障时，应开启备用电源，如利用柴油发电机组来供电，借辅助电机以慢速将客车拉回站内。

当机械设备、站口系统、牵引索等发生重大故障导致索道不能继续运行时，必须采用最简单的方法，在最短的时间内将乘客撤离到地面。撤离的方法取决于索道的类型、地形特征、气候条件、客车离地高度。应配备适宜的营救设施，如绞车、梯子、救护袋等。在营救工作中，营救工作时间应尽可能短，一般应少于 3 h，按此来配备营救设备和营救人员的数量。同时，应根据线路地形特点，将营救设备放在有关支架附近的工具箱内，便于营救时可以迅速取出使用。

（2）往复式索道的救护。往复式索道的牵引系统分两类：欧洲等国采用的单牵引安全卡系统及以日本为代表的双牵引差动轮系统。

1）单牵引系统。当牵引索突然断裂，客车上的安全卡立即自动（也可手动）卡住承载索，使客车安全停住。然后由辅助牵引的专用小型救护车，由站内发往出事地点，与原客车对接，分批把乘客运回至站内。

现代客运索道有些已不采用辅助索系统，而使用更为方便的自行式救护小车。

2）双牵引系统。当其中一根牵引索突然断裂，则断索一侧的差动驱动轮会随之突然超速，立即引起超速制动，客车依靠另一根牵引索安全停在线路上。用手摇泵的压力油开启未断牵引索一侧的制动闸，慢速开动该侧驱动轮，将客车缓慢拉入站内。

如果专用救护小车或差动轮的另一根牵引索均无法把乘客救回站内时，可以利用“高楼救生器”（缓降机）把乘客从车厢的底部开口处直接下放至地面。

（3）单线循环式索道的救护。对于吊椅式索道，由于索道侧型几乎与地形坡度一致，客车离地面的高度不大（一般都控制在 8 m 以内），在进行营救工作时，往往采取将尾部拉紧装置滑轮组系统的绞车放松，降低吊椅的离地高度，并辅助以地面梯子、救护安全带（袋）来撤离乘客，如图 7—11 所示。

当采取上述措施不能营救离地较高吊椅上的乘客时，还可利用较简单的 T 型救生器与救护人员合作，乘客坐在 T 型横杆上，双手抱住竖杆，将皮带圈套住腰部，由地面工作人员慢慢将拉住的绳索放松，把坐在 T 型救生器中的乘客下放至地面。

对于吊厢式索道，吊厢离地高度较吊椅式索道大一些。对于吊厢式索道，可采用以下方法：营救队员乙借助于轻便水平绞车，沿有自滑坡度的牵引索从距吊厢最近的支架滑下，而另一名营救队员甲在支架上操作水平绞车，控制下滑速度。营救队员乙滑至吊厢顶部，开启车门，进入车厢内，放下绳索，由地面上的营救队员丙将地面的垂直绞车支承架救护袋（带）设施提升至吊厢顶部（或吊厢内），营救队员乙安装好支承架于厢顶吊杆或厢内立柱上，绳索一端通过支承架上的垂直绞车下放至地面，另一端将系好救护袋（带）的被营救人缓慢放至地面，如图 7—12 所示。

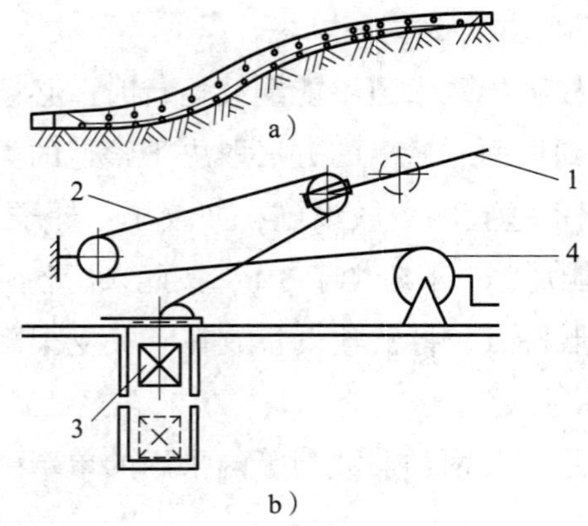

图7—11　吊椅式索道营救

1—牵引索　2—滑轮组

3—拉紧重锤　4—绞车

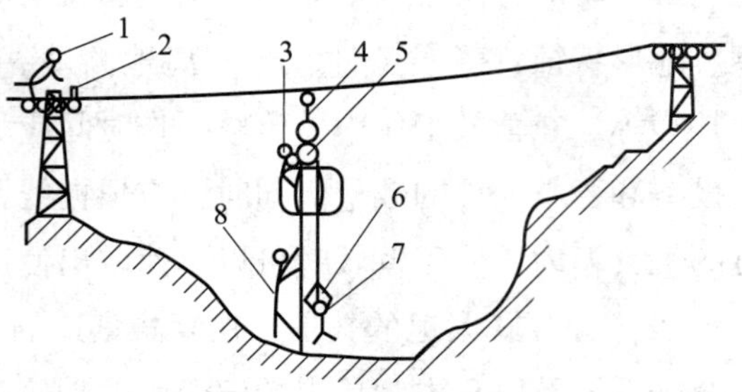

图7—12　吊厢式索道营救示意图

1—营救队员甲　2—水平绞车　3—营救队员乙

4—支承架　5—垂直绞车　6—被营救人

7—救护带　8—营救队员丙

复习思考题

1. 索道的类型有哪些？
2. 索道主要由哪些部分组成？
3. 架空客运索道的安全防护装置有哪些，其作用是什么？
4. 索道的安全检验周期是多少？安全检验的具体内容有哪些？
5. 乘坐索道的乘客应注意的问题有哪些？
6. 客运索道救护方法有哪些？
7. 对索道进行设计时应该考虑的安全因素有哪些？

第八章

场（厂）内专用机动车辆安全技术

本章学习目标

1. 了解场（厂）内机动车辆的类型、分类及主要技术参数。
2. 了解平衡重式叉车的结构及主要组成部分。
3. 了解场（厂）内机动车辆的的传动系统与组成。
4. 掌握制动系统的组成与工作原理、转向系统的组成。
5. 掌握制动系统的安全技术要求及检测。
6. 了解场（厂）内机动车辆的安全作业管理要求。
7. 了解场（厂）内机动车辆的常见事故类型及防范措施。

第一节　场（厂）内专用机动车辆基本知识

《特种设备安全法》和《特种设备安全监察条例》中的场（厂）内专用机动车辆主要指除道路交通、农用车辆以外仅在工厂厂区、旅游景区、游乐场所等特定区域使用的专用机动车辆，主要用于运输作业、搬运作业以及工程施工等。

一、场（厂）内专用机动车辆的特点

随着现代社会的发展，场（厂）内专用机动车辆使用的普及率越来越高，已从港口、码头进入整个社会，成为当今社会不可缺少的工具。场（厂）内专用机动车辆往往兼有装卸与运输作业功能，并可配备各种可拆换的工作装置或专用属具，能机动灵活地适应多变的物料搬运作业场合，经济高效地满足各种短距离物料搬运作业的需求，在现代生产过程中已经占据越来越重要的地位。随着场（厂）内专用机动车辆应用范围的扩大和环境保护、劳动安全卫生要求的日益提高，对废气净化、车辆的振动与噪声、易燃易爆场所防爆的问题日益重视，相应的技术规范亦日益完善。

场（厂）内专用机动车辆的特点包括以下几点：

（1）工作环境差异大，工况恶劣。场（厂）内专用机动车辆施工和作业环境千差万别，不同环境的气候条件和地理地质相差悬殊，因此要求场（厂）内专用机动车辆的性能和质量必须具有广泛的环境适应性。

（2）同类场（厂）内专用机动车辆的规格差别很大。履带式推土机的驱动功率为40～1 000 kW，单斗液压掘进机容量为0.02～34 m^3，平衡重式叉车起升质量为0.5～42 t等。这是由于不同的工作对象和不同类型的工程对施工和作业的不同要求所决定的。

（3）一机具有多种可换工作装置。为了降低产品成本并满足各种工程施工和作业的要求，在同一种底盘上更换不同的工作装置，以实现不同类型的施工和作业。例如，在同一台单斗液压挖掘机底盘上，可以更换正铲、反铲、抓斗、起重装置、破碎锤、桩锤、钻孔机等不同的工作装置。

（4）各类产品之间具有使用成套性。一般的工程施工和搬运作业均包含多道工序程序，用同一辆车辆往往无法全部完成，必须使用相应的不同车辆，进行不同程序的连续作业，最后完成全部的工程施工和作业。只有各机种的功能和作业科学地匹配，才能合理而经济地进行连续施工和作业，达到提高效率、缩短生产周期、降低运营成本的目的。

二、场（厂）内专用机动车辆分类及用途

《特种设备分类目录》将场（厂）内专用机动车辆分为轮式自行专用机械、履带式自行专用机械、蓄电池车、客车类、汽车类、方向盘轮式拖拉机、手扶拖拉机、手把式三轮机动车、其他机动车。推荐性国家标准《场（厂）内机动车辆安全检验技术要求》（GB/T 16178—2011）将场（厂）内专用机动车辆分为大型汽车、小型汽车、专用汽车、大型轮式自行专用机械、小型轮式自行专用机械、履带式自行专用机械、筑路专用机械、大型方向盘式拖拉机、手扶拖拉机、手把式三轮摩托车、手把式二轮摩托车、有轨机车和电瓶车。在此按机动车辆工作原理、功能、结构和行业习惯及相关标准对车辆进行以下分类：

1. 汽车

主要指机场、港口、工厂企业等厂内载货、载客、运行的车辆。

2. 轨道式搬运车辆

主要包括工矿内燃机车、工矿电机车和电动平车。

3. 工程建筑机械

工程建筑机械主要包括以下几类：

（1）工业搬运车辆。工业搬运车辆由自行轮式底盘与工作装置或承载装置组成，主要用于码头、车站、仓库、各类企业的内部运输和装卸工作，包括各类牵引车、搬

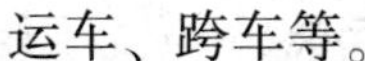

运车、跨车等。

（2）挖掘机械。用铲斗挖掘高于或低于承基面的物料，并装入运输车辆或卸至堆料场的土方机械。挖掘的物料主要是土壤、煤、泥沙及经过预松后的岩石和矿石，它广泛适用于矿山、冶金、筑路、水利、市政建设等工程。根据行走装置传动类型可分为全液压式、半液压式。根据不同的行走机构又分为履带式、轮胎式、汽车式和悬挂式。根据铲斗分为单斗挖掘机和多斗挖掘机两类。目前以全液压履带式挖掘机为主。

（3）铲土运输机械。通过行走装置与地面相互作用产生驱动力而对地面土壤进行铲掘、平整，并进行短距离运输。铲土运输机械包括推土机、装载机、铲运机、平地机、翻斗车等。

（4）工程起重机械。通过吊钩的垂直升降运动和水平运动的复合运动，按工程要求转换重物位置。工程起重机械包括汽车式起重机、轮胎式起重机、履带式起重机、塔式起重机等。

（5）压实机械。用以强化介质（土壤和混合物料）的密实程度。压实机械包括压路机和夯实机两大类。

（6）桩工机械。用于完成桩基工程。桩工机械包括打夯机、钻孔机等。

（7）装修车辆。用于对建筑物内部和外部进行装修。装修车辆包括地面修整机、屋面施工机械、装修用升降平台等。

（8）凿岩机械。对母岩和母矿凿孔供装药爆破用的机械。凿岩机械包括凿岩机、破碎锤等。

（9）气动工具。用于取代手工操作并以压力空气为动力源的机械。

（10）路面机械。用于对公路稳定层和路面层进行修筑和维修保养。路面机械包括稳定层施工机械、沥青路面施工机械、水泥路面施工机械、养护机械等。

4．工业搬运车辆的分类和型号

工业搬运车辆按作业方式的分类如图8—1所示。

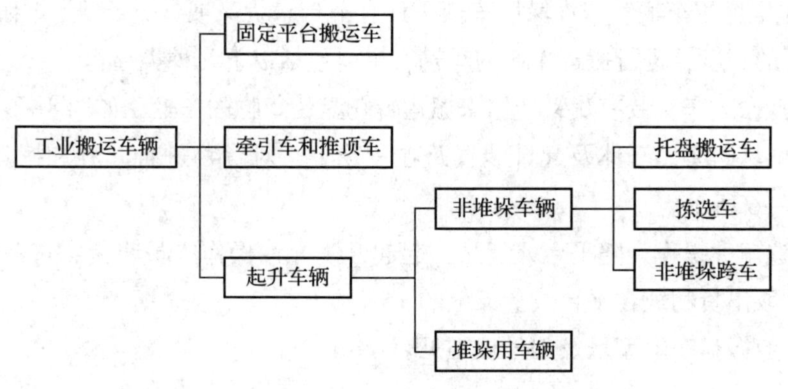

图8—1　工业搬运车辆分类

(1) 固定平台搬运车。该类搬运车是载货平台不能起升的搬运车辆，一般不设装卸工作装置，主要用于货物的短距离搬运工作，如图8—2所示。

图8—2　固定平台搬运车

(2) 牵引车和推顶车。车辆后端有牵引连接装置，用来在地面上牵引其他车辆的工业车辆为牵引车。车辆前端装有缓冲牵引板，用来在地面上推顶其他车辆的工业车辆为推顶车。牵引车和推顶车如图8—3所示。牵引车是一种重要的机动工业车辆，属于中低速车辆，与平板推车配合使用，主要适用于港口、机场、货场、转运站等场所的中短距离货物运输作业，同时也适用于牵引其他设备等。

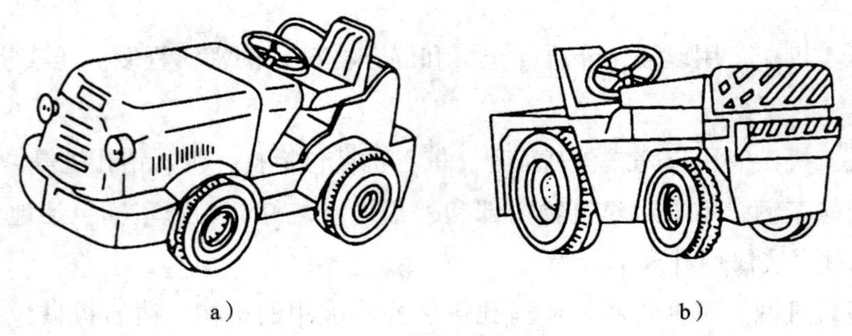
a)　　b)

图8—3　牵引车和推顶车
a) 牵引车　b) 推顶车

(3) 起升车辆。起升车辆是具有起升和搬运货物功能的工业车辆。

(4) 堆垛用（高起升）车辆。堆垛用车辆是具有升降平台或其他承载装置，可把货物起升到一定高度，进行堆垛或堆放作业的车辆。托盘堆垛车如图8—4所示。

(5) 非堆垛用车辆。非堆垛用车辆是具有平台、货叉或起升装置，能把货物起升到满足运行的高度，进行搬运作业的车辆，主要包括以下几种类型：

1) 托盘搬运车。装有货叉，用来搬运带托盘的货物的车辆，如图8—5所示。

2) 非堆垛跨车。车体及起升装置跨在货物上，对货物进行起升和搬运作业的车辆，如图8—6所示。

3) 拣选车。操作台随平台或货叉一起起升，允许操作人员将货物堆放在货架上，或从货架上取出货物放在平台或货叉上的车辆。

常见工业搬运车辆型号及编号规则见表8—1。

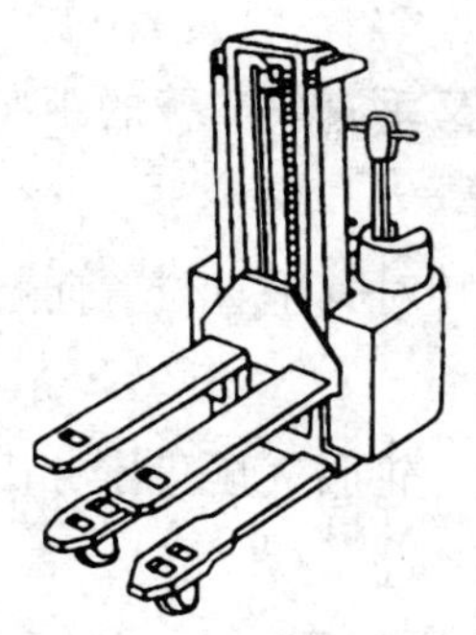

图 8—4 托盘堆垛车

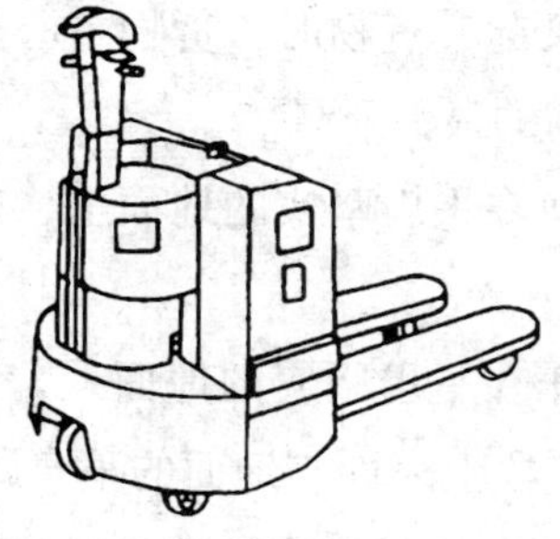

图 8—5 托盘搬运车

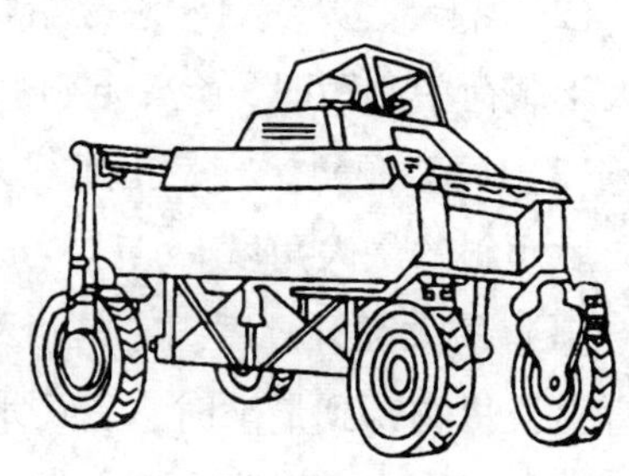

图 8—6 非堆垛跨车

表 8—1 常见工业搬运车辆型号及编号规则

车辆名称	第一部分（车辆代号）	第二部分（动力源代号）	第三部分	第四部分	第五部分
固定平台搬运车	B	蓄电池：D 柴油：C 汽油：Q	特性代号，一般用途不表示 防爆：B 冷库用：L	额定载重量代号：t	更新代号，用大写汉语拼音字母 A、B、C、D 顺序表示
托盘堆垛车	CD	D（蓄电池）	额定载质量代号：t	改进代号，按汉语拼音字母顺序表示	更新代号，用大写汉语拼音字母 A、B、C、D 顺序表示
托盘搬运车	CBD	额定载质量代号：t	操纵方式代号 步行：B 站式：Z 坐式不表示	改进代号，按汉语拼音字母顺序表示	更新代号，用大写汉语拼音字母 A、B、C、D 顺序表示
履带式液压挖掘机	W	D（电动）	表示液压代号：Y	整备质量代号：t	更新代号，用大写汉语拼音字母 A、B、C、D 顺序表示

三、主要技术参数

场（厂）内专用机动车辆种类很多，车辆的功能、结构及作业条件相差很大，因此不同类型车辆所要求的主要技术指标和参数不同，一般车辆的性能包括装卸性能、运行性能和总体性能。下面以叉车为例介绍其主要技术参数。

（1）载荷中心距。它是指货叉上放置标准质量的货物、确保叉车纵向稳定时，其重心至货叉垂直段前臂间的水平距离。在实际作业中，货物重心与其体积、形状及在货叉上的放置位置等多种因素有关。

（2）额定起升质量。它是指货叉起升货物时，货物重心至货叉垂直段前臂的距离不大于载荷中心距时，允许起升货物的最大质量。

（3）门架倾角。它是指无载叉车在平坦坚实的地面上，门架相对其垂直位置向前和向后倾斜的最大角度。

（4）最大起升高度。它是指叉车在平坦坚实的地面上，满载，轮胎气压正常，门架直立，货物升到最高时，货叉水平段上表面与地面的垂直距离。

（5）最大起升速度。通常指叉车在坚实的地面满载时，货物举升的最大速度。最大起升速度会直接影响叉车的作业效率，提高叉车的提升速度是国内外叉车制造业技术改进的共同趋势。

（6）最大运行速度。一般指叉车满载时，在干燥、平坦、坚实的地面上行驶时的最大速度。叉车主要用于装卸和短途搬运作业，而不是货运。

（7）满载最大爬坡度。它是指叉车满载时，在干燥、平坦、坚实的地面上，以低速等速行驶所能爬越的最大坡度，以度或百分数表示，一般其大小由原动机的最大转矩和低挡的总传动比决定。

（8）最小外侧转弯半径。一般指叉车在无载低速转弯行驶，转向轮处于最大转角时，车体最外侧至转向中心的最小距离。

（9）最小离地间隙。指车体最低点与地面的距离。它是叉车在满载低速行驶时通过性的主要参数。

四、常用叉车、搬运车的基本结构

1．平衡重式叉车的结构

内燃平衡重式叉车构造可以划分为动力装置、底盘、工作装置、液压系统和电气设备五部分，如图 8—7 所示。

（1）动力装置。内燃叉车的动力装置主要是汽油机和柴油机。汽油机适用于中小吨位叉车，柴油机适用于大吨位叉车。

（2）底盘。车辆底盘是车辆的主体，用来在其上安装车辆的动力装置、工作装置及各种附属装置。

（3）工作装置。叉车的工作装置是一套能伸缩的的门架式升降机构，所以又称为门架系统或升降系统，实现货物的叉取、升降堆码作业。其主要组成部分是货叉、叉架（滑架）、门架、滚轮、链轮、液压缸等。双液压缸后置式全视野门架机构如图 8—8 所示。

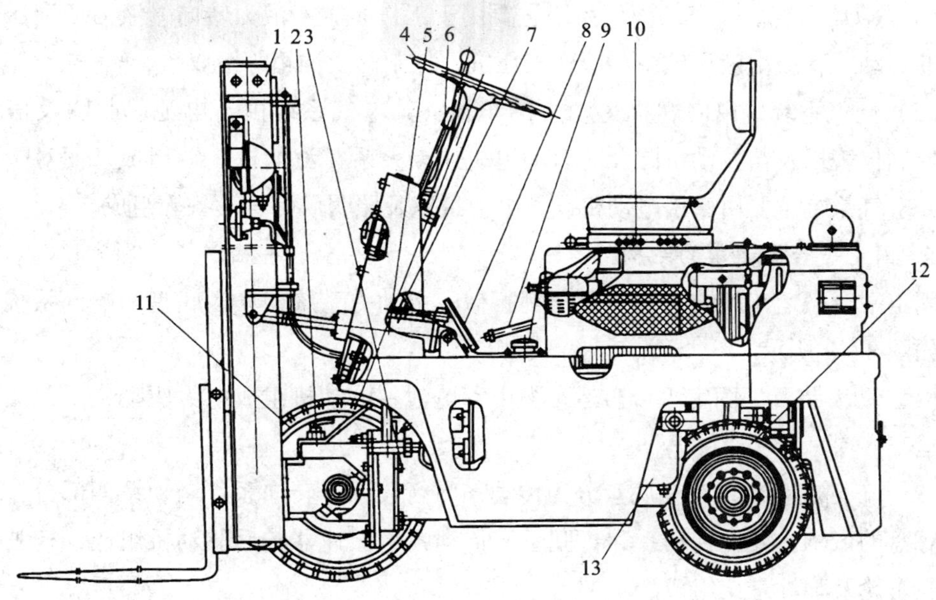

图 8—7　平衡重式叉车总体构造

1—门架　2—驱动桥　3—变速器　4—方向盘　5—倾斜液压缸　6—换速换向手柄

7—离合器和脚制动踏板　8—加速踏板　9—手制动杆

10—车身　11—前轮　12—后轮　13—发动机

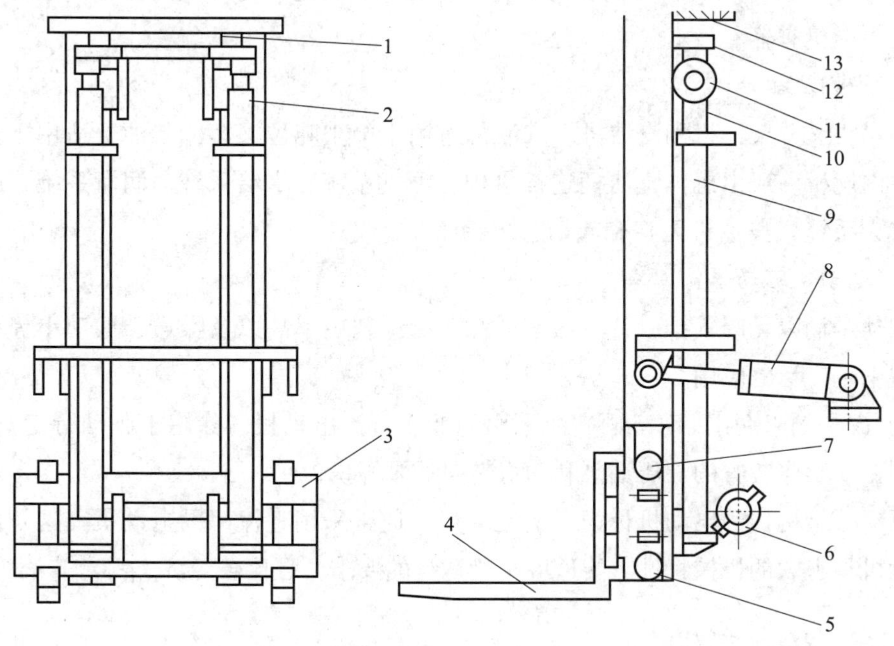

图 8—8　双液压缸后罩式全视野门架结构

1—内门架　2—外门架　3—叉架　4—货叉　5—纵向滚轮　6—门架下铰座　7—侧向滚轮

8—倾斜液压缸　9—起升液压缸　10—起升链条　11—链轮　12—浮动横梁　13—内门架横梁

（4）液压系统。叉车的液压系统主要用于工作装置、液力转向、液力或液压传动形式的驱动，一般由液压油泵、工作液压缸、控制阀及油箱等组成。

（5）电气系统。以内燃机为动力的车辆，其电气系统由蓄电池、照明及信号设备、控制仪表以及与发动机配套的启动电机、点火系（汽油机）等组成。而对于电动车辆，电气系统主要由牵引电动机、蓄电池组以及照明、信号设备等组成。

2. 固定平台搬运车的结构

固定平台搬运车的结构与一般车辆相似，由动力系统、车辆底盘和电气系统等组成，如图 8—2 所示。

（1）动力装置。固定平台搬运车多由蓄电池—电动机组成电力驱动，因此又称电动搬运车。

（2）车辆底盘。该车辆底盘分为传动系、行驶系、转向系、制动系四部分，它与叉车底盘的区别主要在传动系和行驶系。传动系由减速器与后驱动桥组成，行驶系由车架、车轮及弹性悬架组成。

（3）电气系统。与电动叉车基本相同。

 五、动力装置

场（厂）内专用机动车辆的动力装置主要有电动机和内燃机两类，分别对应电动车辆和内燃机车辆。

1. 内燃机驱动

内燃机又分柴油机和汽油机。汽油机适用于中小吨位叉车，柴油机适用于大吨位叉车。内燃机一般由机体、曲柄连杆机构、配气系统、供给系统、润滑系统、冷却系统、点火系统（柴油机无）和起动系统等部分组成。

2. 电动机驱动

电动车辆以无废气排放、不污染环境、能源利用率高以及噪声、振动小等优势得到了越来越广泛的应用。

场（厂）内专用机动车辆广泛采用的低压直流电动机，除用于驱动行走机构外，还分别驱动工作装置的液压油泵和动力转向油泵等。

驱动行走机构的电动机称为牵引电动机，通常采用直流串励电动机。这是由于串励电动机具有软的机械特性，能适应车辆运行的要求，且比较经济。

 六、传动系统

车辆的动力装置与驱动轮之间的所有传动部件总称为传动系统。传动系统的基本功用是将驱动装置的动力按需要传给驱动轮和其他机构。场（厂）内专用机动车辆的

传动系统划分为内燃机车辆的机械传动、液力机械传动、液压传动和电动车辆的电传动四种类型。

（1）机械传动。图 8—9 为内燃机驱动的机械传动系统，由离合器、变速器、万向传动轴、驱动桥组成。机械传动结构简单，工作可靠，价格低廉，质量轻，传动效率高，在中小功率的车辆上得到广泛的应用。

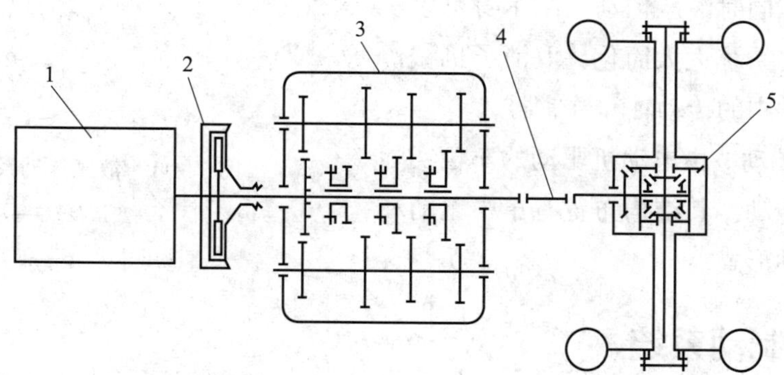

图 8—9　车辆机械传动系统

1—内燃机　2—主离合器　3—变速器　4—万向传动轴　5—驱动桥

（2）液力机械传动。其特点是传动系统中装有液力元件（液力变矩器或液力耦合器），液力机械传动系统如图 8—10 所示。液力机械传动系统可自动进行无级调速，减少了换挡次数，简化了变速箱的结构，同时具有软启动、车辆起步平稳的优点，但主要缺点是传动效率低，采用液力变矩器后，车辆起步不能利用飞轮的动能，不能利用发动机制动等。

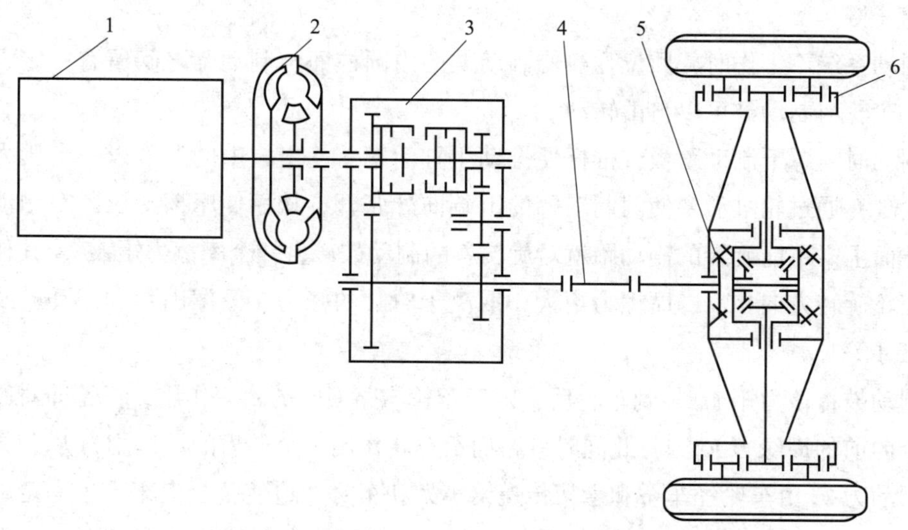

图 8—10　车辆液力机械传动系统

1—内燃机　2—液力变矩器　3—变速箱　4—万向传动轴　5—主减速器　6—轮边减速器

(3) 液压传动。液压传动系统主要由液压油泵与液压马达组成，目前使用最多的是变量泵和定量马达。图 8—11 所示为这种液压传动系统的示意图。其优点：能实现无级调速，变速范围大，同一根操纵杆便能改变方向和速度；同时液压传动系统本身可以实现制动；传动系统大大简化，取消了机械传动和液力传动中的传动轴和差速器。

(4) 电传动。由电动机驱动的车辆实际上也是机械传动，其结构布置有集中驱动和分别驱动两种形式。

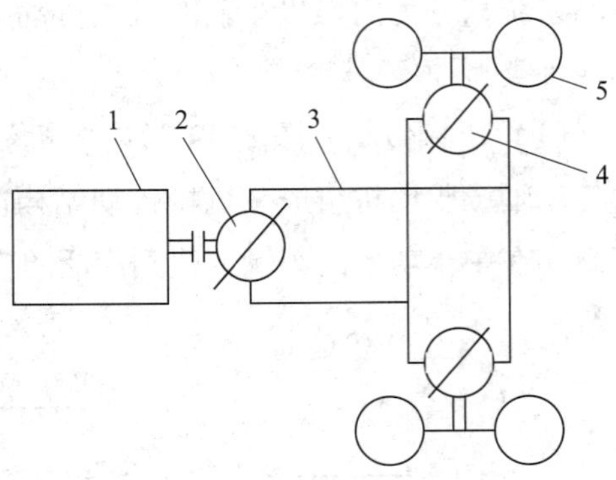

图 8—11 液压传动系统
1—内燃机 2—变量泵 3—液压管路
4—低速液压马达 5—驱动车轮

 七、制动系统

1. 制动系统的功用与组成

制动系统功用：使行驶中的车辆减速，以致停车；使车辆可靠地停放。车辆制动系统包括行车制动装置（又称脚制动）和驻车制动装置（手制动）。

制动系统的基本组成与工作原理用如图 8—12 所示的简单液压制动系统说明。固定在车轮轮毂上随车轮一起转动的制动鼓，其内圆柱面为工作表面。在固定不动的制动底板上，通过两个支承销，铰接支承着两个弧形制动蹄的下端。两个制动蹄上部的制动底板上还固定着有两个活塞的制动轮缸。制动轮缸用油管与固定在车架上的制动主缸相连接。

制动系统不工作时，回位弹簧使制动鼓的内圆柱面与制动蹄之间留有一定大小的间隙，车轮与制动鼓可以自由转动。

制动时，踩下制动踏板，推杆便推动主缸活塞，使主缸中的油液以一定压力流入制动轮缸，通过轮缸活塞使两制动蹄的上端向外张开，从而使摩擦片压紧在制动鼓的内圆柱面上。不能旋转的制动蹄就对旋转着的制动鼓产生一个摩擦力矩 M_{μ}，其作用方向与车轮旋转方向相反，摩擦力矩大小取决于轮缸的张力、摩擦因数和制动鼓及制动蹄的尺寸等。

制动鼓将该力矩 M_{μ} 传到车轮后，由于车轮与路面间的附着作用，车轮即对路面作用一个向前的周缘力 F_{μ}。与此同时，路面给车轮作用一个向后的反作用力 F_{B}，即制动力。制动力 F_{B} 由车轮经车桥和悬架传递给车架和车身，迫使整个汽车产生一定的减速度。制动力越大，减速度也越大。当松开制动踏板时，制动蹄回位弹簧即将制动蹄拉回原位，摩擦力矩 F_{μ} 和制动力 F_{B} 消失，制动作用即行解除。

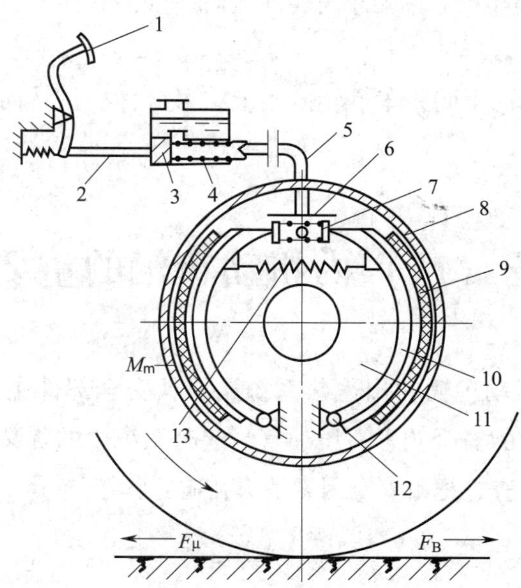

图 8—12 液压制动系统结构

1—制动踏板 2—推杆 3—主缸活塞 4—制动主缸 5—油管 6—制动轮缸 7—轮缸活塞 8—制动鼓 9—摩擦片 10—制动蹄 11—制动底板 12—支承销 13—制动蹄回位弹簧

从以上分析可知，制动系统是由制动器和制动驱动机构组成的。直接产生制动力矩的部件称为制动器，一般车辆每个车轮都装有制动器。制动踏板、制动主缸和轮缸等总称为制动驱动机构，其作用是将来自驾驶员或其他动力装置的作用力传到制动轮，使其中的摩擦副互相压紧，达到制动的目的。

2．制动器的分类

制动器用于车辆行驶中减速，故称行车制动系统。驾驶员踩下制动踏板时制动器起作用，放开踏板，制动作用即行消失。一般车辆还必须装一套停车制动装置，这套制动装置常用手柄操作，并可锁止在制动位置，称为驻车制动装置。为了行车安全，车辆上必须具有十分可靠的上述两套制动装置。

按照制动操纵的动力分类，制动系统又可分为人力制动、伺服制动和动力制动系统三类。按照制动能量传递方式不同，制动系统又可分为机械式、液压式、气压式和电磁式等。

 八、转向系统

车辆转向系统是保证驾驶员根据行驶需要，灵活地改变车辆运行方向，或者使车辆保持稳定地直线运行。

场（厂）内机动车辆转向系统按照转向方式可分为偏转车轮转向、铰接车轮转向

和滑移（速差）转向等多种。偏转车轮转向装置一般由转向操纵装置、转向器和转向运动机构三部分组成。

按照转向操纵机构的不同，车辆转向系统又可分为机械转向、液压助力转向和全液压转向三种。

第二节　场（厂）内机动车辆的重要安全部件

根据场（厂）内机动车辆的用途与系统构成，安全部件主要包括制动器、转向器、轮胎、液压系统中的安全阀、高压油管、起升系统中的货叉、链条等。车辆的安全部件要进行安全性检查，把不安全因素消灭在萌芽状态。

一、制动器

制动器作为所有机动车辆必备的行驶安全部件，不管其结构如何，都必须有满足要求的制动性能。在有关车辆的国家标准中，都规定机动车辆必须装有运行制动器和停（驻）车制动器，并有各自独立的操纵机构，但操纵机构可以对同一制动器作用，而且停（驻）车操纵机构必须是机械式的。

1．制动系统的安全技术要求

（1）对制动器操纵力的要求如下：

1）通过踩下制动踏板制动的制动器，操纵力最大为700 N时，应达到制动性能的要求。

2）通过放松制动踏板制动的制动器，踏板完全放松时应达到制动性能要求。

3）通过手柄操纵的制动器，手柄拉力最大为150 N时，应达到制动性能要求。

（2）驻车制动的要求如下：

1）一般内燃、电动车辆停车坡度为15%。

2）操纵台可起升的车辆和侧面堆垛式叉车停车坡度为5%。

3）步行操纵的车辆停车坡度为10%。

2．制动试验检测

根据相关标准要求，叉车制动距离：标准无载状态下，以20 km/h的制动初速度开始制动时，制动距离应小于等于6 m；标准载荷状态时，以10 km/h的制动初速度开始制动时，制动距离应小于等于3 m。

测试制动器的制动力和制动距离，必须符合有关标准的规定。《平衡重式叉车　整机试验方法》（JB/T 3300—2010）规定的试验过程包括以下内容：

（1）制动器的磨合。除整车磨合行驶中的使用磨合外，在制动器试验前应进行10次强制动磨合。

（2）测定叉车制动能力。叉车呈标准载荷状态，释放停车制动器，启用脚制动器，脚踏力不应超过600 N，由装设传感器的牵引拖车牵引，测开始滑动时的制动力。

（3）测制动距离。叉车呈标准无载运行状态，在直线试验跑道上进行测定。内燃叉车运行车速为（20±2）km/h，蓄电池叉车运行车速为（10±2）km/h。

试验开始时，用脚制动器进行紧急制动（内燃叉车需先脱开离合器），脚踏力不大于600 N。制动距离为开始踩下制动踏板的一瞬间，车辆位置至停车位置的距离。

（4）坡道停车制动试验。叉车呈标准载荷状态，以不大于500 N的力拉紧手制动器，停在干燥、清洁、平整的规定坡度的坡道上。停稳后观察5 min，将叉车调转180°，以同样的方法再试验一次。试验中不允许有向下滑移的情况。

二、转向器

为了保证车辆转向的安全可靠，不仅要求转向装置零部件具有足够的强度、刚度和可靠的寿命，而且转向器应有一定的灵敏度和对路面的感应性。

液力转向的控制核心部件是全液压转向器，通过转向盘操纵转向器转阀阀芯，用以控制压力油进入转向液压缸的流量，从而控制车轮的偏转角。为了使液力转向能够安全工作，对液力转向器提出了相应的试验要求。

试验测试的项目、方法参照有关转向器性能试验规定实施。

三、轮胎

叉车等场（厂）内机动车辆由于速度低、载重大，要求轮胎具有强度高、承载能力大、耐磨、弹性好、与路面有良好的黏着性等性能。一般常用充气轮胎和高弹性实心轮胎。

选用轮胎包括选择轮胎类型及确定轮胎规格大小两方面的内容。一般原则是，应首先选择适用于本种车辆的专用轮胎，因为各种车辆专用轮胎，设计上都分别考虑了适应各种不同车辆的特点，以不同的轮胎结构及参数来满足各种车辆的技术要求。因此，叉车等场（厂）内机动车辆应选用工业车辆轮胎。当选不到相应的专用轮胎时，才考虑使用其他相近类型的轮胎代替。

高弹性实心轮胎的优点是承载能力大，当承受相同的负荷时，它的直径比充气轮胎小。另外，实心轮胎结构简单，维护容易，无刺扎危险。它的外层是一种耐磨橡胶，内层是很厚的具有良好弹性的材料，能比较好地吸收车辆的振动和冲击。试验结果表明，高弹性实心轮胎不仅具有与充气轮胎非常接近的牵引特性，且在驾驶

平顺性方面还要略好一些。美国等发达国家 20 世纪 80 年代就开始批量生产和应用这种轮胎。

四、货叉

货叉是叉车的基本取物装置。推荐性国家标准《叉车　货叉　技术要求和试验方法》（GB/T 5182—2008）标准对货叉的试验检测作了明确的规定。

（1）试验载荷。试验载荷应相当于货叉制造厂规定的设计起重量的 3 倍，并使试验载荷作用在设计的载荷中心距 C 处。

（2）货叉的加载方式必须与叉车的使用工况相同。加载时必须无冲击并逐渐地加载到试验载荷，加载应保持 30 s 后卸载，然后再重复一次。试验后若有永久变形，则为不合格产品。

试验过程中，还应当检查挂钩的变形以及挂钩焊缝是否有开裂。

五、起升链条

叉车上使用的链条主要是板式链和套筒滚子链两种。板式链由于链片数目较多，其承载能力比套筒滚子链大，承受冲击载荷的能力强，工作更为可靠。因此，除小吨位叉车采用单排套筒滚子链外，其他叉车广泛使用板式链。

图 8—13 所示为叉车使用的板式链的结构形式。链条的两端是固定螺杆，由链板节和销轴铰接组成。

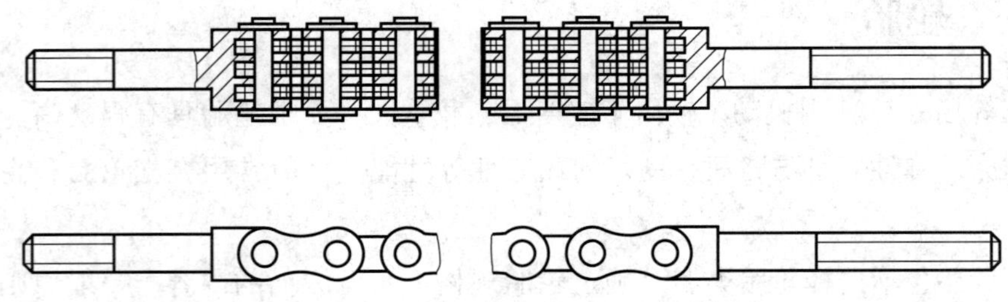

图 8—13　板式链结构形式

六、高压胶管

叉车等场（厂）内机动车辆的液压系统，一般都使用中高压供油。因此，高压胶管的可靠性不仅关系到车辆的正常工作效率，而且胶管一旦发生破裂还会危害人身安全。高压胶管的重要性能参数是它的允许工作压力，任何液压系统中油路的最大压力都不得超过这一许可值。

高压胶管必须符合推荐性国家标准《液压元件通用技术条件》（GB/T 7935—2005）等有关标准，同时针对不同的使用情况，还必须满足相应的要求，并通过相关的试验检验。按照有关标准，根据胶管设计工作压力（从低到高），依次把同一公称内径的胶管分成1型、2型和3型。

 七、安全阀

液压系统中，可能由于超载或液压缸到达终点油路仍未切断，以及油管堵塞等引起压力突然升高，从而使管路及接头，特别是油泵等液压件损坏，增加漏损。因此，系统中必须设安全保护装置，最常用的是溢流安全阀。

安全阀的作用是当系统压力超过正常额定压力太多时，能自动打开回油阀，使压力油直接回油箱，从而保证系统元件不被破坏。

溢流安全阀调定系统工作压力，应根据液压系统允许的超载最大工作压力设定，一般不超过系统额定工作压力的20%～25%，但不得超过油泵所允许的最大工作压力。为使系统能安全工作，必须经常检查溢流阀的工作压力是否正常，检查的方法可以通过正常的超载试验进行。

 八、限流保护器

电路系统由于电流过大或系统短路，会使电路和电气元件烧毁，因此需要对电路的过载和短路进行保护。最常用的限流保护器有熔断器、过电流继电器等。熔断器是由熔断器管和熔体两部分组成，熔体是金属丝或金属片。将熔体串联在被保护电路中，当流过它的电流超过规定值时，熔体就自动熔断，直接切断电路起到保护作用。过电流继电器常和接触器配合使用，分为瞬时动作和反时限性动作两种构造。过电流继电器的最大特点是动作后能自动恢复到原来状态。

 九、护顶架

对于叉车等高起升作业的车辆，设置护顶架是必要的。但护顶架仅是为保护驾驶员免受重物下落造成伤害而设计的，并非为防止等于工业车辆额定起重量落体的冲击而设计的。因此，护顶架对过大的下落载荷不起保护作用。根据护顶架的作用，车辆在正常环境作业时，护顶架必须遮掩司机的上方。

护顶架一般都是由型钢焊接而成的，其结构尺寸应保证司机有良好的视野。根据推荐性国家标准《工业车辆　护顶架　技术要求和试验方法》（GB/T 5143—2008）规定，护顶架的顶部开口在宽度和长度上应有一个尺寸不超过150 mm。对坐驾式高起升车辆，从座椅标定点至驾驶员处于正常操作位置时驾驶员头部上方护顶架顶部下表面

的垂直距离不应小于903 mm。当然，生产厂家可以根据用户要求降低护顶架的正常高度，以便带护顶架的车辆能够在上方净空限制的地方工作。

第三节 场（厂）内机动车辆的安全技术

车辆在各种环境条件下行驶作业，各部件或总成的工作状况常有显著变化，使车辆使用性能变坏。因此，必须有相应的措施，保证在各种条件下正确使用车辆，防止机件损坏，确保行车安全。

 一、车辆使用注意事项

（1）在车辆投入使用前，要组织驾驶员和维修工进行培训，熟悉掌握车辆出厂使用说明书的内容，了解车辆的主要性能和技术标准，掌握车辆使用中应注意的事项并严格按照要求去做。

（2）车辆的装置不得随意更改、拆除。

（3）对于车辆的燃、润料，必须按照出厂说明书的技术要求，结合本地区气候、环境条件正确选用。进口车辆使用国产燃、润料，应按出厂规定选用相适应的牌号。

不同种类和牌号的燃、润料，不得混合使用。更换不同牌号的乳化液，必须事先做好清洁工作。

（4）车辆使用管理非常重要。在新车投入使用前应建立车辆档案，一车一档。在使用过程中随时记录车辆的使用情况，损坏部件的更换修理情况，燃、润料的消耗情况，作业里程或时间，轮毂使用、更换情况，车辆事故发生情况等。

（5）车辆的随车工具要妥善保管，特别是车辆专用工具，不得遗失，保证正确使用。

（6）车辆在投入使用前，应进行一次全面检查，并根据出厂规定进行清洁、润滑、紧固及调整。

（7）驾驶员在进行日常“三检”中，应建立“三检”记录，特别是在车辆两班或三班运行作业情况下，更有必要。当班驾驶员需要将规定项目的检查情况逐项记录下来，作为车辆运行记录和交接班车辆状况的依据。

 二、车辆使用安全技术

1．通常情况下的使用

通常情况的使用是指正常环境和情况下的使用。驾驶员必须熟悉驾驶车辆的使用

性能，特别是掌握与行车安全相关的技术特性。

在使用中，驾驶员要严格坚持“三检”，即出车前、作业中、收车后的检查。检查的部分内容和要求如下：

（1）轮胎胎压符合要求。

（2）全车各部分外露螺栓无松动、不缺少。

（3）车灯、喇叭齐全有效。

（4）转向盘灵活自如，自由转动量为30°，横直拉杆不松旷、不碰磨。

（5）车辆不漏油、不漏水。

（6）制动管路无漏气、漏油，储气筒无漏气，放气开关完好。刹车制动器操纵杆移动量合格（3～5齿），离合器踏板自由行程为30～40 mm。

（7）检查发动机，油面高度应在机油尺度标准的2/4～4/4处，高压线无松动，带无松动、破损，以拇指按下带，松紧度在10～15 mm为宜，启动发动机无声响。

（8）驾驶室门须齐全、可靠，后视镜调整得当，刮水器完好，仪表齐全有效。

2. 特殊情况下的使用

（1）车辆在低温情况下的使用。低温情况下，发动机润滑性能下降，润滑油流动性差，启动阻力增加，也加剧部件磨损。水冷式发动机在室外易冻坏散热器和气缸。冰雪路面，车辆易打滑等。故低温作业应采用以下措施：

1）在进入冬季前，应对车辆进行一次季节性维护。其主要内容为换冬季润滑油、润滑脂。

2）水冷式发动机的车辆在室外停放应及时放水，也可加防冻液。

3）柴油发动机车辆要使用低凝点的柴油。

4）采用保温措施和装置。

5）发动机起动前要加水预热等。

（2）车辆在高温情况下的使用。高温季节，发动机冷却散热不良，易使发动机温度过高，润滑油黏性降低，润滑性能变差。高温易造成轮胎散热慢，使胎压增高，长时间作业引起轮胎爆破。故高温作业应采取以下措施：

1）提前进行季节维护。主要内容为换高黏度、高熔点的润滑油，换耐高温的制动液，发动机散热器除水垢处理。调整风扇和风叶的角度，保持良好的散热效果。

2）调整发电机调节器，减少充电电流，适当降低浮子室油平面的高度。

3）调整降低蓄电池电解液密度，经常检查蓄电池电解液液面高度，并补充蒸馏水，保持液面一定高度和通气孔畅通。

4）在高温季节作业，要注意检查轮胎气压和温度，保持规定的气压。

 三、叉车的安全操作技术

1. 检查车辆

（1）叉车作业前后，应检查外观，加注燃料、润滑油和冷却水。

（2）检查启动、运转及制动安全性能。

（3）检查灯光、喇叭信号是否齐全有效。

（4）叉车运转过程中应检查压力、温度是否正常。

（5）叉车运行后还应检查外泄漏情况并及时更换密封件。

2. 起步

（1）起步前，观察四周，确认无妨碍行车安全的障碍后，先鸣笛，后起步。

（2）液压（气压）式制动的车辆，制动液压（气压）表必须达到安全方可起步。

（3）叉车在载物起步时，驾驶员应先确认所载货物平稳可靠。

（4）起步必须缓慢平稳。

3. 行驶

（1）行驶时，货叉底端距地高度应保持在300～400 mm，门架须后倾。

（2）行驶时不得将货叉升得太高。进出作业现场或行驶途中，要注意上空有无障碍物刮碰。载物行驶时，货叉不准升得太高，以免影响叉车的稳定性。

（3）卸货后应先降落货叉至正常的行驶位置后再行驶。

（4）转弯时，如附近有行人或车辆，应先发出行驶信号。禁止高速急转弯，以免车辆失去横向稳定而倾翻。

（5）叉车在下坡时严禁熄火滑行，非特殊情况禁止载物行驶中急刹车。

（6）叉车在运行时要遵守厂内交通规则，必须与前面的车辆保持一定的安全距离。

（7）叉车运行时，载荷必须处于不妨碍行驶的最低位置，门架要适当后倾。除堆垛或装车时，不得升高载荷。

（8）载物高度不得遮挡驾驶员视线。特殊情况物品影响前行视线时，倒车时要低速行驶。

（9）禁止在坡道上转弯，也不应横跨坡道行驶。

（10）叉车厂区安全行驶速度为5 km/h，进入生产车间区域必须低速安全行驶。

叉车在起重升降或行驶时，禁止人员站在货叉上把持物品和起平衡作用。发现问题及时检修和上报，绝不带病作业和隐瞒不报。

4. 装卸

（1）叉载物品时，应按需调整两货叉间距，使两叉负荷均衡，不得偏斜，物品的

一面应贴靠挡物架。

（2）禁止单叉作业或用叉顶物、拉物。特殊情况拉物必须设立安全警示牌提醒周围行人。

（3）在进行物品的装卸过程中，必须用制动器制动叉车。

（4）车速应缓慢平稳，注意车轮不要碾压物品垫木，以免碾压物绷起伤人。

（5）用货叉叉货时，货叉应尽可能深地叉入载荷下面，还要注意货叉尖不能碰到其他货物或物件。应采用最小的门架后倾来稳定载荷，以免载荷向后滑动。放下载荷时可使门架少量前倾，以便于安放载荷和抽出货叉。

（6）禁止高速叉取货物和用叉头碰撞坚硬物体。

（7）叉车叉物作业时，禁止人员站在货叉周围，以免货物倒塌伤人。

（8）禁止超载，禁止用货叉举升人员从事高处作业，以免发生高空坠落事故。

（9）不准用制动惯性溜、放圆形或易滚动物品。

（10）不准用货叉挑、翻栈板的方法卸货。

5. 离开叉车

（1）货叉上物品悬空时禁止离开叉车，离开叉车前必须卸下货物或降下货叉架。

（2）拉死停车制动手柄或压下手刹开关。

（3）发动机熄火，停电。

6. 停车注意事项

（1）发动机熄火前，应使发动机慢速运转 2～3 min 后熄火。

（2）发动机熄火停车后，应拉紧制动手柄。

（3）低温季节（在0°以下），应放尽冷却水，或者加入防冻液。

（4）当气温低于－15℃时，应拆下蓄电池并搬入室内，以免冻裂。转动机油滤清器手柄1～2转，检查螺栓、螺母有无松脱现象，并及时排除不正常情况。

（5）将叉车冲洗擦拭干净，进行日常例行保养后，停放在车库或指定地点。

四、维护技术

车辆在使用中受各种因素的影响，其各部件必然会逐渐出现不同程度的磨损和损坏。为避免零部件的早期损坏，应及时采取必要的技术措施，即进行车辆的维护作业。

车辆的维护贯彻预防为主、强制维护的原则。其目的是及时发现和消除故障隐患，防止早期损坏。车辆维护与车辆修理是两种不同性质的技术措施。车辆维护是降低零部件磨损程度，预防故障发生，延长使用寿命而采取的预防性技术措施。车辆修理是处理已出现的故障，修理或更换已损坏的零部件，为恢复技术性能而采取的技术性措施。严格地执行车辆的维护制度，必将给企业带来经济效益，保障驾驶员作业安全。

车辆行驶一定的里程或工作一定的时间后需要进行车辆维护，这种需要维护的行驶里程或工作时间称为维护周期。根据不同的维护周期而制定出的不同作业范围称为维护分级。车辆的维护分为日常维护、一级维护、二级维护、季节维护、走合维护。

走合维护是指新车或大修后车辆使用初期，一般在1 000～1 500 km行驶里程或60～80工作小时所进行的技术维护。

季节维护是指在进入夏季、冬季前为车辆合理使用所进行的技术维护，可与定期维护合并进行。

一、二级维护属于定期维护，维护周期间隔里程或工作时间可根据不同车型的结构特点和技术状况、使用条件，参照车辆出厂使用规定来确定。

一级维护：国产车辆间隔在1 500～2 000 km行驶里程（10～15天），进口车辆间隔在3 000～5 000 km行驶里程（15～25天）。

二级维护：国产车辆间隔在12 000～14 000 km行驶里程（3个月至3个半月），进口车辆间隔在16 000～20 000 km行驶里程（4～5个月）。

各级维护的作业内容如下：

日常维护是由驾驶员在每天出车前、行车中、收车后负责进行的日常作业。其作业中心内容是清洁、补给和安全检查，发现问题及时处理。

一级维护是由维修人员负责的作业。其作业中心内容除日常维护作业外，以清洁、润滑、紧固为主，并检查制动、转向等安全部位，发现问题及时维修。

二级维护是由维修人员负责的作业。其作业中心内容除一级维护作业外，以检查、调整为主，并拆检轮胎，进行轮胎换位。轮胎换位可使各车辆轮胎磨损均匀，延长轮胎使用寿命。常用的换位方法是交叉换位或循环换位。车辆二级维护前，应进行检测诊断和技术鉴定，根据结果确定附加作业或小修项目。

各级维护作业内容的具体规定，必须根据不同品牌、车型的结构特征、配件质量、故障规律、使用条件以及经济性等情况综合考虑。一般维护内容要在车辆使用一段时间或过程中及时调整，以达到预防为主的目的。

车辆在运行作业过程中，对于因零部件磨损、变形、损伤而不能继续使用产生的故障或维护作业中发现的隐患，需要进行必要的修理和排除。车辆的修理应贯彻视情修理的原则，即根据车辆检测诊断和技术鉴定的结果，视情按不同作业范围和深度进行，既要防止延误修理造成车况恶化，又要防止提前修理造成浪费。

车辆的修理包括车辆大修、总成大修、车辆小修和零件修理。目前，车辆使用中的修理作业范围以总成大修、车辆小修为主。总成大修是指发动机、变速箱、后桥等车辆的总成经过一定时间的使用后，用更换总成零部件的方法，恢复其完好的技术状况，延长使用寿命。车辆小修是用修理或更换个别零件的方法，恢复车辆工作的能力，保证车辆技术性能，消除车辆作业中发生的故障或维护作业中发现的隐患。

第四节　场（厂）内机动车辆的安全管理

一、一般安全要求

《中华人民共和国安全生产法》第三十四条规定：生产经营单位使用的危险物品的容器、运输工具，以及涉及人身安全、危险性较大的海洋石油开采特种设备和矿山井下特种设备，必须按照国家有关规定，由专业生产单位生产，并经具有专业资质的检测、检验机构检测、检验合格，取得安全使用证或者安全标志，方可投入使用。检测、检验机构对检测、检验结果负责。

《中华人民共和国特种设备安全法》第二条规定：特种设备的生产（包括设计、制造、安装、改造、修理）、经营、使用、检验、检测和特种设备安全的监督管理，适用本法。本法所称特种设备，是指对人身和财产安全有较大危险性的锅炉、压力容器（含气瓶）、压力管道、电梯、起重机械、客运索道、大型游乐设施、场（厂）内专用机动车辆，以及法律、行政法规规定适用本法的其他特种设备。国家对特种设备实行目录管理。特种设备目录由国务院负责特种设备安全监督管理的部门制定，报国务院批准后执行。

第四条规定：国家对特种设备的生产、经营、使用，实施分类的、全过程的安全监督管理。

第十三条规定：特种设备生产、经营、使用单位及其主要负责人对其生产、经营、使用的特种设备安全负责。特种设备生产、经营、使用单位应当按照国家有关规定配备特种设备安全管理人员、检测人员和作业人员，并对其进行必要的安全教育和技能培训。

第三十五条规定：特种设备使用单位应当建立特种设备安全技术档案。安全技术档案应当包括以下内容：

（1）特种设备的设计文件、产品质量合格证明、安装及使用维护保养说明、监督检验证明等相关技术资料和文件。

（2）特种设备的定期检验和定期自行检查记录。

（3）特种设备的日常使用状况记录。

（4）特种设备及其附属仪器仪表的维护保养记录。

（5）特种设备的运行故障和事故记录。

第四十一条规定：特种设备安全管理人员应当对特种设备使用状况进行经常性检

查，发现问题应当立即处理；情况紧急时，可以决定停止使用特种设备并及时报告本单位有关负责人。特种设备作业人员在作业过程中发现事故隐患或者其他不安全因素，应当立即向特种设备安全管理人员和单位有关负责人报告；特种设备运行不正常时，特种设备作业人员应当按照操作规程采取有效措施保证安全。

《特种设备安全监察条例》第三条规定：房屋建筑工地和市政工程工地用起重机械、场（厂）内专用机动车辆的安装、使用的监督管理，由建设行政主管部门依照有关法律、法规的规定执行。

第十四条规定：锅炉、压力容器、电梯、起重机械、客运索道、大型游乐设施及其安全附件、安全保护装置的制造、安装、改造单位，以及压力管道用管子、管件、阀门、法兰、补偿器、安全保护装置等（以下简称压力管道元件）的制造单位和场（厂）内专用机动车辆的制造、改造单位，应当经国务院特种设备安全监督管理部门许可，方可从事相应的活动。

第二十五条规定：特种设备在投入使用前或者投入使用后30日内，特种设备使用单位应当向直辖市或者设区的市的特种设备安全监督管理部门登记。登记标志应当置于或者附着于该特种设备的显著位置。

第二十七条规定：特种设备使用单位应当对在用特种设备进行经常性日常维护保养，并定期自行检查。特种设备使用单位对在用特种设备应当至少每月进行一次自行检查，并作出记录。特种设备使用单位在对在用特种设备进行自行检查和日常维护保养时发现异常情况的，应当及时处理。特种设备使用单位应当对在用特种设备的安全附件、安全保护装置、测量调控装置及有关附属仪器仪表进行定期校验、检修，并作出记录。

第三十八条规定：锅炉、压力容器、电梯、起重机械、客运索道、大型游乐设施、场（厂）内专用机动车辆的作业人员及其相关管理人员，应当按照国家有关规定经特种设备安全监督管理部门考核合格，取得国家统一格式的特种作业人员证书，方可从事相应的作业或者管理工作。

二、安全管理措施

1. 使用许可厂家的合格产品

国家对场（厂）内机动车辆的设计制造实施许可生产制度。场（厂）内机动车辆的设计、制造单位，必须取得生产许可证或者安全认证，才能生产相应种类的场（厂）内机动车辆。场（厂）内机动车辆出厂时应附有出厂合格证、使用维护说明书、备品备件和专用工具清单，合格证上除标有主要参数外，还应标明车辆主要部件（如发动机、底盘）的型号和编号。

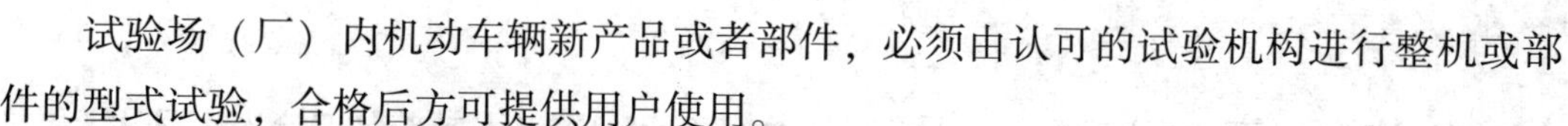

试验场（厂）内机动车辆新产品或者部件，必须由认可的试验机构进行整机或部件的型式试验，合格后方可提供用户使用。

场（厂）内机动车辆的维修保养、改造单位实行认可制度，必须取得相应的资格证书后，方可承担其认可项目的维修保养、改造业务。

2. 登记建档

新增、大修、改造的场（厂）内机动车辆在正式使用前，首先必须进行验收检验，合格后到当地特种设备安全监察机构登记，经审查批准登记建档，取得场（厂）内机动车辆牌照，方可使用。

3. 安全管理制度

安全管理制度的项目包括司机守则，场（厂）内机动车辆安全操作规程，场（厂）内机动车辆维护、保养、检查和检验制度，场（厂）内机动车辆安全技术档案管理制度，场（厂）内机动车辆作业和维修人员安全培训、考核制度。

4. 技术档案

场（厂）内机动车辆安全技术档案包括：车辆出厂技术文件，安装、维修记录和验收资料，使用、维护、保养和试验记录，安全技术监督检验报告、车辆及人身事故记录，车辆的问题分析及评价记录。

5. 作业人员

要求作业人员不仅具备基本文化和身体条件，还必须了解有关法规和标准，学习作业安全技术理论和知识，掌握实际操作和安全救护的技能。司机必须经过专门考试并取得特种设备作业人员操作证，方可独立操作。

6. 定期检验制度

在用场（厂）内机动车辆安全定期检验周期为 1 年，场（厂）内机动车辆使用单位应按期向所在地取得资格的检验机构申请在用场（厂）内机动车辆的安全技术检验。

7. 自我检查、每日检查和年度检查

（1）年度检查。每年对所有在用的场（厂）内机动车辆至少进行一次全面检查。停用 1 年以上、发生重大事故等的场（厂）内机动车辆，使用前都应做全面检查。

（2）每月检查。检查项目包括：安全装置、制动器、离合器等有无异常，可靠性和精度；重要零部件（如吊具、货叉、制动器、铲及辅具等）的状态，有无损伤，是否应报废等；电气、液压系统及其部件的泄漏情况及工作性能；动力系统和控制器等。停用一个月以上的场（厂）内机动车辆，使用前也应做上述检查。

（3）每日检查。在每天作业前进行，应检查各类安全装置、制动器、操作控制装置、紧急报警装置的安全状况。检查发现有异常情况时，必须及时处理，严禁带“病”作业。

第五节　场（厂）内机动车辆的常见事故类型及防范

一、常见事故类型

场（厂）内专用车辆虽然只是在厂院内进行运输作业，但如果人员对安全驾驶和行车安全的重要性认识不足，思想麻痹、违章驾驶，以及管理不善、车辆带病运行等，同样会造成车辆伤害事故，这不仅会影响企业的生产，还会给企业和职工造成不应有的损失。为此，对场（厂）内专用车辆伤害事故的主要原因、常见的事故形式与预防进行分析研究，提高广大驾驶员和安全管理人员的安全意识与技能，具有十分重要的作用。

国家有关部门对全国工矿企业伤亡事故统计表明，发生死亡事故最多的是场（厂）内运输事故，约占全部工伤事故的25%。这类事故有一定的规律，首先，车辆伤害事故与时间有关，每天7时到15时的事故最多，占全部事故的59%。其次，车辆伤害事故与驾驶员年龄有关，一般发生在18～40岁的人居多。起重事故中18～25岁的人占25%，25～40岁的人占32.5%。人的各个部位受伤情况不同，头部受伤约占12.5%，手臂受伤占23.49%，躯体受伤占19%，腿、脚受伤占45.1%。

场（厂）内专用车辆伤害事故的分类如下：

（1）按车辆事故的事态分，有碰撞、碾压、刮擦、翻车、坠车、爆炸、失火、出轨和搬运、装卸中的坠落及物体打击等。

（2）按厂区道路分，有交叉路口、弯道、直行、坡道、铁路平交道口、狭窄路面、仓库、车间等行车事故。

（3）按伤害程度分，有车损事故、轻伤事故、重伤事故、死亡事故。

二、车辆事故的主要原因

车辆伤害事故原因是多方面的，但主要涉及人、车、道路环境三个因素。在这三者中，人是最重要的，据有关资料分析，一般情况下，驾驶员是造成事故的主要因素，驾驶员负直接责任的事故占统计事故的70%以上。

大量的场（厂）内专用车辆伤害事故统计分析表明，事故主要发生在车辆行驶、装载作业、车辆检修及非驾驶员驾车等过程中。从各类事故所占比例看，车辆行驶中发生的事故占44%，车辆装卸作业中发生的事故占23%，车辆检修中发生的事故占7.9%，非驾驶员开车肇事占16.5%，其他类型事故占8.6%。由此可以看出，车辆伤害事故的主要原因都集中在驾驶员身上，而这些事故又都是因驾驶员违章操作、疏忽大意、操作技术不良等方面的错误行为造成。场（厂）内车辆伤害事故的主要原因如下：

1. 违章驾车

违章驾车指事故的当事人不按有关规定驾驶，扰乱正常的场（厂）内搬运顺序，致使事故发生。比如酒后驾车、疲劳驾车、非驾驶员驾车、超速行驶、争道抢行、违章超车、违章装载等原因造成的车辆伤害事故。

2. 疏忽大意

疏忽大意指当事人由于心理或生理方面的原因，没有及时、正确地观察和判断而造成失误。例如，情绪急躁、精神分散、心理烦乱、身体不适等都可能造成注意力下降，反应迟钝，表现出瞭望观察不周，遇到情况采取措施不及时或不当。也有的只凭主观臆断，过高地估计自己的驾驶经验技术，过分自信，引起操作失误从而导致事故发生。疏忽大意的主要表现如下：

（1）车辆起步时不认真瞭望，也不鸣笛，放松警惕。

（2）驾驶和装卸过程中与他人谈话、打逗等，分散注意力。

（3）急于完成任务。

（4）操作中不能严格按规程去做。

（5）在危险地段行驶或在狭窄、危险场所作业时不采取安全措施，冒险蛮干。

（6）不认真从所遇险情和其他事故中吸取教训，盲目乐观，存有侥幸心理。

（7）每天驾车往返同一路段，易产生轻车熟路的思想，行车中精神不集中。

（8）厂区内没有专职交通管理人员和各种信号标志，驾驶员遵章守纪的自我约束力差。

3. 车况不良

（1）车辆的安全装置如转向、制动、喇叭、照明、后视镜和转向指示灯等不齐全有效。

（2）蓄电池车调速失控。

（3）翻斗车举升装置锁定机构工作不可靠。

（4）吊车起重机的安全防护装置，如制动器、限位器等工作不可靠。

（5）车辆维护修理不及时，带病行驶。

4. 道路环境

（1）道路条件差。厂区道路和厂房、库房内通道狭窄、曲折、弯路多、急转弯多，大量物品堆放道路致使车辆通行困难，装卸作业受限，在这种情况下，如驾驶员精神不集中或不认真观察，行车安全很难保证。

（2）视线不良。厂区建筑物多，特别是车间内、仓库之间的通道狭窄，且交叉和弯路多，致使驾驶员在驾车行驶中的视距、视野大大受限，特别是观察前方横向路两侧时盲区较多，这在客观上给驾驶员观察判断造成了很大的困难。对于突然出现的情况，驾驶员往往不能及时判断，缺乏足够的缓冲空间，导致采取措施不及时而发生事故。同样，其他过往车辆和行人也往往由于不能及时观察掌握来车动态，没有做到主动避让车辆而发生事故。遇雨、雾、烟浓度较大的情况，驾驶员视线会受到阻碍。

(3) 恶劣气候条件。在风、雪、雨、雾等恶劣气候下驾驶车辆，驾驶员视距、视野以及听觉受到影响，往往造成判断情况不及时，再加之雨水、积雪、冰冻等自然条件使刹车制动效能下降，制动距离变长，或产生侧滑等，这些也是造成事故的因素。

5. 管理原因

缺乏定期的安全教育和车辆维护制度都会造成安全管理的漏洞，导致事故的发生。

(1) 车辆安全行驶制度不落实。建立、健全安全行车的各项规章制度，就是为了避免和最大限度地减少车辆事故的发生。但执行不力，落实不好，或有章不循，对发生的事故不认真处理和分析，驾驶员谈化了安全意识，是导致车辆伤害事故不断发生或重复发生的重要原因之一。反之，违章必究，遇到事故，必查明原因、分析责任、严肃处理，就会不断强化广大驾驶员的安全意识，进一步提高他们遵守规章制度的自觉性，减少和避免车辆伤害事故的发生。

(2) 管理规章制度或操作规程不健全。没有建立或健全以责任制为核心的各项管理规章制度，没有健全各种车型的安全操作规程，缺乏定期的安全教育和车辆维护管理制度等造成驾驶员无章可循的局面，带来安全管理的漏洞，从而导致事故的发生。

其他管理缺陷还包括非驾驶员驾车、车辆维修不及时以及交通信号、标志、设施缺陷等。

 三、场（厂）内机动车辆事故的预防措施

1. 各级人员要认真贯彻“安全第一、预防为主、综合治理”的安全生产总方针，当生产和安全发生矛盾并且危及职工安全和国家财产时，应停产治理。

2. 加强安全管理，严禁违章指挥和违章作业。

3. 加强驾驶员的管理和培训，提高驾驶员的安全技术和安全素质。

4. 不断改善和提高车辆的安全技术性能，认真做好车辆的日常检修和保养工作，使车辆经常保持良好的技术状态，保证行车安全。

5. 改善道路条件，减少事故发生。

复习思考题

1. 简述场（厂）内机动车辆的特点。
2. 叉车由哪几部分组成？简述各组成部分的作用。
3. 场（厂）内机动车辆发生伤害事故的原因是什么？
4. 场（厂）内机动车辆伤害事故的预防措施有哪些？
5. 简述场（厂）内机动车辆典型制动系统的组成与工作原理。
6. 叉车的主要参数有哪些？

技能实训六 叉 车 实 训

一、实训目标

1. 掌握叉车的总体构造。
2. 了解叉车作业的形式与过程。
3. 熟悉各个仪表、操作机构与手柄位置，知道其用处和作用。

二、任务描述

叉车是指对成件托盘货物进行装卸、堆垛和短距离运输、重物搬运作业的各种轮式搬运车辆，国际标准化组织ISO/TC110称为工业车辆，属于物料搬运机械，广泛应用于车站、港口、机场、工厂、仓库等场合。叉车通常可以分为三大类：内燃叉车、电动叉车和仓储叉车。

1. 介绍叉车的总体构造。
2. 演示叉车作业的形式与过程。
3. 认识各个仪表和操作机构与手柄位置，知道其用处和作业。

三、实训设备及材料

1. 内燃平衡叉车一台。
2. 电瓶平衡叉车一台。
3. 货架一个、托盘两个、货物若干。

四、实训过程

1. 由教师根据叉车实体，讲解叉车的总体机构。
2. 由教师演示叉车作业的形式与过程，并向学生提问各部分作用。
3. 由教师介绍叉车各个仪表和操作机构与手柄位置。
4. 学生熟悉叉车各个仪表和操作机构与手柄位置，掌握其用途和作业，最后进行实际操作。

五、实训注意事项

1. 学生应严格遵守实训室的有关规定，注意安全，不许在实验室大声喧哗。
2. 未经过实训老师允许，不得乱动任何设备仪器。
3. 进行操作训练时要做好车轮制动措施。

参考文献

[1] 张应立，周玉华．机械安全技术实用手册［M］．北京：中国石化出版社，2009．

[2] 国家安全生产监督管理局，国家煤矿安全监察局．安全评价［M］．北京：煤炭工业出版社，2004．

[3] 高等学校安全工程学科教学指导委员会．机械安全工程［M］．北京：中国劳动社会保障出版社，2008．

[4] 高等学校安全工程学科教学指导委员会．安全工程［M］．北京：中国劳动社会保障出版社，2007．

[5] 林柏泉，周延，刘贞堂．安全系统工程［M］．徐州：中国矿业大学出版社，2005．

[6] 何学秋．安全工程学［M］．徐州：中国矿业大学出版社，2004．

[7] 徐格宁，袁化临．机械安全工程［M］．北京：中国劳动社会保障出版社，2008．

[8] 王金华，郭兴铭．机械安全技术［M］．北京：化学工业出版社，1996．

[9] 陆庆武．机械安全技术［M］．北京：中国劳动社会保障出版社，1991．

[10] 孙桂林．机械安全手册［M］．北京：中国劳动社会保障出版社，1993．

[11] 王明明．机械安全技术［M］．北京：化学工业出版社，2004．

[12] 张应立，周玉华．机械安全技术实用手册［M］．北京：中国石化出版社，2009．

[13] 王健石．机械安全速查手册［M］．北京：机械工业出版社，2009．

[14] 机械电子工业部质量安全司．机电工厂安全性评价指南［M］．北京：机械工业出版社，1991．

[15] 宋昭祥．机械制造基础［M］．北京：机械工业出版社，1998．

[16] 何萍，吴敬勇，冯新红等．金属切削机床概论［M］．北京：北京理工大学出版社，2008．

[17] 黄鹤汀，王芙蓉，杨建明．机械制造设备［M］．北京：机械工业出版社，2009．

[18] 袁化临．起重与机械安全［M］．北京：首都经贸大学出版社，2000.

[19] 孙桂林，袁化临．起重与机械安全工程学［M］．北京：首都经贸大学出版社，1991.

[20] 张质文．起重机设计手册［M］．北京：中国铁道出版社，1998.

[21]《广东省注册安全主任教材》编写组．起重与厂内运输安全［M］．广州，1999.

[22] 王秋衡．现代机械工程技术［M］．长沙：湖南经贸出版社，2006.

[23] 贾福音，王秋衡．机械安全技术［M］．北京：中国矿业大学出版社，2013.

[24] 机械工程手册编委会．设计手册（物料搬运设备）．北京：机械工业出版社，1997.

[25] 单圣涤．工程索道［M］．北京：中国林业出版社，2000.

[26] 张斌．特种设备安全技术［M］．北京：化学工业出版社，2013.

[27] 杨申仲，李秀中，杨炜等．特种设备管理与事故应急预案［M］．北京：机械工业出版社，2013.

[28] 孙桂林．起重安全［M］．北京：中国劳动社会保障出版社，2007.